Juliaで作って学ぶ ベイズ統計学

Bayesian Statistics with Julia

須山敦志
Suyama Atsushi
[著]

講談社

- 本書の執筆にあたって，以下の計算機環境を利用しています．
  Debian 10.10
  Julia 1.6.1

- サポートページ URL
  https://github.com/sammy-suyama/JuliaBayesBook

本書に掲載されているサンプルプログラムやスクリプト，およびそれらの実行結果や出力などは，上記の環境で再現された一例です．本書の内容に関して適用した結果生じたこと，また，適用できなかった結果について，著者および出版社は一切の責任を負えませんので，あらかじめご了承ください．

はじめに

近年，ビッグデータや人工知能といった言葉に代表されるように，計算機を使って大規模データを解析することによって新たな価値を生み出そうという取り組みが活発になっています．データ解析の応用の拡大や計算機の進化に伴い，新しいアルゴリズムや解析手法が学術界・産業界問わず日進月歩で開発されています．このような最先端の技術は，真に新しく利用価値の高いものから，古くから存在する理論を再開発したものまで玉石混交の様相です．さらに，AI に解かせる課題が大規模化・複雑化するにつれ，そもそもの実験設定や性能評価の方法が悪く，でたらめの結果を報告している事例さえ数多く存在します．このような状況下において未来を正しく見据えるために重要なことは，最先端のものばかりに目を向けるのではなく，「長く変わらない本質的な考え方」にも目を向けることです．本書で紹介する統計モデリングは，統計学，機械学習，深層学習といったデータを取り扱う科学技術に共通して存在する「長く変わらない本質的な考え方」です．

さて，研究者やエンジニア，データ解析者が統計モデリングを身につけるうえで大きなハードルとなるのが，数学的な理論展開に関する部分です．特に，統計モデリングの基礎をなす確率計算に関しては，複雑な線形代数や微積分の計算が常についてまわります．これらの手計算は，統計モデリングの理論に精通した専門家でさえも，時に長い時間を費やしてやっと理解するくらい手間のかかるものです．エンジニアから見ると，統計モデリングの価値に気がつき，利用しようと思い立っても，その難解な理論・式展開に直面して途中で挫折してしまう場合が多くあります．これは非常に残念なことです．

そこで本書では，思い切って数学的な理論展開は省きます．代わりに，「コードで実装しながら理解する」というスタンスをとります．つまり，式で表されるアルゴリズムと，それに対応する具体的な実装方法や応用方法を明確にすることを目標とします．数学の知識は高校レベルの微分・積分の基本事項を知っていれば十分でしょう．本書の解説のスタンスはハンマーで釘を打つ作業に例えることができます．ハンマーを使うためにわざわざ力学的なモーメント計算を行う人はいません．まずは釘を打つところまでの流れを理解し，その体験の中で「長く持てば力が入りやすい」などの重要な特性を学び，巧みに扱うことができるようになります．理論的な部分は，より高度なハンマーを開発したい人などが必要に応じて学べばよいでしょう．

統計モデリングにおいて，ハンマーの例と同様のことを実現するためには，数式・コード・数値実験の 3 者間の橋渡しをスムーズにすることが重要です（図 1）．そのために，本書では実装手段として

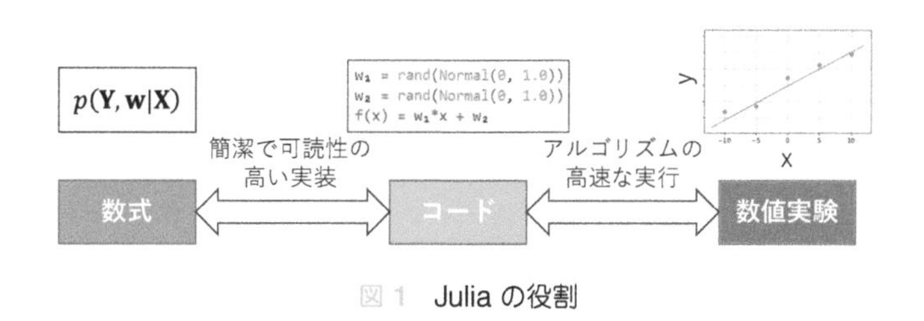

図 1　Julia の役割

Julia 言語を用います．Julia は Unicode による記述をサポートしており，数式をほぼそのままコードに置き換えることができるため，非常に視認しやすいコードが記述できます．また，Julia の最大の特徴はその高速な計算能力です．データ解析のアルゴリズムは，しばしば計算結果を得るために時間を要します．深層学習などは，数日かけて学習計算を実行させる場合も多々あります．Julia は JIT コンパイラをはじめとした計算を高速化するためのさまざまな工夫が施されている言語です．計算結果が速く返ってくることは，勉強や開発・実験のための試行錯誤のサイクルを圧倒的に高速化しますし，サービスを実運用する際などにも高いパフォーマンスが期待できます．

本書の構成は次のようになっています．第 1 章では，本書で使用する Julia 言語の導入方法や基本的なコーディング方法に関して解説します．すでに Julia を使用された経験のある方はスキップしてもよいでしょう．第 2 章では，Julia を使って線形代数学や微積分学の基本的な計算例を示します．また，統計モデリングで必須のツールとなる最適化や積分近似などを Julia で実装します．第 3 章では，統計モデリングの基礎となる確率計算に関して解説します．簡単なくじ引きの例とその手計算による解の出し方を解説します．さらに，Julia で書いた簡単なサンプリングアルゴリズムによって，手計算を行うことなく近似的に解を求められることを示します．第 4 章では，統計モデリングを実践するうえで重要となるさまざまな確率分布を紹介します．確率分布を理解するポイントは，実際にコーディングによってサンプルを発生させたり，分布の形をプロットしてみることです．ここでは Julia の `Distributions.jl` パッケージを利用して，これらを実装します．第 5 章では，いよいよ具体的な統計モデルを構築していきます．ここでは過度に複雑なモデルは構築せずに，コイン投げや線形回帰といった比較的シンプルな例に絞って解説します．第 6 章では，統計モデリングを応用する際の要となる近似推論手法に関してより深く学びます．特に，ラプラス近似，ハミルトニアンモンテカルロ法といった手法を解説します．第 7 章では，応用上重要な発展モデルを紹介し，第 6 章で導入した近似推論手法を活用して計算を行います．

また，下記のサポートページで本書の正誤表などを掲載する予定です．

https://github.com/sammy-suyama/JuliaBayesBook

本書の執筆にあたって多くの助言をいただいた石上漱眞氏，関大吉氏，張瀚天氏，本田尚史氏に深く感謝します．また，本書の企画と編集を担当いただいた講談社サイエンティフィクの横山真吾氏に深く感謝いたします．

2021 年 10 月　　須山 敦志

目　次

第6章　勾配を利用した近似推論手法　169

第7章　発展的な統計モデル　207

第 1 章

Juliaの基礎

本書では全体を通して，Juliaを利用したコーディングを行っていきます．ここではまずJuliaの特徴や利用方法に関して簡単に説明します．次に，変数，配列などのデータ構造や，ループ文やif文などの制御フロー，関数，グラフ描画といった基本的な処理に関する記述方法を説明していきます．

1.1 • Juliaとは

ここではJuliaを取り巻く背景や，Juliaを使うことの利点や導入方法などを簡単に解説します．

1.1.1 科学計算とプログラミング言語

科学計算用のプログラミング言語はこれまでに数多く開発されてきており，そのいくつかはデータサイエンスや人工知能といった，効率的なデータ処理を求められる領域にも活用されています．

最も高速で細かいチューニングができる言語の1つとして挙げられるのがCやC++でしょう．Cは最も初期の高水準言語であり，優れた汎用性を持っています．OSやミドルウェアといったハードウェアに近いコアな部分では特に広く利用されています．C++はCの機能を継承しつつ，使い勝手や効率を向上させた言語です．大量のデータを処理する必要のある機械学習の計算アルゴリズムなど，計算効率性を強く要求するものはC++で書かれている場合があります．

また，科学計算言語として古くから用いられている高水準言語にFortranがあります．Fortranは並列計算を明示的に書くことができるため，複雑な計算を効率的に実施できます．特にFortranで記述された線形代数の計算ライブラリであるBLAS（Basic Linear Algebra Subprograms）や，BLASを利用して構築された数値解析ライブラリであるLAPACKは広く普及しており，他の言語からもサブルーチンとして呼び出されています．

研究機関や産業界で根強い人気を誇っているのがMathWorks社によって提供されている科学計算言語であるMATLABです．MATLABは行列計算の直感的な実装やグラフの描画，デバッグの容易さなどにおいて優れた機能を提供しており，Juliaも記述方法に関して多大な影響を受けています．

近年，データサイエンスや機械学習ブームで最も人気を集めている言語がPythonです．PythonはCなどと比べると記述が容易であり，数多くのオープンソースのライブラリが提供されているため，科学計算だけではなくWebアプリケーション開発においても広く利用されています．Python自体はインタプリタ型の言語であるため計算が遅く，アルゴリズムのコアとなる部分の開発には適さないことが多いですが，前述のBLASを利用したNumPyと呼ばれる数値計算ライブラリなどが用意されていることもあり，基本的な線形代数演算に関しては高速に実行できます．

Rはデータ解析に特化した言語です．ソースコード自体はCやFortranで書かれており，基本的な統計処理が手軽かつ高速に実行できるようになっています．行列やデータフレームに対する処理が高速に行えるほか，組み込み済みのデータ解析アルゴリズムやグラフの描画機能などを豊富に備えており，実務的なデータ解析を行ううえでは利便性の高い言語になっています．

1.1.2 既存言語の課題点

これらの言語にはそれぞれ一長一短があり，俯瞰して整理することによってJuliaが生まれた背景を理解できます．

最終的な実行時の性能という観点では，カスタマイズ性の高いC++やFortranが強力です．一方で，これらの言語ではプログラムの実行前にソースコードをコンパイルする必要があるので，計算自体は非常に高速に実行できるものの，データを繰り返し入れ替えたり，モデルやアルゴリズムを高頻度に修正したりしながら試行錯誤するようなデータサイエンスのプロセスにはあまり向きません．実践においては，これらの言語で書かれた特定の高速なアルゴリズムを，PythonやRといった言語で外から呼び出すような使われ方をすることが多いでしょう．

一方で，書きやすさという観点では，MATLABやPython，Rなどが人気です．MATLABはベクトル計算や行列計算がほぼ数式と同じ形式のままコードとして書くことができるので，数学や工学に慣れ親しんだ人にとっては非常に扱いやすいでしょう．ただし，コードの1文1文を逐次的に実行するインタプリタ型の言語であるため，作ったアルゴリズムの動作確認などは行いやすいものの，速度が遅くなることがあります．機械学習や統計のプログラムはしばしば最適化計算などのために多量のループ計算を行う必要があるため，この点は重大なボトルネックとなります．高速に実行するためには，Cなどで書かれている既存の最適化ライブラリなどをうまく工夫して導入する必要があります．

また，PythonやRは現在データサイエンスの業界では最も人気を集めている言語です．どちらも基本的なデータ解析やグラフの描画，機械学習アルゴリズムなどのライブラリが充実しており，それほどプログラミング力や統計の知識がなくても手軽に利用できます．その一方で，自前で高速なアルゴリズムを書いたり，既存のアルゴリズムをカスタマイズして利用したりするといった用途には向きません．

このようにデータサイエンスにおけるプログラミング言語の利用形態を鑑みると，どうやらPythonのような書きやすさをとるか，あるいはCのような計算速度をとるか，どちらかを選ばなければならない状況らしいことがわかります．あるいは，データを取り込んで可視化したりといった外側の部分はPythonで書いて，特別に設計したコアなアルゴリズムは高速なCで実装してPythonから呼び出す，といったような二刀流が必要になります．このようなやり方は複数の言語を習得する必要性があるうえに，開発や保守・運用の観点からも煩雑になりやすいでしょう．

1.1.3 Juliaによる解決法

Juliaはこの**2言語問題**（two-language problem）の常識を打破するために生まれた新しい言語です．つまり，Pythonのように簡単に書くことができ，Cのように高速に動作する言語を実現しようとしています．Julia開発者の言葉を直接借りるなら，Juliaという言語は「欲張り」であることを起点として開発されたといえるでしょう[注1]．Juliaではデータの入力からアルゴリズムの実行，結果の可視化などを記述する外側の部分も，アルゴリズムのコアな機能を提供するパッケージもほとんどがJuliaで記述されており，これによって実装の一貫性とコード全体の最適化が実現されています．

Juliaでは，MATLAB以上に数式との親和性の高いコーディングが行えます．些細な点ではありますが，Juliaのユニークな特徴はUnicodeのサポートです．例えば，統計で頻繁に使われる平均μや共分散行列Σといった特殊な数学記号もコードに含めることができます．また，x_iやσ^2といった添え字を含んだ変数も一部使うことができます．このような記述法によって，数式と実装との差を少なくすることができ，可読性が高くなります．また，データ解析で必須であるデータの前処理や可視化といったコードも，Pythonと同程度に非常に簡潔に書くことが可能です．これにはJulia独自のパッケージを使うことも可能ですが，Juliaは他の言語のパッケージを気軽に呼び出せる機能もあるため，PythonやRで使われているデータ解析のパッケージを利用することも可能です．例えば，`PyPlot.jl`というパッケージを利用することによって，Pythonのグラフ描画パッケージであるMatplotlibの機能をほぼそのまま利用することが可能です．同様に，Rで実装されているデータ解析手法や可視化のパッケージも容易に呼び出せます．PythonやRでの解析で慣れ親しんだ方でも，すでに習得しているパッケージが使えるとなれば，Juliaへの入門の敷居も相当に下がってくるはずです．

また，それ以上に重要なのが，Juliaによる計算が高速であることです．Juliaの公式ページでは，図1.1に示されるようにJuliaと他の言語との計算速度の比較結果を提示しています．多くのデータ解析や機械学習の手法は，計算時に大量のループ処理が必要になります．MATLABやPythonといった言語では，ループ処理が非常に低速であるため，効率的に実行するためには行列計算パッケージがうまく機能するように行列計算を工夫するなどしてコードを書かなければなりません．一方で，Juliaでは同様の行列計算でも，愚直にループ処理を回しても速度の劣化があまりありません．

Juliaが高速に計算できる理由の1つとして挙げられるのが，**多重ディスパッチ**（multiple dispatch）の採用と高度な型推論機能です．多重ディスパッチとは，実行時の関数の引数に応じて適切な計算処理を割り当てることのできる仕組みです．さらに，型推論機能によってJuliaのコンパイラは自動的に変数の型を特定し，計算処理の最適化を行うことができます．

Juliaでは**メタプログラミング**（metaprogramming）をサポートしていることも大きな特徴です．メタプログラミングとは，プログラムが自身のコードを直接参照し，修正や拡張を行うことができる機能です．これにより，開発者は単純で冗長なコーディングをJuliaのプログラム自体に任せられるほか，前述したコンパイラの機能によって自動拡張されたコードを最適化することもできます．例え

注1　Why We Created Julia（`https://julialang.org/blog/2012/02/why-we-created-julia/`）

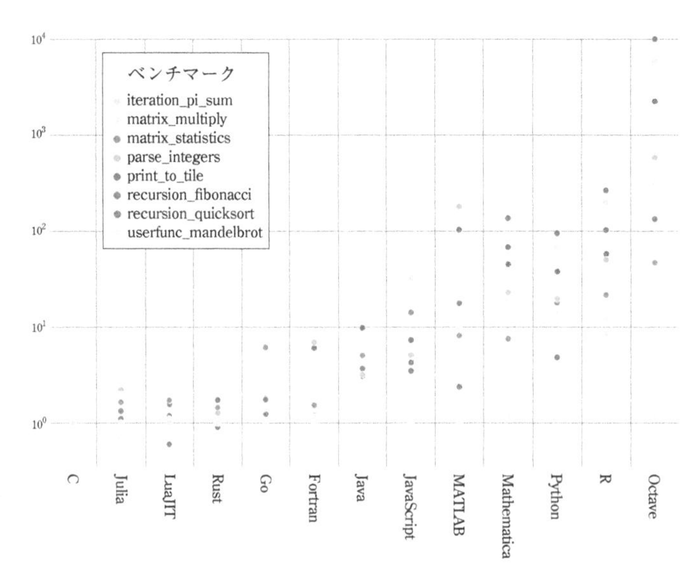

図 1.1　C を 1 とした各言語の速度比較（`https://julialang.org/benchmarks/`より）

ば，`Turing.jl` という確率的プログラミング言語[注2]がありますが，マクロと呼ばれる仕組みを使うことによってコーディングによる統計モデルの設計を容易にしています．

1.1.4　なぜ本書で Julia を利用するのか

本書は統計モデリングの解説書ですが，Julia を言語として採用した理由は，これまでに挙げた Julia の利点そのものです．

統計モデリングを活用するためには，数式によって「何が表されているのか？」と「どのように計算されるのか？」を理解することが重要です．Julia では数式とコードの距離が近いので，理論的に導出された結果が具体的にどのように計算されるのかの見通しが立ちやすいのが大きな利点です．また，機械学習を含む統計モデリングでは，大量のデータを処理したり，高速に最適化計算を行ったりする必要がある場合があります．しかも，この計算は通常一度実行しただけでは終わりません．図 1.2 にあるように，モデルやデータに変更を加えるなど，改善を実施していくうえで計算は何度も実行されます．Julia では，他の言語と比べて計算結果が返ってくるまでの時間が短いので，このサイクルを劇的に短くすることができます．このように，書きやすさと実行時の速度を含め，科学技術計算で行われるプロセス全体の効率化を実現できることが Julia の大きな特徴であるといえます．

もちろん，本書で解説している統計モデリングの本質的な考え方自体は Julia によるコーディングを前提としてはいません．Julia は可読性の高い言語であるため，本書を読み進めながら同じ内容を

注 2　確率的プログラミング言語（probabilistic programming language）とは，統計モデリングを簡略化するためのパッケージあるいはソフトウェアのことです．本書では統計モデリングの原理に関して解説するため，`Turing.jl` の使い方などの解説は行いません．

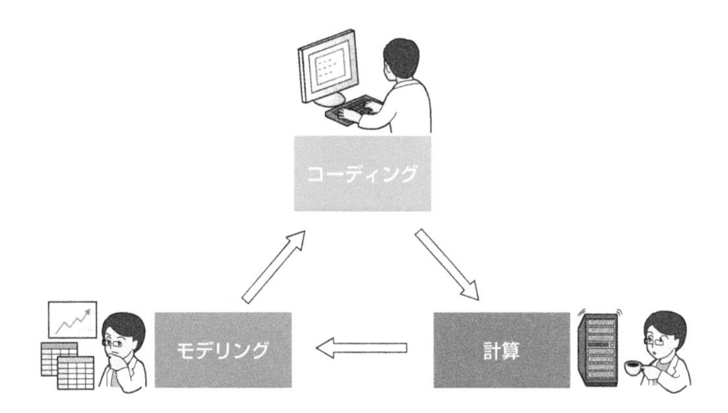

図 1.2 統計モデリングにおける作業サイクル

Pythonなどで実装してみることも可能です[注3]．また，本書では可読性を重視しているため，Juliaに特化した計算速度やメモリ効率のチューニングのテクニックは最小限にとどめています．これらを追求したい場合は，JuliaのパフォーマンスTipsのページを参照するとよいでしょう[注4]．

また，Juliaによるプログラミングに関してより体系的に学びたい場合は，日本語の入門書（進藤裕之・佐藤建太 [2020]）やJulia公式のドキュメンテーション[注5]をお薦めします．

1.1.5 Juliaの導入

Juliaはマサチューセッツ工科大学によって2009年から開発が進められているオープンソースのプログラミング言語です．下記のページから，Windows, macOS, Linux向けの最新版インストーラーが無料でダウンロードできます．

```
https://julialang.org
```

2021年5月現在の最新バージョンは1.6.1です．Juliaは急速な開発による高度化が日々続けられているため，頻繁にバージョンチェックをすることをお勧めします．

JuliaのコーディングはPythonやRと同様，REPL[注6]やJupyter Notebookなどの対話型の実行環境や，VSCodeなどの統合開発環境も利用できます．本書では，主にJupyter NotebookやJupyter Labといったノートブック形式でコードを実行する環境を想定して解説を進めていきます．また，グラフ描画に`PyPlot.jl`パッケージを用いるため，Pythonやそのグラフ描画パッケージであるMatplotlibも用意する必要があります．PythonやJupyter Notebookのインストールの最新の情報に関しては，関連する書籍やWebでの解説をご参考ください．

注3 ただし，本書で紹介している一部の近似推論手法などはPythonでそのまま実装するとかなり低速になることが予想されます．
注4 Performance Tips（`https://docs.julialang.org/en/v1/manual/performance-tips/`）
注5 Julia1.6 Documentation（`https://docs.julialang.org/en/v1/`）
注6 REPL（Read-Eval-Print-Loop）は，コマンドラインによってプログラムを実行する対話型の環境です．

1.2 ・ 基礎文法

本書の内容を Julia でコーディングするために必要な最小限の基礎事項を説明します．

1.2.1 変数と基本演算

ここでは Julia における基本的な**変数** (variable) の使い方と，計算方法を駆け足で確認します．Julia では次のように型の宣言を行わずに直接新しい変数を作成し，初期値を設定できます[注7]．

```
x = 3
y = 1.2
z = "Hi!"
```

```
Hi!
```

typeof 関数を使うことによって，それぞれの変数の型を調べることができます．

```
typeof(x)
```

```
Int64
```

```
typeof(y)
```

```
Float64
```

```
typeof(z)
```

```
String
```

四則演算なども他のプログラミング言語と基本的に同様です．よく使う演算を表 1.1 にまとめます．

```
x + 1
```

```
4
```

Julia の REPL や Jupyter Notebook では，バックスラッシュ \ の次にキーワードを書き，タブキーをタイプすることによって Unicode の入力が可能です．一覧に関しては次の URL を参照してください．

https://docs.julialang.org/en/v1/manual/unicode-input/

注 7　Jupyter Notebook では最終行の評価結果が実行後に表示される仕様になっています．

```
# ギリシャ文字
μ = 0.0 #(\mu)
σ = 2.0 #(\sigma)
# 下付き
xᵢ = 0 #(x\_i)
# 上付き
σ² = σ^2 #(\sigma\^2)
```

```
4.0
```

表 1.1　基本演算の例

演算	記述法
加算（addition）	x + y
減算（subtraction）	x - y
乗算（multiplication）	x * y
除算（division）	x / y
べき乗（exponentiation）	x ^y
除算の商（quotient）	x ÷ y
剰余（remainder）	x % y
等価（equal）	x == y
小なり（less than）	x < y
大なり（greater than）	x > y
小なりイコール（less than or equal to）	x ≦ y
大なりイコール（greater than or equal to）	x ≧ y
否定（not）	!x

1.2.2　制御構文

if 文を使うことによって，条件式の真偽によって実行するコードを切り替えることができます．なお，インデントはコードを見やすくするために挿入されており，Python のようにコードの構造を決めるものではありません．次の例では，x，y の大小の評価結果を **println** 関数によって表示しています．

```
x = 1.0
y = 2.0
if x < y
    println("x is less than y.")
elseif x == y
    println("x is equal to y.")
else
    println("x is greater than y.")
end
```

```
x is less than y.
```

また，次のような書き方は**三項演算子**（ternary operator）と呼ばれ，簡単な分岐処理を書く際に便利です．次の例では，?の前の条件が成り立てば"T"を，そうでなければ:の後の"F"をyに代入しています．

```
x = -3
y = x < 0 ? "T" : "F"
println(y)
```

```
T
```

短絡評価（short-circuit evaluation）は，ある条件が成立または不成立の際に特定のコードを実行したい場合に便利です．次の例では，a=1は実行されますが，b=1は実行されません．なお，$()はStrings型に()内の評価結果を埋め込む際に用います．

```
a = 0
b = 0
true && (a = 1)
true || (b = 1)
println("a=$(a), b=$(b)")
```

```
a=1, b=0
```

Juliaでは，最も単純なループ構造は**for**文によって書けます．下記では，1から10までの自然数を順にprintln関数で出力しています．

```
for i in 1:10
    println(i)
end
```

```
1
2
3
4
5
6
7
8
9
10
```

1.2.3 関数

すでにいくつか**関数**（function）は使っていますが，関数を自分で定義する際もJuliaでは簡易に記述できます．次の関数は変数xの逆数を求める関数です．

```
myinv(x) = 1/x
```

```
myinv (generic function with 1 method)
```

引数として3を入れて実行すると，次のように逆数が返ってきます．

```
myinv(3)
```

```
0.3333333333333333
```

これは次のように **function** と **end** で挟んだ構文で書くこともできます．定義が長い場合はこちらのほうが便利です．

```
function myinv(x)
    return 1/x
end
```

```
myinv (generic function with 1 method)
```

2つ以上の入力を持つ関数も定義できます．例えば，次の mymean 関数は2つの入力 x および y の単純な平均を求める関数です．

```
function mymean(x, y)
    return (x+y)/2
end
```

```
mymean (generic function with 1 method)
```

1.0 と 2.0 の単純平均を求めます．

```
mymean(1.0, 2.0)
```

```
1.5
```

なお，関数の戻り値は **return** キーワードを使って指定していますが，これは省略することが可能です．`return` キーワードを省略した場合，関数の定義内の最終行の評価結果が返り値となります．また，カンマを使って複数の値をまとめて返すことも可能です．これらに関しては後ほど実例で確認していきましょう．

1.2.4 配列

データ解析では，同じ型の変数を並べた構造を多用します．このような構造は**配列**（array）と呼ばれ，**Array** 型によって実現できます．例えば，3つの要素 $\{1, 2, 3\}$ を持つ配列（縦ベクトル）は次のように作れます．

```
a = [1, 2, 3]
```

```
3-element Array{Int64,1}:
 1
 2
 3
```

計算上では，上記のカンマを使った配列は縦ベクトルとして扱われます．横ベクトルを定義したい場合はスペースで区切ります．この場合は，サイズが 1×3 の行列とみなされます．

```
b = [1 2 3]
```

```
1× 3 Array{Int64,2}:
 1  2  3
```

配列の長さが 3 で，各要素が **Float64** 型の配列を，値を初期化せずにメモリ上に確保する場合は次のようにします．

```
c = Array{Float64}(undef, 3)
```

```
3-element Array{Float64,1}:
 6.95248157743653e-310
 6.9524739458709e-310
 6.9524739151835e-310
```

zeros 関数は，ゼロを並べた配列を生成します．次のコードでは長さ 3 の配列を作っています．

```
d = zeros(3)
```

```
3-element Array{Float64,1}:
 0.0
 0.0
 0.0
```

ones 関数を使えば，1 を並べた配列に関しても同様にして生成できます．

```
e = ones(3)
```

```
3-element Array{Float64,1}:
 1.0
 1.0
 1.0
```

0〜1 までの一様にランダムな実数を生成するには，**rand** 関数を使います．次のコードでは，そのような実数を 3 つ発生させて配列にしています．

```
f = rand(3)
```

```
3-element Vector{Float64}:
 0.07732847751939831
 0.0986024077590126З
 0.7019106086385172
```

同じ要領で，平均 0，標準偏差 1 の正規分布から乱数を得るには **randn** 関数が使えます．

```
g = randn(3)
```

```
3-element Vector{Float64}:
  0.18924693840459242
  0.7903801556433
 -1.6624297578132952
```

Julia では多次元の配列も標準でサポートされています．例えば，サイズが 2×4 の**行列**（matrix）は次のように生成できます．

```
# 多次元配列
A = [1 2 3 4;
     5 6 7 8]
```

```
2× 4 Array{Int64,2}:
 1  2  3  4
 5  6  7  8
```

先ほどの ones 関数も行列の生成に使えます．

```
B = ones(2, 4)
```

```
2× 4 Array{Float64,2}:
 1.0  1.0  1.0  1.0
 1.0  1.0  1.0  1.0
```

行列のサイズを得るには次のように **size** 関数を用います．

```
size(A)
```

```
(2, 4)
```

単純にベクトルや行列の要素の個数を得るには **length** 関数が便利です．

```
length(A)
```

```
8
```

配列の後に [ ] を使って位置を指定することにより，要素を取り出すことができます.

```
# 2行，1列目の要素を出力
A[2,1]
```

```
5
```

次の例は，行列の範囲を指定して部分を取り出す操作です.

```
# 2行目を配列として出力
A[2,:]
```

```
4-element Array{Int64,1}:
 5
 6
 7
 8
```

```
# 1列目を配列として出力
A[:,1]
```

```
2-element Array{Int64,1}:
 1
 5
```

```
# 1〜3列目を部分行列として出力
A[:, 1:3]
```

```
2× 3 Array{Int64,2}:
 1  2  3
 5  6  7
```

次のように，ループを使って配列を生成することもできます.

```
[2*i for i in 1:5]
```

```
5-element Vector{Int64}:
  2
  4
  6
  8
 10
```

行列もループを2つ回すことにより生成できます.

```
[i*j for i in 1:3, j in 1:4]
```

```
3× 4 Matrix{Int64}:
 1  2  3   4
 2  4  6   8
 3  6  9  12
```

また，配列に似た型として**タプル**（tuple）があります．タプルは値を変更する必要がない固定長の要素の集まりを表すときに使います.

```
params = (1, 2, 3)
```

```
(1, 2, 3)
```

具体的な用途としては，複数の引数を持つ関数に対してパラメータ集合を与える際に便利です．次のように3つの入力を持つ関数があるとき，タプルで定義されたパラメータに対して...を付け加えることによって，入力を分割して与えることができます.

```
f(a, b, c) = a + b + c
f(params...)
```

```
6
```

1.2.5 ブロードキャスト

ブロードキャスト（broadcast）は，サイズの異なる配列同士を演算させる際に効果的な仕組みです．例として，長さが3の配列に対して各要素に1を加えることを考えてみます．次のようにすると，エラーになります.

```
a = [1,2,3]
a + 1
```

```
MethodError: no method matching +(::Array{Int64,1}, ::Int64)
Closest candidates are:
  +(::Any, ::Any, !Matched::Any, !Matched::Any...) at operators.jl:529
  +(!Matched::Complex{Bool}, ::Real) at complex.jl:301
  +(!Matched::Missing, ::Number) at missing.jl:115
  ...
```

エラーの内容は，**Int**型の配列とInt型の数値を直接加算するような処理は定義されていないというものです．望みどおりの結果を得るためには，+演算子の代わりにドット．をつけた.+演算子を使います．Juliaでは，ドットのついた演算子は要素ごとの計算を行うことを意味します.

```
a .+ 1
```

```
3-element Array{Int64,1}:
 2
 3
 4
```

ブロードキャストは関数にも適用可能です．例えば，次のように，与えられた変数に対して 1 を加える関数を定義します．

```
# ブロードキャスト
function add_one(x)
    x + 1
end
add_one(1.0)
```

```
2.0
```

これを配列の各要素に関して計算するためには，次のように add_one 関数にドットをつけ，add_one. とします．

```
add_one.([1,2,3])
```

```
3-element Array{Int64,1}:
 2
 3
 4
```

1.2.6 無名関数

->を使うことによって**無名関数**（anonymous function）を作成することもできます．

```
x -> x + 1
```

```
#1 (generic function with 1 method)
```

無名関数は，主に関数自体を別の関数の引数として与えたい場合に使用します．例えば，次のように **map** 関数に与えることで，配列の各要素に引数として与えた無名関数を適用させることができます．

```
map(x -> x + 1, [1,2,3])
```

```
3-element Vector{Int64}:
 2
 3
 4
```

1.2.7 マクロ

マクロ（macro）を使うことによって，コードを自動生成できます．例えば，次のような`@time`マクロを使うことによって，指定されたコードの実行時間や使用したメモリ量などの情報を返してくれるコードを内部で自動生成します．

```
function test(maxiter)
    a = []
    for i in 1:maxiter
        push!(a, randn())
    end
    sum(a)
end
@time test(100000)
```

```
  0.021105 seconds (201.50 k allocations: 5.155 MiB, 69.40% gc time, 13.73% compilation time)
494.80856092015154
```

1.3 • パッケージの利用

Julia では REPL や Jupyter Notebook を初めて立ち上げた時点で，すでに科学計算で使用される主要な機能は利用可能な状態になっています．グラフの描画や，データ処理で頻繁に使用される便利な関数やマクロを使用するためには，追加で**パッケージ**（package）をインストールし読み込む必要があります．例えば，Julia では次のような配列の平均値を算出する関数は標準では用意されていません．

```
mean([1,2,3,4,5])
```

```
UndefVarError: mean not defined
```

Pkg.jl は Julia のパッケージ管理用ツールです．次のようにして，**using** キーワードで`Pkg.jl`を読み込み，**Statistics.jl** のダウンロードとインストールを行います．

```
using Pkg
Pkg.add("Statistics")
```

インストールが完了すると，以降は`using`キーワードを使ってパッケージを読み込むことによって，関数を使用できるようになります．

```
using Statistics
mean([1,2,3,4,5])
```

```
3.0
```

本書で頻繁に利用するパッケージは表 1.2 のとおりです．

表 1.2　本書で利用するパッケージ

パッケージ名	説明	本書でのバージョン
`Distributions.jl`	確率分布からの乱数生成や，確率密度関数・確率質量関数などの計算	0.25.0
`ForwardDiff.jl`	Julia で書かれた関数の導関数を自動で導出	0.10.18
`IJulia.jl`	Julia を Jupyter Notebook で使用するために必要なパッケージ	1.23.2
`PyPlot.jl`	Python のグラフ描画パッケージである Matplotlib を Julia から利用するためのインターフェース	2.9.0

1.4 ・ グラフの描画

ここでは Julia によるグラフの描画方法に関して解説します．データ解析の基本は，データ全体の特徴的な傾向を把握することから始まります．これにはデータの平均値や最大・最小値，標準偏差などの定量的な統計量を計算する方法もありますが，より直感的な方法はデータを棒グラフやヒストグラムなどで視覚的に確認することです．また，本書で紹介する確率分布の形状を確認したり，アルゴリズムの動作確認を行ったりするためにも可視化は重要です．

ここでは Python 用のグラフ描画パッケージである Matplotlib を利用することにします．Julia は多言語のライブラリを簡単に呼ぶことができる機能があります．Matplotlib の利用に関しては，Julia の **PyPlot.jl** というパッケージがその機能を提供しています．Matplotlib はさまざまなグラフの描画機能があり，下記の gallery を見れば，自分が利用したいグラフとそのコーディングの仕方がすぐに見つかるでしょう．

`https://matplotlib.org/stable`

`PyPlot.jl` パッケージがインストールされていれば，次のように `using` キーワードを使うことによって利用可能になります．

```
using PyPlot
```

では，簡単なグラフの可視化を行ってみましょう．ここでは **subplots** を使ってグラフを描画します．

```
# 1つ目のデータ
Y1 = [ 1, 7, 11,13,15,16]

# 2つ目のデータ
```

```
Y2 = [15, 3, 13, 2, 7, 1]

# グラフを作成
fig, ax = subplots()

# 折れ線グラフを描画
ax.plot(Y1)
ax.plot(Y2)

# 軸の名称を設定
ax.set_xlabel("index")
ax.set_ylabel("Y")

# グラフのタイトルを設定
ax.set_title("my graph")
```

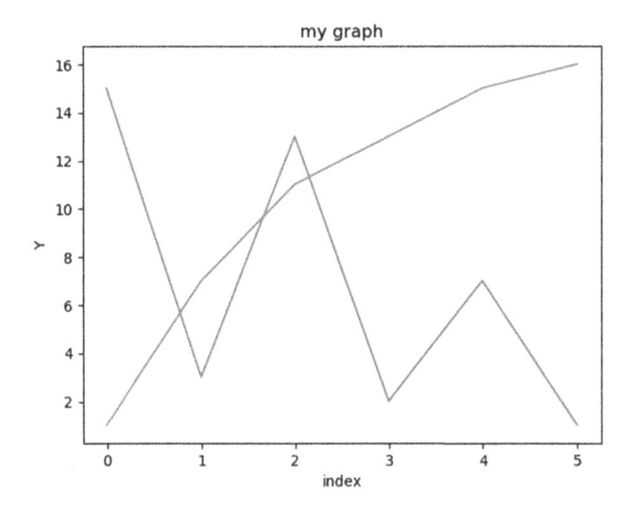

set_xlabel と **set_ylabel** によって，各軸にラベルを与えることができます．また，**set_title** を使えば，グラフの上部にタイトルをつけることもできます．プロットを重ね書きしたい場合は，単純に **plot** を繰り返し適用します．

subplots は文字どおり，本来プロットを複数のグラフに分けて表示することのできる機能です．次のようにすれば複数のグラフを並べることができます．また，ここでは **figsize** オプションでグラフの大きさを調整しています．

```
fig, axes = subplots(1, 2, figsize=(10,3))
axes[1].plot(Y1)
axes[2].plot(Y2)
```

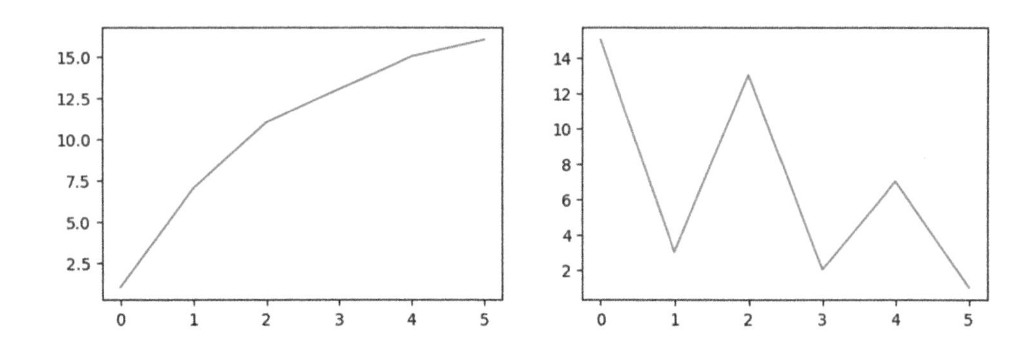

曲線などの関数の描画は，x 軸の値と y 軸の値をそれぞれ配列として与えることによって行えます．次の例では，簡単な 2 次関数 $f(x) = x^2$ を**折れ線グラフ**（line graph）により描画します．x 軸の値は **range** 関数によって列挙します．

```
# 2次関数の定義
f(x) = x^2

# -3から 3まで， 10個の等間隔の点列を生成
xs = range(-3, 3, length=10)

fig, ax = subplots()

# 関数の描画
ax.plot(xs, f.(xs), "-")

ax.set_xlabel("x")
ax.set_ylabel("y")
ax.set_title("y=x^2")
```

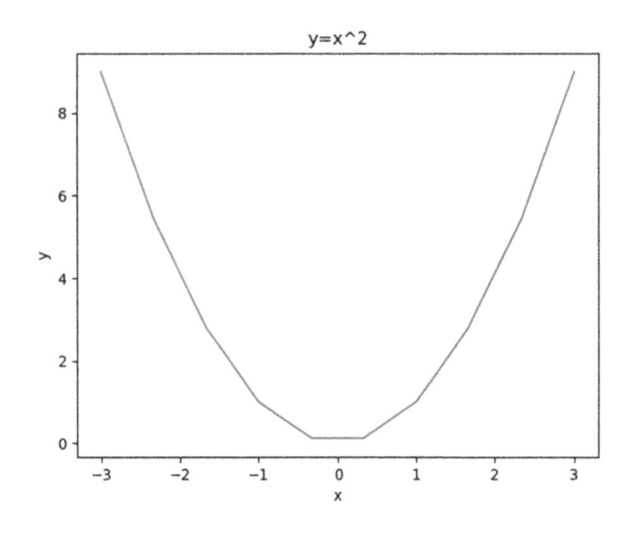

少しカクカクしているグラフに見えます．もっと滑らかに表示するためには，次のようにxsの要素数を10から100に増やして解像度を上げましょう．

```
f(x) = x^2
xs = range(-3, 3, length=100)
fig, ax = subplots()
ax.plot(xs, f.(xs), "-")
ax.set_xlabel("x")
ax.set_ylabel("y")
ax.set_title("y=x^2")
```

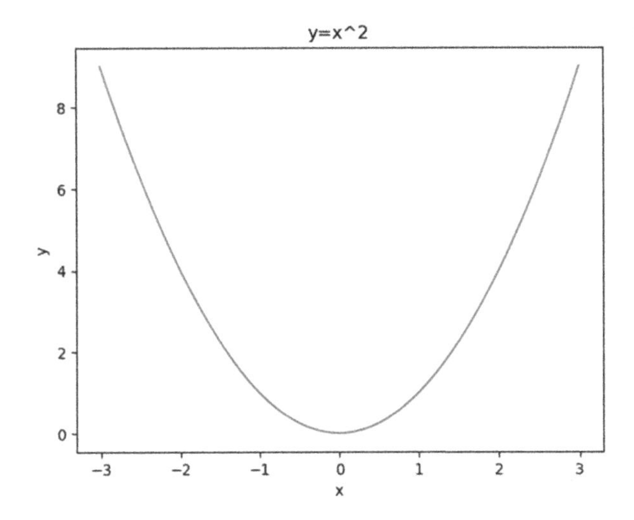

同じ要領で，サイクロイドのような媒介変数表示で表される関数も描けます．サイクロイドの式は，θを媒介変数，$r > 0$を適当な設定値とすると，

$$x(\theta) = r(\theta - \sin\theta) \tag{1.1}$$

$$y(\theta) = r(1 - \cos\theta) \tag{1.2}$$

と書けます．これをコードに直しプロットすると次のようになります[注8]．

```
r = 1.0
fx(θ) = r*(θ-sin(θ))
fy(θ) = r*(1-cos(θ))
θs = range(-3pi, 3pi, length=100)
```

注8　コードの中でpiは円周率を表す定数です．また，3piは3*piと同値です．

```
fig, ax = subplots()
ax.plot(fx.(θs), fy.(θs))
ax.set_xlabel("x")
ax.set_ylabel("y")
ax.set_title("cycloid")
```

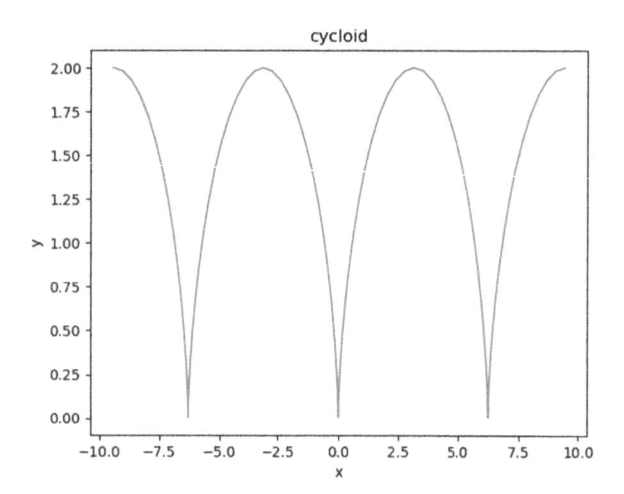

ここでもう１つ，統計モデリングで使用頻度の高い**シグモイド関数**（sigmoid function）をプロットしてみます．シグモイド関数の定義は次のとおりです．

$$\mathrm{sig}(x) = \frac{1}{1 + \exp(-x)} \tag{1.3}$$

シグモイド関数は一般化線形モデルやニューラルネットワークモデルなどで利用されます．

```
# シグモイド関数を定義
sig(x) = 1 / (1 + exp(-x))

xs = range(-5, 5, length=100)
fig, ax = subplots()
ax.plot(xs, sig.(xs))
ax.set_xlabel("x")
ax.set_ylabel("y")
ax.set_title("sigmoid")
```

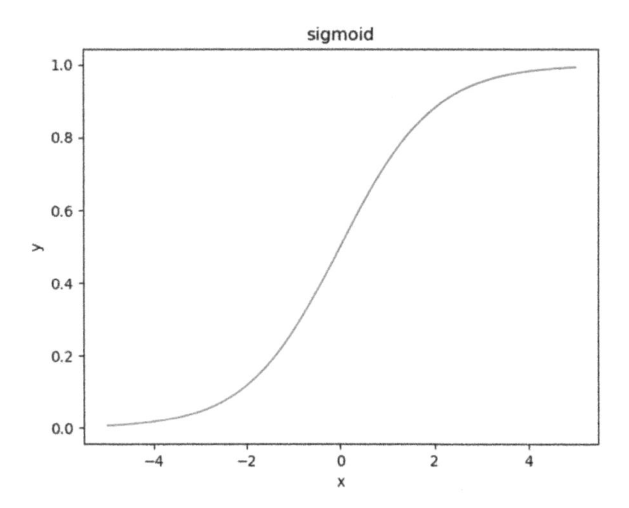

次は**散布図**（scatter plot）を描いてみましょう．適当な乱数列を 1000 個ずつ生成し，点として打って傾向を可視化します．

```
# 可視化に使う乱数を生成
X = randn(1000)
Y = rand(1000)

fig, ax = subplots()

# ax.plot(X, Y, "o")などでも可
ax.scatter(X, Y)

ax.set_xlabel("x")
ax.set_ylabel("y")
ax.set_title("scatter")
```

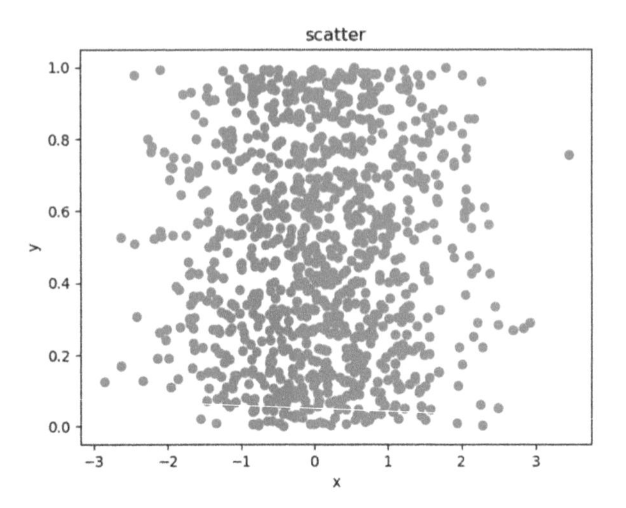

ヒストグラム（histogram）もデータ解析では比較的よく利用されるグラフです．例えば，正規分布に従う乱数を randn 関数で 1000 個生成し，それをヒストグラムで可視化するには次のようにします．

```
X = randn(1000)
fig, ax = subplots()
ax.hist(X)
```

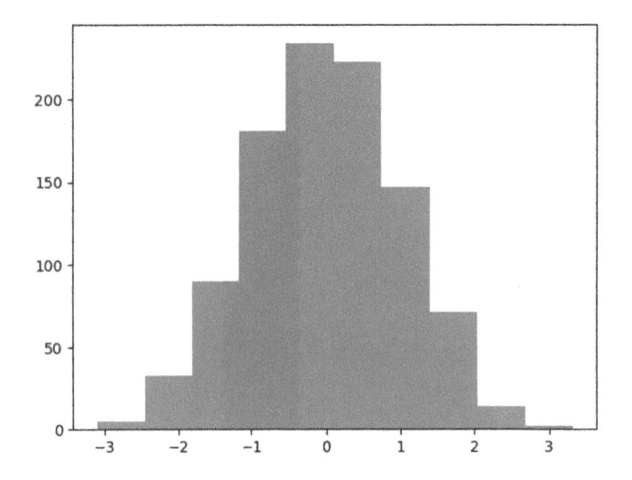

ヒストグラムはビン[注9]の個数や幅を変えると結果がかなり変わってくることに注意が必要です．例えば同じデータでビンの数を 50 個にすると次のようなグラフになります．

注 9　ヒストグラム上の棒のことで，データを集計する区間を決めます．

```
fig, ax = subplots()
ax.hist(X, bins=50)
```

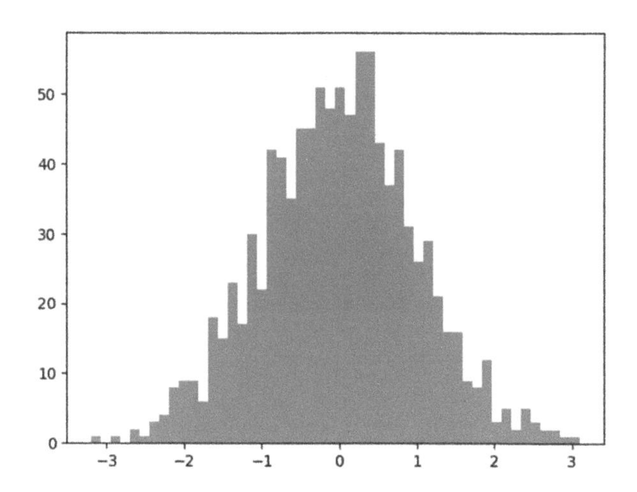

等高線図（contour map）は，2変数の関数を可視化する際に必要になります．また，2つ以上のグラフを描くときは，**tight_layout**を使うと自動でレイアウト調整が行われます．なお，次のコードではfz関数の計算にブロードキャストと転置を活用していますが，これに関しては次章で解説します．

```
# 2変数関数を定義
fz(x, y) = exp(-(2x^2+y^2+x*y))

# x 軸と y 軸の可視化範囲を定義
xs = range(-1,1,length=100)
ys = range(-2,2,length=100)

fig, axes = subplots(1,2, figsize=(8,4))

# 1つ目のsubplot には数値をつける
cs = axes[1].contour(xs, ys, fz.(xs', ys))
axes[1].clabel(cs, inline=true)

# 2つ目のsubplot にはカラーバーをつける
cs = axes[2].contourf(xs, ys, fz.(xs', ys))
fig.colorbar(cs)

# subplots 間の余白の大きさを自動調整
tight_layout()
```

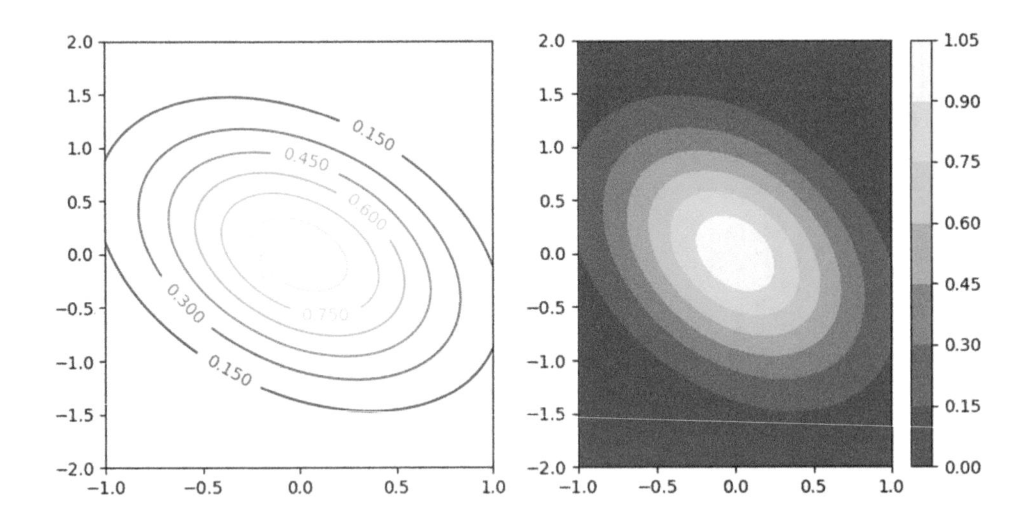

なお，本書ではほかにもさまざまなグラフ描画に関するオプションを使っていきますが，紙面の都合上，すべては解説しません．詳細に関してはMatplotlibのサイトなどを参照してください．

第 2 章

数値計算の基礎

本章では，Juliaによるコーディングを通して，統計モデリングを理解するために最低限必要なベクトル計算や行列計算，微積分といった基礎知識を解説します．

2.1 ・ ベクトル・行列計算

最初に，簡単なベクトルや行列計算の基礎と，Juliaによる実装方法を確認します．ここでの目標は，ベクトルや行列で書かれた数式を理解し，計算可能なコードに直せるようにすることです．幸い，Juliaは数式とコードの親和性が高く，数式の見たままをほぼコードに直せます．なお，手計算による線形代数の複雑な式変形や定理などはここでは解説しません．

2.1.1 ベクトルの計算

ベクトルに対してスカラー値をかけると，要素ごとに値が掛け算されたベクトルが出力されます．

```
a = [1, 2, 3]
2 * a
```

```
3-element Vector{Int64}:
 2
 4
 6
```

ベクトルのサイズが同じであれば，ベクトル同士の和も通常どおり計算でき，次のように要素ごとの和になります．

```
b = [4, 5, 6]
a + b
```

```
3-element Vector{Int64}:
 5
 7
 9
```

同じサイズのベクトル同士の掛け算は定義されていません．対応する要素ごとに掛け合わせたい場合は次のように.*によってブロードキャストします．

```
a .* b
```

```
3-element Vector{Int64}:
  4
 10
 18
```

ベクトルの**内積**（inner product）とは，2 つのサイズが同じベクトルに対して，対応する要素ごとに掛け算を行い，すべての結果に対して和をとる演算です．また，ベクトルの要素の和をとるためには **sum** 関数を使います．したがって，内積計算は次のようになります．

```
sum(a .* b)
```

```
32
```

すぐ後の行列計算で説明しますが，この操作は 1×3 と 3×1 の行列の積と考えるともう少しシンプルに書けます．

```
a' * b
```

```
32
```

2.1.2 行列の計算

行列は 2 次元の配列であり，ベクトルの概念を拡張したものであるといえます．同じサイズの行列同士の加算は，要素同士の加算になります．

```
A = [1 2 3;
     4 5 6]
B = [10 20 30;
     40 50 60]
A + B
```

```
2× 3 Matrix{Int64}:
 11  22  33
 44  55  66
```

行列積（matrix product）は少し特殊です．行列 $\mathbf{A}$ および $\mathbf{B}$ の積 $\mathbf{AB}$ を計算するためには，行列 $\mathbf{A}$ の列数と行列 $\mathbf{B}$ の行数が一致していなければなりません．次の例では 3×2 の行列 $\mathbf{A}$ と 2×4 の行列 $\mathbf{B}$ の積 $\mathbf{C} = \mathbf{AB}$ を計算しています．

```
A = [1 2;
     3 4;
     5 6]
B = [10 20 30 40;
     50 60 70 80]
C = A * B
```

```
3× 4 Matrix{Int64}:
 110  140  170  200
 230  300  370  440
 350  460  570  680
```

行列 $\mathbf{C}$ の i 列 j 行目の要素 $C_{i,j}$ は次の式によって計算されます．

$$C_{i,j} = \sum_{k=1}^{K} A_{i,k} B_{k,j} \tag{2.1}$$

したがって，次のようにループを使って明示的に各要素を計算しても同じ結果が得られます．

```
M = size(A, 1) # A の行数
N = size(B, 2) # B の列数

# M x N の行列を作成
C = [sum(A[i,:] .* B[:,j]) for i in 1:M, j in 1:N]
```

```
3× 4 Matrix{Int64}:
 110  140  170  200
 230  300  370  440
 350  460  570  680
```

なお，左側の行列の列数と，右側の行列の行数が一致していなければならないので，次のように $\mathbf{BA}$ を計算するとエラー（DimensionMismatch，次元不整合）になります．

```
B * A
```

```
DimensionMismatch("matrix A has dimensions (2,4), matrix B has dimensions (3,2)")
```

次のように，対角成分のみが1で，それ以外の成分が0で埋まっているような行列を**単位行列**（identity matrix）といい，$\mathbf{I}$ で表記します．次の結果からわかるように，単位行列は行列積をとっても元の行列の値を変えません．

$$\mathbf{I} = \begin{bmatrix} 1 & 0 & 0 \\ 0 & 1 & 0 \\ 0 & 0 & 1 \end{bmatrix} \tag{2.2}$$

```
A = [1 2;
     3 4;
     5 6]
I = [1 0 0;
     0 1 0;
     0 0 1]
I * A
```

```
3× 2 Matrix{Int64}:
 1  2
 3  4
 5  6
```

行列の**転置**（transpose）とは，行列 $\mathbf{A}$ に対して，各要素 $A_{i,j}$ と $A_{j,i}$ を入れ替えた行列です．本書では，数式上では $\mathbf{A}^\top$ と表記することにしますが，Juliaの実装では $\mathbf{A}'$ のように書きます．

```
A = [1 2 3;
     4 5 6]
A'
```

```
3× 2 adjoint(::Matrix{Int64}) with eltype Int64:
 1  4
 2  5
 3  6
```

なお，縦ベクトルは要素数を D とすると，$D \times 1$ の行列とみなせるので，次のように転置を使うことによって各ベクトル間のすべての要素の積が行列によって列挙できます．

```
a = [1, 2, 3]
b = [5, 7]
a * b'
```

```
3× 2 Matrix{Int64}:
  5   7
 10  14
 15  21
```

これは特に，次のように2つの入力ベクトルの各要素の組み合わせを与えた場合の関数値を列挙したい場合に便利です．

```
f2(x, y) = 2*x + y
f2.(a, b')
```

```
3× 2 Matrix{Int64}:
  7   9
  9  11
 11  13
```

行列 $\mathbf{A}$ の**逆行列** (inverse matrix) とは，$\mathbf{AB} = \mathbf{I}$ が成り立つような行列 $\mathbf{B}$ のことを指し，$\mathbf{B} = \mathbf{A}^{-1}$ と書きます．逆行列は **inv** 関数によって計算できます．

```
A = [1 2;
     3 4]
B = inv(A)
```

```
2× 2 Matrix{Float64}:
 -2.0   1.0
  1.5  -0.5
```

```
A * B
```

```
2× 2 Matrix{Float64}:
 1.0          0.0
 8.88178e-16  1.0
```

```
B * A
```

```
2× 2 Matrix{Float64}:
 1.0          0.0
 2.22045e-16  1.0
```

なお，上記の結果を見ると，本来 0 になるはずの値が 8.88178e-16 や 2.22045e-16 といった非常に小さな値を持っています．実は，逆行列 $\mathbf{B}$ を計算した時点でこのような数値誤差は発生しています．

```
println(B)
```

```
[-1.9999999999999996 0.9999999999999998; 1.4999999999999998 -0.4999999999999999]
```

本書で紹介するアルゴリズムでは，このような数値エラーが問題となることはほとんどありません．今回のような数値エラーを回避する方法として，次のように **Rational** 型を使うこともできます[注1]．

```
A = Rational{Int}[1 2;
                  3 4]
B = inv(A)
println(A * B)
println(B * A)
```

```
Rational{Int64}[1//1 0//1; 0//1 1//1]
Rational{Int64}[1//1 0//1; 0//1 1//1]
```

注 1　行列 A の要素がすべて有理数 (rational) であれば，その逆行列の要素もすべて有理数となります．

ここで1つ，逆行列の計算を使った応用例を考えましょう．次のような連立方程式を考えます．

$$x + 2y = -1 \tag{2.3}$$

$$3x + 4y = 1 \tag{2.4}$$

代入してみると確認できますが，解は $x = 3, y = -2$ となります．さて，この連立方程式は行列を使えば，次のように表現できます．

$$\mathbf{A} = \begin{bmatrix} 1 & 2 \\ 3 & 4 \end{bmatrix} \tag{2.5}$$

$$\mathbf{A} \begin{bmatrix} x \\ y \end{bmatrix} = \begin{bmatrix} -1 \\ 1 \end{bmatrix} \tag{2.6}$$

したがって，逆行列 $\mathbf{A}^{-1}$ を計算し，次のように両辺の左側からかければ，解が求まることになります．

$$\begin{bmatrix} x \\ y \end{bmatrix} = \mathbf{A}^{-1} \begin{bmatrix} -1 \\ 1 \end{bmatrix} \tag{2.7}$$

inv 関数を使って実際にこの連立方程式の解を求めてみましょう．

```
A = Rational{Int}[1 2;
                  3 4]
sol = inv(A) * [-1, 1]
```

```
2-element Vector{Rational{Int64}}:
  3//1
 -2//1
```

2.2 • 統計量の計算

ここでは平均や共分散など，データ全体の傾向を要約する**統計量**（statistics）とその Julia による実装法に関して解説します．ここでは事前に `Statistics.jl` パッケージを読み込みます．

```
using Statistics
```

また，次のような2種類の配列データ $\mathbf{X}$ および $\mathbf{Y}$ を扱います．

```
X = rand(5)
```

```
5-element Vector{Float64}:
 0.574256230084534
 0.8415501460085748
 0.07801180289631149
 0.17419565481064803
 0.8847609329996522
```

```
Y = rand(2, 5)
```

```
2× 5 Matrix{Float64}:
 0.779816  0.499364  0.148036  0.30591  0.355497
 0.333811  0.426386  0.954113  0.52398  0.124584
```

2.2.1 合計，平均

合計 (sum) s はその名のとおり，データの各要素を単純に足し合わせます．

$$s = \sum_{n=1}^{N} x_n \tag{2.8}$$

平均 (mean) μ は，合計をデータ数で割ったものです．

$$\mu = \frac{1}{N} \sum_{n=1}^{N} x_n \tag{2.9}$$

Julia での実装は，すでに紹介した sum 関数および **mean** 関数で計算できます．

```
println(sum(X))
println(mean(X))
```

```
2.5527747667997205
0.510554953359944
```

多次元配列に対してそのまま sum 関数や mean 関数を適用すると，単純にすべての要素に関する和や平均が計算されます．それぞれの関数で **dims** オプションを指定すれば，どの次元に対して和や平均の計算を行うのかを指定することもできます．

```
println(sum(Y))
println(sum(Y, dims=1))
println(sum(Y, dims=2))
println(mean(Y))
println(mean(Y, dims=1))
println(mean(Y, dims=2))
```

```
4.451494677264652
[1.1136268291054074 0.9257493447534444 1.102148387528052 0.8298893002898389 0.4800808155879095]
[2.0886220086028775; 2.3628726686617743]
0.4451494677264652
[0.5568134145527037 0.4628746723767222 0.551074193764026 0.41494465014491944 0.24004040779395475]
[0.4177244017205755; 0.47257453373235486]
```

2.2.2 分散，標準偏差

分散（variance）v は，主にデータのばらつき具合を定量化するために用いられます．分散の定義は次のようになっており，平均値からの各データの離れ具合を 2 乗で評価したものになっています．

$$v = \frac{1}{N-1}\sum_{n=1}^{N}(x_n - \mu)^2 \tag{2.10}$$

標準偏差（standard deviation）σ は，分散の正の平方根です．

$$\sigma = \sqrt{v} \tag{2.11}$$

Julia では，それぞれ **var** 関数と **std** 関数で実装します．

```
println(std(X))
println(std(X).^2)
println(var(X))
```

```
0.372114545585274
0.13846923503613498
0.13846923503613495
```

2.2.3 共分散

多変量のデータを扱う際は，**共分散**（covariance）と呼ばれる概念も重要になります．D 次元のベクトルを $\mathbf{y}_n$ とし，これが $\mathbf{Y} = \{\mathbf{y}_1, \mathbf{y}_2, \dots, \mathbf{y}_N\}$ のように並んでいるとします．i 次元目と j 次元目の共分散は次のように定義されます（μ_i および μ_j はそれぞれの次元での平均値）．

$$\mathrm{Cov}_{i,j} = \frac{1}{N-1}\sum_{n=1}^{N}(x_{n,i} - \mu_i)(x_{n,j} - \mu_j) \tag{2.12}$$

Julia の実装では，次の **cov** 関数を使うと，すべてのインデックス i, j に関する共分散を計算した行列として返します．

```
cov(Y, dims=1)
```

```
5× 5 Matrix{Float64}:
  0.09946      0.0162743   -0.179757   -0.0486301    0.0514943
  0.0162743    0.0026629   -0.029413   -0.00795718   0.00842582
 -0.179757    -0.029413     0.32488     0.0878907   -0.0930671
 -0.0486301   -0.00795718   0.0878907   0.0237773   -0.0251777
  0.0514943    0.00842582  -0.0930671  -0.0251777    0.0266606
```

```
cov(Y, dims=2)
```

```
2× 2 Matrix{Float64}:
  0.0567204  -0.0419936
 -0.0419936   0.0942519
```

2.3 • 統計量と確率分布のパラメータ

第 4 章では正規分布などの確率分布を紹介します．そこでは，平均パラメータや標準偏差パラメータなどが登場します．ここでは先どりして，それらの意味を簡単に確認します．Distributions.jl パッケージを読み込み，正規分布に従う乱数を発生させます．正規分布に与える平均パラメータは $\mu = 1.5$，標準偏差パラメータは $\sigma = 2.0$ と設定します．この正規分布から，ランダムに大量の 10,000 個の変数 $\mathbf{Z}$ をサンプリングします．

```
using Distributions
μ = 1.5
σ = 2.0
Z = rand(Normal(μ, σ), 10000)
Z
```

```
10000-element Vector{Float64}:
  2.578842123439902
 -2.4575511005126134
  2.175782470813707
  1.2875379069355697
  3.881758136899869
  1.4117642704953712
 -1.6819182153862693
  0.32069072631901685
  0.027281265228436213
  3.6358569188949015
  3.2174677911607006
 -2.5264701613843403
  4.940516003843637
  ⋮
```

```
 1.587256907227271
-2.0351706432119285
 3.8043292885440407
 1.7510621162400826
 1.3123324555985512
 2.4564499392422277
-1.621535041892681
-2.503282034440823
 1.4135741441459124
-0.39501981619292037
 3.357822586092267
 0.1870336453012318
```

さて，この生成されたデータ $\mathbf{Z}$ の平均と標準偏差を計算してみると次のようになります．

```
println(mean(Z))
println(std(Z))
```

```
1.5007785554476671
2.0183146706846493
```

このように，それぞれの値はもともと設定した $\mu = 1.5$，$\sigma = 2.0$ に近い値をとります．理論的には，サンプルサイズを無限に大きくして変数を生成すれば，それらの平均や標準偏差は最初に設定したパラメータに一致していきます．

2.4 • 微分計算

機械学習や深層学習を含む，現代の多くのデータ解析の技術は，微分計算に基づく最適化計算を頻繁に活用します．ここでは，まず簡単に高校数学における微分を復習し，Julia による計算の実行と可視化を行ってみましょう．

2.4.1 1 変数関数の微分

簡単にいってしまえば，**微分**（differential）はある関数 $f(x)$ の各点における接線の傾きを計算する方法です．次式で計算される値 $f'(a)$ を関数 $f(x)$ の点 $x = a$ における微分係数と呼びます．

$$f'(a) = \lim_{h \to 0} \frac{f(a+h) - f(a)}{h} \tag{2.13}$$

つまり，関数 $f(x)$ における点 $x = a$ における接線の傾きが $f'(a)$ ということになります．また，上記で得られる関数 f' を f の**導関数**（derivative）と呼びます．

ここではシンプルな 2 次関数を題材にします．微分の原理を確認するために，実際に小さい h の値を入れて上記の計算を確認してみましょう．

```
using PyPlot

# f(x)を 2次関数として定義
f(x) = -(x + 1)*(x - 1)

# h を微小な値として設定（10 のマイナス 10 乗）
h = 1.0e-10

# 導関数f'の近似式
f'(a) = (f(a+h) - f(a))/h

# 関数の可視化範囲
xs = range(-1, 1, length=100)

fig, axes = subplots(2,1, figsize=(4,6))

# 関数のプロット
axes[1].plot(xs, f.(xs), "b")
axes[1].grid()
axes[1].set_xlabel("x"), axes[1].set_ylabel("y")
axes[1].set_title("function f(x)")

# 導関数のプロット
axes[2].plot(xs, f'.(xs), "r")
axes[2].grid()
axes[2].set_xlabel("x"), axes[2].set_ylabel("y")
axes[2].set_title("derivative f'(x)")

tight_layout()
```

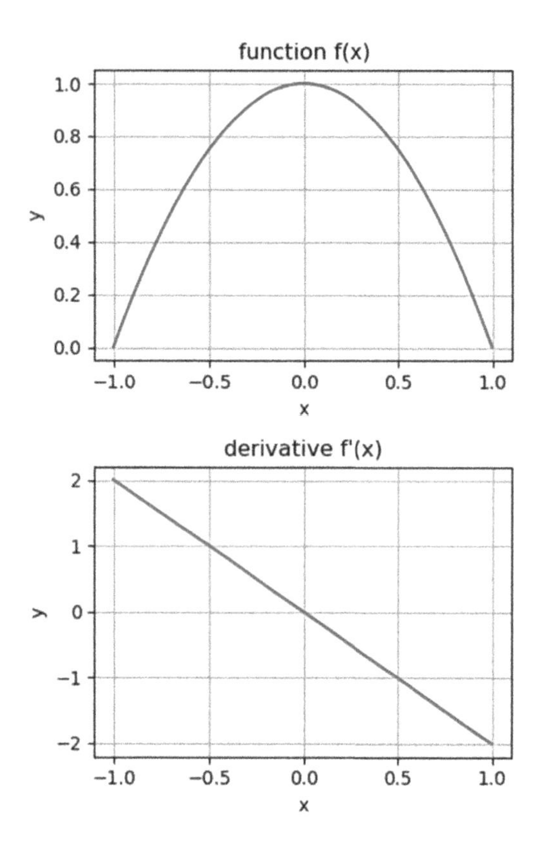

このことから，2 次関数 $f(x) = -(x+1)(x-1)$ の導関数は $f'(x) = -2x$ であると推察されます．もちろんこれは，定義式 (2.13) に基づく簡単な計算によって確認できます．なお，このようにして小さい変化量 h を与えることによって近似的に微分係数を求めることを**数値微分** (numerical differentiation) と呼びます．数値微分では，関数 $f(x)$ の定義式の中身の解析を必要とせず，関数の値 $f(x)$ さえ計算できれば，導関数が近似的に求まります．しかし，実際は計算上の誤差の影響などもあり実用上で使用する場面は限られます．

さて，最適化に応用する際の導関数の役割は，元の関数 f の値が増加する方向を示すことです．例えば，導関数のグラフで $x < 0$ のときは導関数は $f'(x) > 0$ になっていることがわかります．これは，元の関数が x 軸で正の方向に向かえば値が増加することを示しています．一方で，$x > 0$ の場合，導関数は $f'(x) < 0$ になっています．これは先ほどとは逆で，元の関数が x 軸で負の方向に向かえば値が増加することを示しています．$x = 0$ の場合はちょうど $f'(x) = 0$ となっていますから，この点では元の関数の値が増減しません．

2.4.2 多変数関数の微分

先ほどは 1 変数関数の微分に関して解説しましたが，同じ概念は多変数関数に関しても拡張できます．多変数関数に関する微分を考えることで，1 変数関数の場合と同様に，関数の値が増加する方向を算出できます．ここでは簡単のため，2 変数の関数 $f_2(x_1, x_2)$ を考えます．多変数の関数を，変数ごとに微分することを**偏微分**（partial differential）と呼びます．例えば，関数 $f_2(x_1, x_2)$ に対する x_1 における偏微分は次のように定義されます．

$$\frac{\partial f_2}{\partial x_1} = \lim_{h \to 0} \frac{f_2(x_1 + h, x_2) - f_2(x_1, x_2)}{h} \tag{2.14}$$

要するに，2 変数関数 $f_2(x_1, x_2)$ の x_1 軸方向の導関数ということになります．同様に x_2 における偏微分も定義されます．

$$\frac{\partial f_2}{\partial x_2} = \lim_{h \to 0} \frac{f_2(x_1, x_2 + h) - f_2(x_1, x_2)}{h} \tag{2.15}$$

これらをベクトルとして組み合わせたものは**勾配**（gradient）と呼ばれ，点 (x_1, x_2) において関数の値が（ユークリッド距離で）最も増加する方向を示しています．

$$\nabla f_2(x_1, x_2) = \left[\frac{\partial f_2}{\partial x_1}, \frac{\partial f_2}{\partial x_2}\right]^\top \tag{2.16}$$

$\mathbf{x} = [x_1, x_2]^\top$ とし，次のような 2 変数関数を考えます．

$$f_2(\mathbf{x}) = -(\mathbf{x} + [1, 1]^\top)^\top(\mathbf{x} - [1, 1]^\top) \tag{2.17}$$

この関数の $\mathbf{x} = [x_1, x_2]^\top$ における勾配は次のように表せます．

$$\nabla f_2(\mathbf{x}) = -2\mathbf{x} \tag{2.18}$$

ここでは，元の関数 $f_2(\mathbf{x})$ と，それに対応する勾配を矢印によって図示してみます．

```
# グラフを可視化する際の解像度
L = 10

# f₂(x) を可視化する範囲
xs₁ = range(-1, 1, length=L)
xs₂ = range(-1, 1, length=L)

# 2変数関数の定義
f₂(x) = -(x .+ 1)'*(x .- 1)

# 2変数関数の勾配
∇f₂(x) = -2x
```

```
fig, axes = subplots(1,2, figsize=(8,4))

# 関数の等高線図の可視化
cs = axes[1].contour(xs₁, xs₂ , [f₂([x₁, x₂]) for x₁ in xs₁, x₂ in xs₂]')
axes[1].clabel(cs, inline=true)
axes[1].set_xlabel("x₁"), axes[1].set_ylabel("x₂")
axes[1].set_title("f₂(x)")

# 勾配ベクトルの計算と可視化
vec1 = [∇f₂([x₁, x₂])[1] for x₁ in xs₁, x₂ in xs₂]
vec2 = [∇f₂([x₁, x₂])[2] for x₁ in xs₁, x₂ in xs₂]
axes[2].quiver(repeat(xs₁, 1, L), repeat(xs₂', L, 1), vec1, vec2)
axes[2].set_xlabel("x₁"), axes[2].set_ylabel("x₂")
axes[2].set_title("∇ f₂(x)")

tight_layout()
```

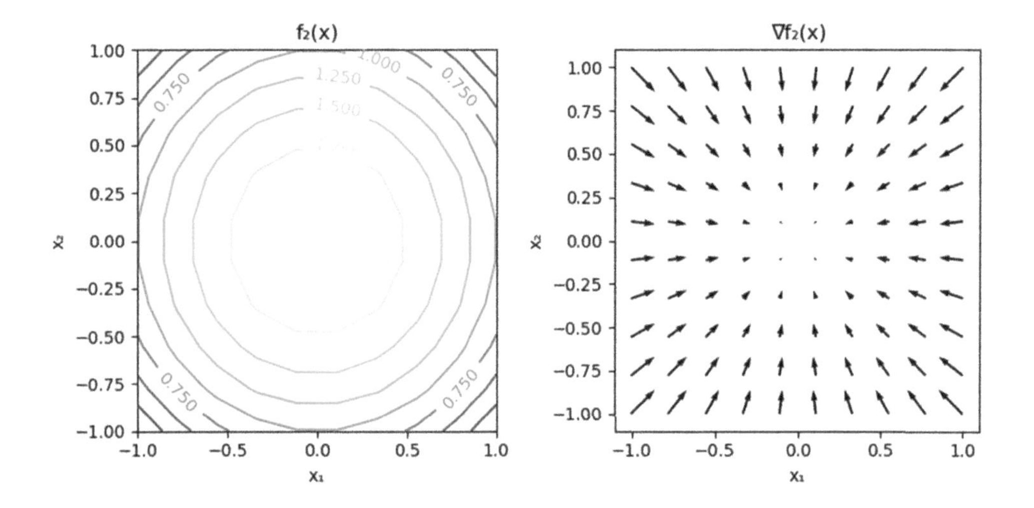

結果からわかるように，各点の勾配のベクトルは，関数の値を増大させる方向を指し示していることがわかります．

2.4.3 自動微分

統計モデリングの分野では，設計したモデルに対して微分を活用した計算アルゴリズムを適用することによって，学習や予測といった具体的な解析を行うケースが多くあります．統計モデルを新しく設計し直すたびに，再度微分計算を1から手計算で行うのは非常に手間がかかります．

実は，微分計算は人手でやらなくても自動で計算できます．1つの実現手段としては数値微分を使った方法があります．しかし，これはあくまで近似計算であるため計算誤差が発生します．Juliaで提供

されている **ForwardDiff.jl** は**自動微分**（automatic differentiation）を行うパッケージです．定義された関数の構造を解析し，合成関数の微分の連鎖律を利用することによって自動的に導関数や勾配を求めてくれます．

```
using ForwardDiff
```

1変数関数 f から `ForwardDiff.jl` の **derivative** 関数を使って導関数 f' を求めます．これによって，先ほどと同じグラフが得られます．

```
# 2次関数を定義
f(x) = -(x + 1)*(x - 1)

# 自動微分によって導関数f'(x)を求める
f'(x) = ForwardDiff.derivative(f, x)

# 関数の可視化範囲
xs = range(-1, 1, length=100)

fig, axes = subplots(2, 1, figsize=(4,6))

# 関数のプロット
axes[1].plot(xs, f.(xs), "b")
axes[1].grid()
axes[1].set_xlabel("x"), axes[1].set_ylabel("y")
axes[1].set_title("function f(x)")

# 導関数のプロット
axes[2].plot(xs, f'.(xs), "r")
axes[2].grid()
axes[2].set_xlabel("x"), axes[2].set_ylabel("y")
axes[2].set_title("derivative f'(x)")

tight_layout()
```

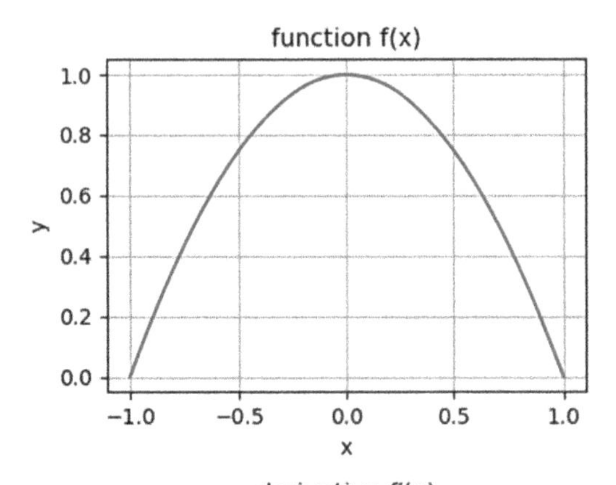

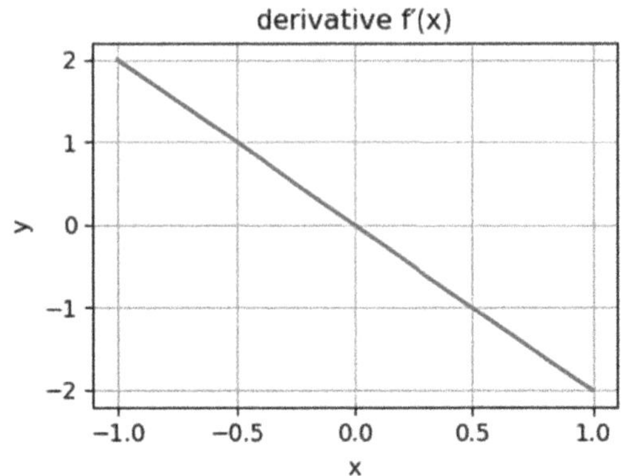

次の例は，関数 $f(x) = \sin(x)$ の導関数を `ForwardDiff.jl` によって計算し，結果を併せてプロットしたものです．導関数は $f'(x) = \cos(x)$ となります．

```
fig, ax = subplots()
xs = range(0, 2pi*3, length=100)

# sin(x)をプロット
ax.plot(xs, sin.(xs), color="b", label="sin(x)")

# 導関数をプロット
ax.plot(xs, map(x -> ForwardDiff.derivative(sin, x), xs),
        color="r", label="sin'(x)")
ax.grid()
ax.set_xlabel("x"), ax.set_ylabel("y")
ax.legend()
```

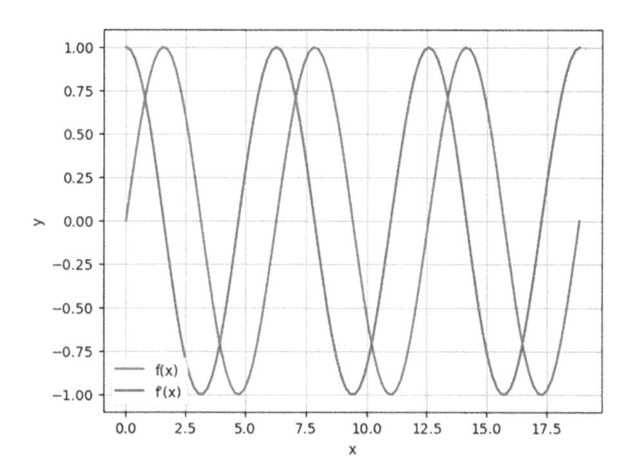

次はシグモイド関数の微分です．この計算は一般化線形モデルやニューラルネットワークなどの統計モデルを活用するときに利用されます．

$$\mathrm{sig}(x) = \frac{1}{1 + \exp(-x)} \tag{2.19}$$

この関数と，その導関数をプロットしてみます．

```
# シグモイド関数を定義
sig(x) = 1/(1 + exp(-x))

xs = range(-5, +5, length=100)
fig, axes = subplots(2, 1, figsize=(4, 6))

# シグモイド関数をプロット
axes[1].plot(xs, sig.(xs), color="b")
axes[1].set_xlabel("x"), axes[1].set_ylabel("y")
axes[1].set_title("sig(x)")
axes[1].grid()

# 導関数をプロット
axes[2].plot(xs, map(x -> ForwardDiff.derivative(sig, x), xs), color="r")
axes[2].set_xlabel("x"), axes[2].set_ylabel("y")
axes[2].set_title("sig'(x)")
axes[2].grid()

tight_layout()
```

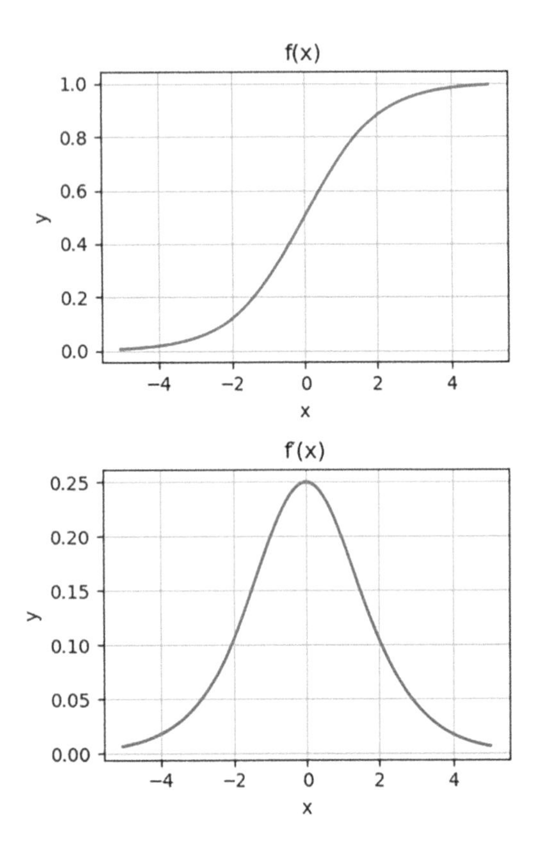

$x = 0$ 付近で接線の傾きがピークに達し，$x = 0$ から離れるほど傾きはゼロに向かっていくことが確認できます[注2]．

2.5 ・ 関数の最適化

ここでは自動微分を用いた関数の最適化を行います．**最適化**（optimization）とは，ある**目的関数**（objective function）$f(x)$ の最大値およびそのときの x を求める問題です（梅谷俊治 [2020]）．最小値を求めたい場合は，$-f(x)$ の最大値を求める問題と考えることができます．このような技術は，第6章で紹介するようなラプラス近似などの近似推論手法にも活用できます．

2.5.1 1変数関数の勾配法

勾配法（gradient method）は単純な山登りの戦略をとる最適化手法です．現在の立ち位置において足元を見まわし，一番高度が高くなる場所に一歩進むことを繰り返します．例えば入力と出力がともに1変数の連続関数に関する最大化は次のようになります．

注2　この導関数は釣鐘型ですが，正規分布の密度関数とは異なります．

1. 初期値 x_1，最大繰り返し数 maxiter $\geqq 2$，ステップサイズ $\eta > 0$ を設定する
2. $2 \leqq i \leqq$ maxiter で以下を繰り返す

$$x_i = x_{i-1} + \eta f'(x_{i-1})$$

まずは，次のような簡単な 2 次関数を目的関数とした最適化を考えましょう．

$$f(x) = -2(x - x_{\mathrm{opt}})^2 \tag{2.20}$$

次のように関数をプロットしてみればわかるように，求めたい最大値は $x_{\mathrm{opt}} = 0.50$ となります．

```
# 最大値を探したい目的関数
x_opt = 0.50
f(x) = -2(x - x_opt)^2

fig, ax = subplots()
xs = range(-3, 3, length=100)
ax.plot(xs, f.(xs), label="funtion")
ax.plot(x_opt, f(x_opt), "rx", label="optimal")
ax.set_xlabel("x"), ax.set_ylabel("y")
ax.grid()
ax.legend()
```

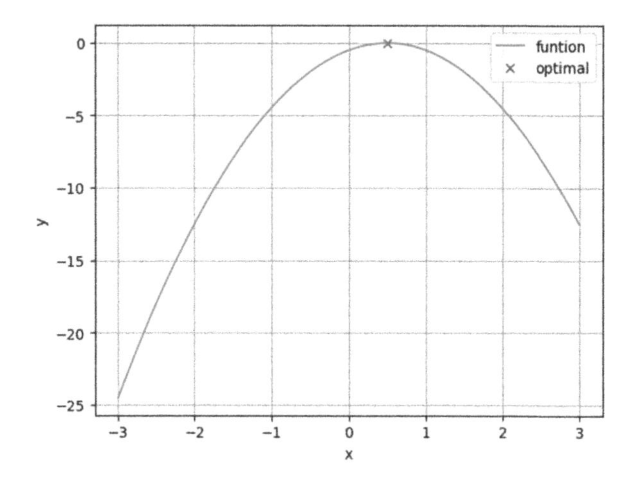

さて，この最適値を得るためのアルゴリズムを実装してみましょう．勾配法のアルゴリズムに基づき，次の関数 `gradient_method_1dim` を設計します．`gradient_method_1dim` は解析対象の関数 `f` 自体と，最適化の初期値 `x_init`，ステップサイズ η，最大繰り返し数 `maxiter` を与えることによっ

て，配列 x_seq を返します．x_seq の最後の要素が，最適値に最も近いと期待される値になります．

```
# 1変数関数の最適化
function gradient_method_1dim(f, x_init, η, maxiter)
    # 最適化過程のパラメータを格納する配列
    x_seq = Array{typeof(x_init), 1}(undef, maxiter)

    # 勾配
    f'(x) = ForwardDiff.derivative(f, x)

    # 初期値
    x_seq[1] = x_init

    # メインの最適化ループ
    for i in 2:maxiter
        x_seq[i] = x_seq[i-1] + η*f'(x_seq[i-1])
    end

    x_seq
end
```

```
gradient_method_1dim (generic function with 1 method)
```

実際に上記のアルゴリズムを実行してみましょう．次のように必要なパラメータを適当に設定し，関数 gradient_method_1dim を呼び出します．

```
# 探索の初期値
x_init = -2.5

# 探索の繰り返し数
maxiter = 20

# ステップサイズ
η = 0.1

# 最適化計算を実行
x_seq = gradient_method_1dim(f, x_init, η, maxiter)
f_seq = f.(x_seq)
```

```
20-element Vector{Float64}:
 -18.0
  -6.479999999999999
  -2.3327999999999993
  -0.8398079999999998
  -0.30233087999999986
  -0.10883911679999994
  -0.03918208204799999
  -0.014105549537279988
```

```
-0.0050779978334207915
-0.0018280792200314835
-0.0006581085192113332
-0.0002369190669160795
-8.529086408978862e-5
-3.07047110723239e-5
-1.1053695986036396e-5
-3.979330554973165e-6
-1.4325589997903394e-6
-5.157212399245448e-7
-1.8565964637284966e-7
-6.683747269421776e-8
```

得られた結果 f_seq および x_seq を可視化することにより，最適化アルゴリズムの過程でどのように最適値が求められていったのかを確認します．

```
# 目的関数の値をステップごとにプロット
fig, ax = subplots(figsize=(8,3))
ax.plot(f_seq)
ax.set_xlabel("iteration"), ax.set_ylabel("f")
ax.grid()

fig, axes = subplots(1,2,figsize=(8,3))

# 関数のプロット
axes[1].plot(xs, f.(xs), label="funtion")

# 探索の過程
axes[1].plot(x_seq, f.(x_seq), "bx", label="sequence")

# 最適値
axes[1].plot(x_opt, f(x_opt), "rx", label="optimal")
axes[1].set_xlabel("x"), axes[1].set_ylabel("y")
axes[1].grid()
axes[1].legend()

# 探索の過程をステップごとにプロット
axes[2].plot(1:maxiter, x_seq, "bx-", label="sequence")
axes[2].hlines(x_opt, 0, maxiter, ls="--", label="x_opt")
axes[2].set_xlim([0, maxiter])
axes[2].set_xlabel("iteration"), axes[2].set_ylabel("x")
axes[2].grid()
axes[2].legend()

tight_layout()
```

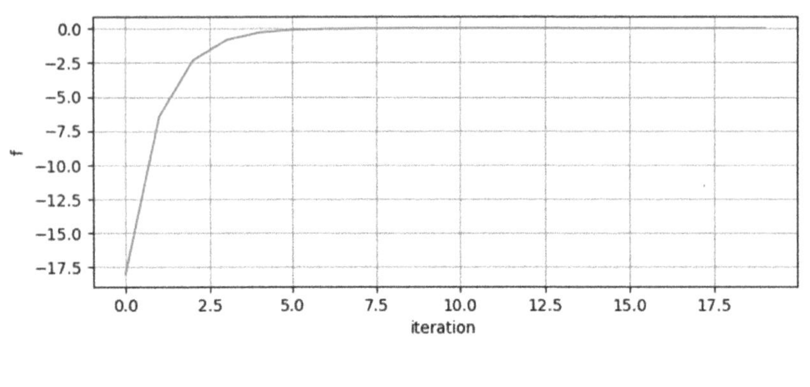

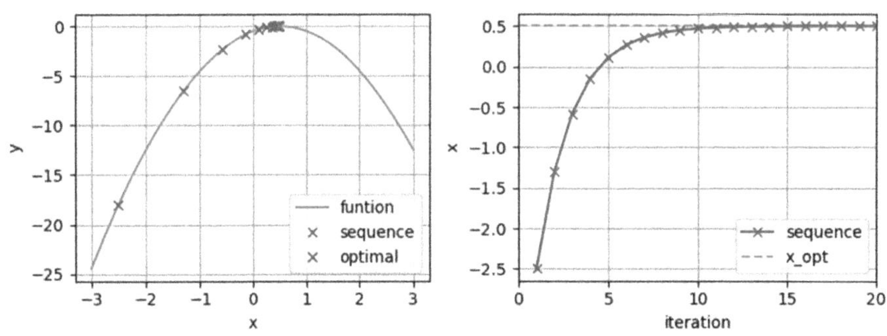

細かいため少し見にくいですが，結果としておおよそ繰り返し回数が 10 回程度のところで正解の 0.50 にかなり近い値まで得られていることがわかります．

2.5.2 多変数関数の勾配法

ここでは入力が多変数の場合の数値最適化を実験してみます．この場合でも，アルゴリズムの流れはほぼ同じです．

1. 初期値 $\mathbf{x}_1$，最大繰り返し数 maxiter $\geqq 2$，ステップサイズ $\eta > 0$ を設定する
2. $2 \leqq i \leqq$ maxiter で以下を繰り返す

$$\mathbf{x}_i = \mathbf{x}_{i-1} + \eta \nabla f(\mathbf{x}_{i-1})$$

ここでも非常にシンプルな関数を考えてみましょう．ここでは関数の入力 $\mathbf{x}$ は 2 次元ベクトルになっています．次の関数 f_2 を等高線図によって可視化すると，最適値は横軸の値が $x_{\mathrm{opt}}[1] = 0.50$，縦軸の値が $x_{\mathrm{opt}}[2] = 0.25$ となることがわかります．

```
# 2変数関数を定義
x_opt = [0.50, 0.25]
f₂(x) = -sqrt(0.05 + (x[1] - x_opt[1])^2) - (x[2] - x_opt[2])^2

# 関数を等高線図として可視化
L = 100
xs₁ = range(-1, 1, length=L)
xs₂ = range(-1, 1, length=L)
fig, ax = subplots()
ax.contour(xs₁, xs₂, [f₂([x₁, x₂]) for x₁ in xs₁, x₂ in xs₂]')
ax.plot(x_opt[1], x_opt[2], color="r", marker="x", label="optimal")
ax.set_xlabel("x₁"), ax.set_ylabel("x₂")
ax.grid()
ax.legend()
```

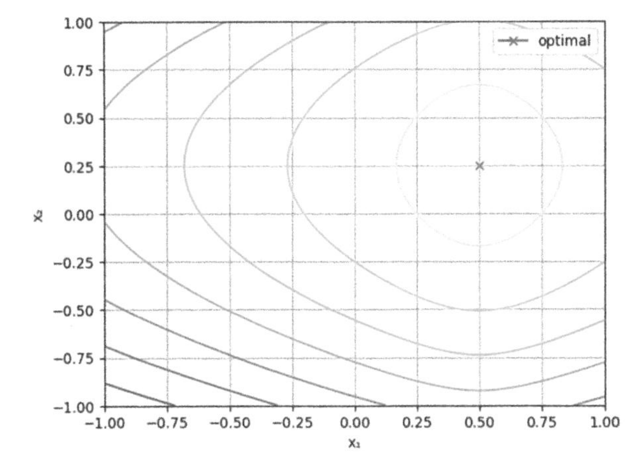

多次元版の勾配法のコードを実装します．

```
# 多変数関数のための勾配法
function gradient_method(f, x_init, η, maxiter)
    # 最適化過程のパラメータを格納する配列
    x_seq = Array{typeof(x_init[1]), 2}(undef, length(x_init), maxiter)

    # 勾配
    ∇f(x) = ForwardDiff.gradient(f, x)

    # 初期値
    x_seq[:, 1] = x_init

    # メインの最適化ループ
    for i in 2:maxiter
```

```
        x_seq[:, i] = x_seq[:, i-1] + η*∇f(x_seq[:, i-1])
    end

    x_seq
end

# パラメータの設定
x_init = [-0.75, -0.75]
maxiter = 20
η = 0.1

# 最適化の実行
x_seq = gradient_method(f₂, x_init, η, maxiter)
f_seq = [f₂(x_seq[:,i]) for i in 1:maxiter]
```

```
20-element Vector{Float64}:
 -2.2698425099200294
 -1.8130713587869223
 -1.4864674129221398
 -1.2435333058718216
 -1.0546304357566991
 -0.9009647514196972
 -0.7707699828580662
 -0.6569195690940037
 -0.5554903555124693
 -0.46498971917861137
 -0.3860446444970153
 -0.3212180328272999
 -0.27400717006417613
 -0.2457105046976077
 -0.23231600743801767
 -0.22703677774417294
 -0.22508176283129977
 -0.22432371767829845
 -0.2239955619536749
 -0.2238341324318122
```

最適化で得られた結果を可視化してみましょう.

```
# 目的関数の値をステップごとにプロット
fig, ax = subplots(figsize=(8,3))
ax.plot(f_seq)
ax.set_xlabel("iteration"), ax.set_ylabel("f")
ax.grid()

fig, axes = subplots(1, 2, figsize=(8, 3))

# 等高線図で関数を可視化
axes[1].contour(xs₁, xs₂, [f₂([x₁, x₂]) for x₁ in xs₁, x₂ in xs₂]')
```

```
# 最適化の過程
axes[1].plot(x_seq[1,:], x_seq[2,:], ls="--", marker="x", label="sequence")
axes[1].plot(x_opt[1], x_opt[2], color="r", marker="x", label="optimal")
axes[1].set_xlabel("x₁"), axes[1].set_ylabel("x₂")
axes[1].grid()
axes[1].legend()

# ステップごとの最適化の過程
axes[2].plot(1:maxiter, x_seq[1,:], color="b", marker="o", label="x[1]")
axes[2].plot(1:maxiter, x_seq[2,:], color="r", marker="^", label="x[2]")
axes[2].hlines(x_opt[1], 0, maxiter, color="b", ls="--", label="x_opt[1]")
axes[2].hlines(x_opt[2], 0, maxiter, color="r", ls="-.", label="x_opt[2]")
axes[2].set_xlabel("iteration")
axes[2].set_ylabel("x₁, x₂")
axes[2].grid()
axes[2].legend()

tight_layout()
```

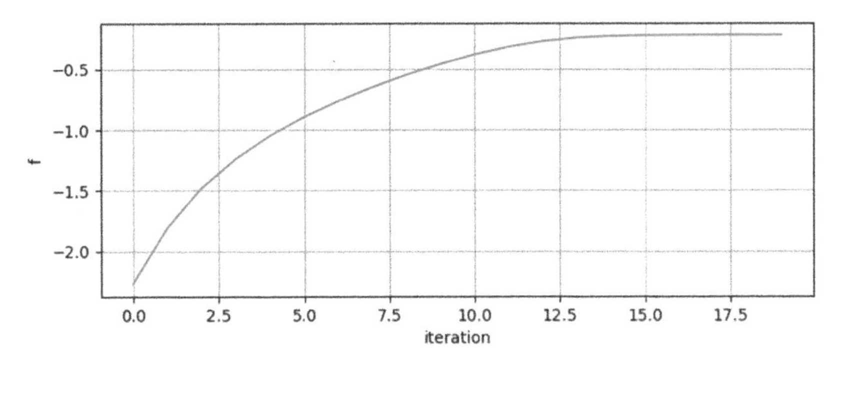

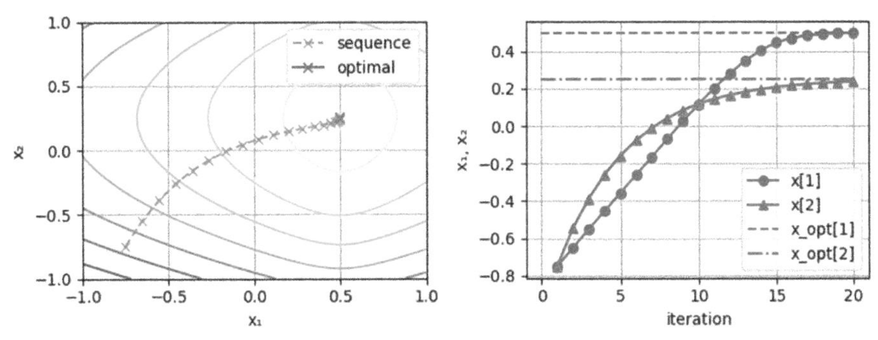

グラフから，目的関数の値がうまく単調に増加していることが確認できます．また，最適化の過程から，2 次元の等高線上で目的関数の値が最も高くなるところに徐々に収束していることが確認でき

ます.

2.5.3 局所最適解と大域最適解

最適化問題を扱ううえで知っておくべき概念として,ここでは**局所最適解**(local optimum)と**大域最適解**(global optimum)を解説します.次のような複雑な1変数の関数 f_{complex} を考えます.

$$f_{\mathrm{complex}}(x) = 0.3\cos(3\pi x) - x^2 \tag{2.21}$$

この関数に,先ほど設計した勾配法を適用してみましょう.なお,今回は異なる初期値を2つ試し,得られる結果がどのように変わるかを観察します.

```
# 目的関数の定義
f_complex(x) = 0.3*cos(3pi*x) - x^2

# 最適化のパラメータ設定
maxiter = 20
η = 0.01

# 初期値a
x_init_a = -0.8
x_seq_a = gradient_method_1dim(f_complex, x_init_a, η, maxiter)
f_seq_a = f_complex.(x_seq_a)

# 初期値b
x_init_b = 0.25
x_seq_b = gradient_method_1dim(f_complex, x_init_b, η, maxiter)
f_seq_b = f_complex.(x_seq_b)

# 目的関数の値をステップごとにプロット
fig, axes = subplots(2, 1, figsize=(8,4))
axes[1].plot(f_seq_a)
axes[1].set_xlabel("iteration"), axes[1].set_ylabel("f")
axes[1].set_title("f(x) (a)")
axes[1].grid()
axes[2].plot(f_seq_b)
axes[2].set_xlabel("iteration"), axes[1].set_ylabel("f")
axes[2].set_title("f(x) (b)")
axes[2].grid()
tight_layout()

# 関数を可視化する範囲
xs = range(-1, 1, length=100)

# 最適化の過程
fig, axes = subplots(1, 2, figsize=(12,4))
axes[1].plot(xs, f_complex.(xs), label="f_complex")
axes[1].plot(x_seq_a, f_complex.(x_seq_a),
```

```
            color="b", marker="x", label="x sequence")
axes[1].set_xlabel("x"), axes[1].set_ylabel("y")
axes[1].grid()
axes[1].set_title("initial value a")
axes[1].legend()

axes[2].plot(xs, f_complex.(xs), label="f_complex")
axes[2].plot(x_seq_b, f_complex.(x_seq_b),
            color="b", marker="x", label="x sequence")
axes[2].set_xlabel("x"), axes[2].set_ylabel("y")
axes[2].grid()
axes[2].set_title("initial value b")
axes[2].legend()

tight_layout()
```

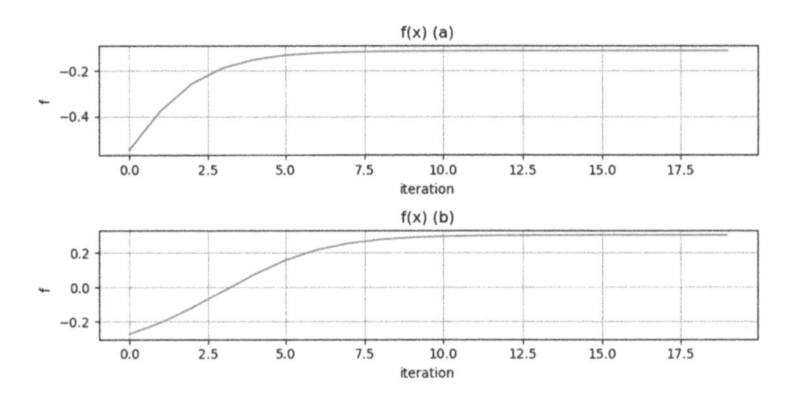

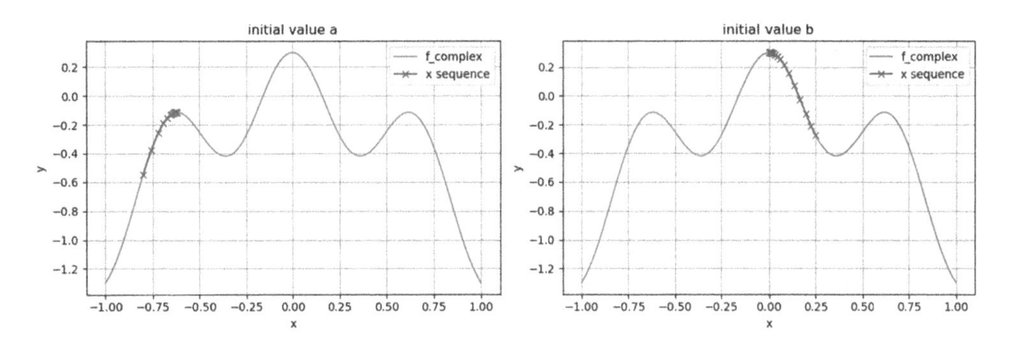

結果からわかるように，初期値のとり方によって最終的に得られる最適値が異なります．初期値 a（左グラフ）で得られた解は関数 f_{complex} における局所最適解となっており，**極大値**（local maximum）といいます[注3]．一方で，初期値 b（右グラフ）で得られた解は大域最適解であり，**最大値**（global

注 3　厳密には，勾配がゼロになる点は停留点であり，局所最適になっているとは限りません．

maximum）と呼びます．

このように，勾配法に基づく最適化は，繰り返し数やステップサイズ，初期値などの設定値により得られる解が異なる可能性があります．一般的に関数の最大値や最小値を見つけることは困難です．実践で行われる簡単な対処法としては，これらのいくつかのパラメータを試しておき，結果として一番よい値が得られる結果を採用する方法が考えられます．なお，このような過程は機械学習などでは**ハイパーパラメータチューニング**（hyperparameter tuning）と呼ばれます[注4]．

2.6 • 最適化によるカーブフィッティング

ここでは最適化の応用として，古典的な**カーブフィッティング**（curve fitting）による予測を行います[注5]．本書では主にベイズ統計の考えを用いた**回帰**（regression）による予測を解説しますが，最初におおまかなイメージをつかんでもらうために，ベイズ統計の手法ではないカーブフィッティングを解説することには一定の意味があります．

まず，次のような入力データセット X_obs と，出力データセット Y_obs があるとしましょう．例えば入力データ x を土地面積，出力データ y を土地価格とし，土地面積から土地価格を予測するような関数を得る課題を考えればよいでしょう．まずはこの学習データセット (X_obs，Y_obs) を散布図によって可視化します．

```
# 学習用の入力値集合
X_obs = [1, 2, 4]

# 学習用の出力値集合
Y_obs = [10,35,72]

# データの可視化
fig, ax = subplots()
ax.scatter(X_obs, Y_obs)
ax.set_xlabel("x"), ax.set_ylabel("y")
ax.set_title("data")
ax.grid()
```

注 4　ベイズ統計では，モデルのパラメータに対してチューニングを行うことは過剰適合の原因になるため推奨されません．一方で，勾配法などのアルゴリズムのチューニングは多くの場合問題ありません．

注 5　ここでは直線（1 次関数）によるフィッティングを例として解説します．直線も“カーブ”の一種であると考えてください．

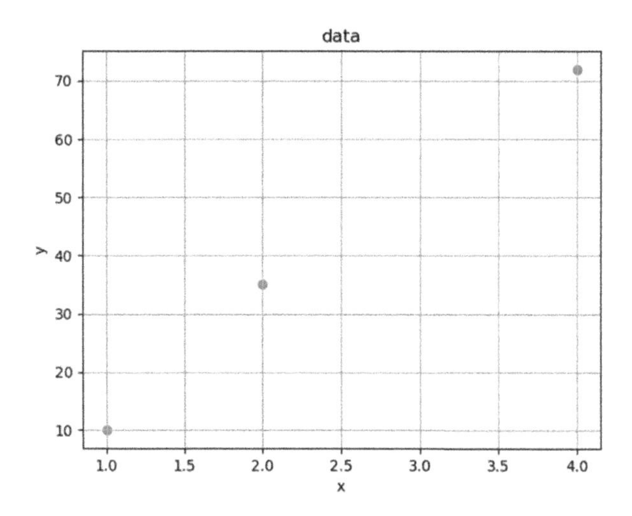

目的は，この学習セット (X_obs，Y_obs) をもとに，新しい入力値 x_p から出力値 y_p の予測を行うことです．そのために，ここでは 1 次関数 $f(x) = w_1 x + w_2$ を学習データセットに当てはめることを検討します．例えば，$w_1 = 12.0, w_2 = 10.0$ と適当に決めると，次のようになります．

```
# 適当な傾きパラメータおよび切片パラメータを設定
w = [12.0, 10.0]

# 予測に使う関数
f(x) = w[1]*x + w[2]

# 関数を可視化する範囲
xs = range(0, 5, length=100)

# データと予測関数の可視化
fig, ax = subplots()
ax.plot(xs, f.(xs), label="function")
ax.scatter(X_obs, Y_obs, label="data")
ax.set_xlabel("x"), ax.set_ylabel("y")
ax.grid()
ax.legend()
```

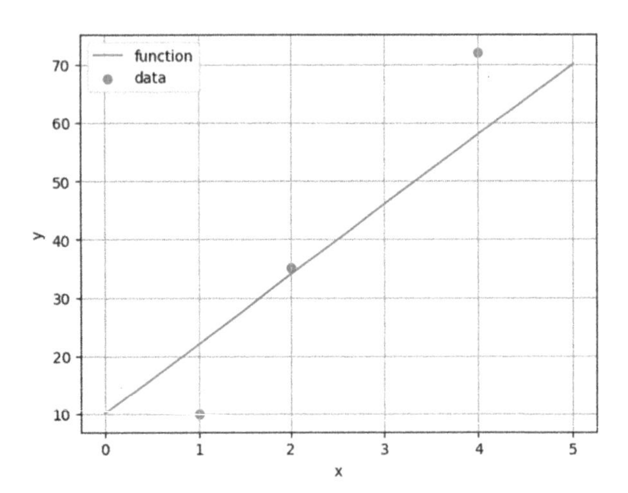

データに対する直線の当てはまりはあまりよくないように見えます．もっと適切なパラメータ $\mathbf{w} = \{w_1, w_2\}$ を調整するにはどのようにしたらよいでしょうか．カーブフィッティングの考え方では，次のように関数の値と各データとの**二乗誤差**（mean squared error）を最小にするように決定します．

$$\mathbf{w}_{\mathrm{opt}} = \mathrm{argmin}_{\mathbf{w}} E(\mathbf{w}) \tag{2.22}$$

$$E(\mathbf{w}) = \sum_{n=1}^{N} \{y_n - (w_1 x_n + w_2)\}^2 \tag{2.23}$$

この関数をコードで定義すると次のようになります．

```
# 誤差関数の定義
E(w) = sum([(Y_obs[n] - (w[1]*X_obs[n] + w[2]))^2
            for n in 1:length(X_obs)])
```

```
E (generic function with 1 method)
```

先ほど作った勾配法のアルゴリズムを使って，この関数の最小値，すなわち直線とデータとの誤差が最も小さくなるようなパラメータを求めてみましょう．

```
# 最適化するパラメータの初期値
w_init = [0.0, 0.0]

# 最適化計算の回数
maxiter = 500

# 学習率
```

```
η = 0.01

# 最適化の実行．最大化アルゴリズムなので，-E を目的関数にする
F(w) = -E(w)
w_seq = gradient_method(F, w_init, η, maxiter)
f_seq = [F(w_seq[:,i]) for i in 1:maxiter]
```

```
500-element Vector{Float64}:
 -6509.0
 -1939.5819999999997
  -644.3813987199998
  -275.7910161687038
  -169.46811483893487
  -137.41138630873562
  -126.41782512660872
  -121.4305759666068
  -118.18766202638302
  -115.48193910495918
  -112.97076516030776
  -110.556165388921
  -108.20942661889302
     ⋮
   -12.072442904302092
   -12.072418776699926
   -12.072395223013139
   -12.072372229590176
   -12.072349783104178
   -12.072327870545308
   -12.072306479213296
   -12.072285596709893
   -12.072265210931684
   -12.072245310063245
   -12.072225882570269
   -12.072206917192597
```

最適化の系列の中で最後に得られたパラメータの組が最もよい解です．

```
w₁, w₂ = w_seq[:, end]
println("w_1 = $(w₁),  w_2 = $(w₂)")
```

```
w_1 = 20.345436819385633,  w_2 = -8.465882327774901
```

これらのパラメータを使って，改めて予測の直線を描いてみます．

```
# 目的関数の値をステップごとにプロット
fig, ax = subplots(figsize=(8,4))
ax.plot(f_seq)
ax.set_xlabel("iteration"), ax.set_ylabel("f")
```

```
ax.grid()

# 予測に使う1次関数
f(x) = w₁*x + w₂

# 関数を可視化する範囲
xs = range(0, 5, length=100)

# データと予測関数のプロット
fig, ax = subplots()
ax.plot(xs, f.(xs), label="f(x)")
ax.scatter(X_obs, Y_obs, label="data")
ax.set_xlabel("x"), ax.set_ylabel("y")
ax.grid()
ax.legend()
```

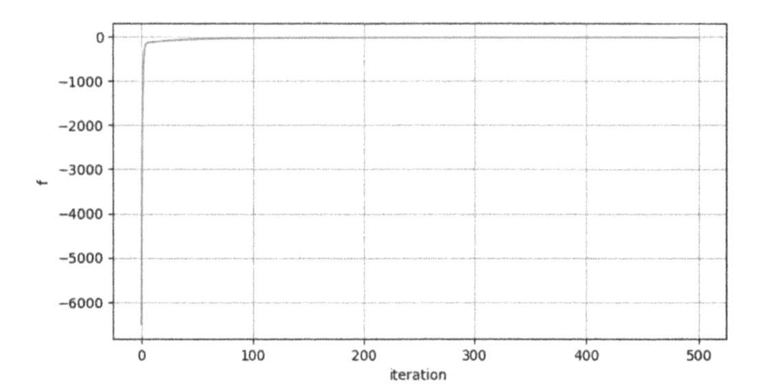

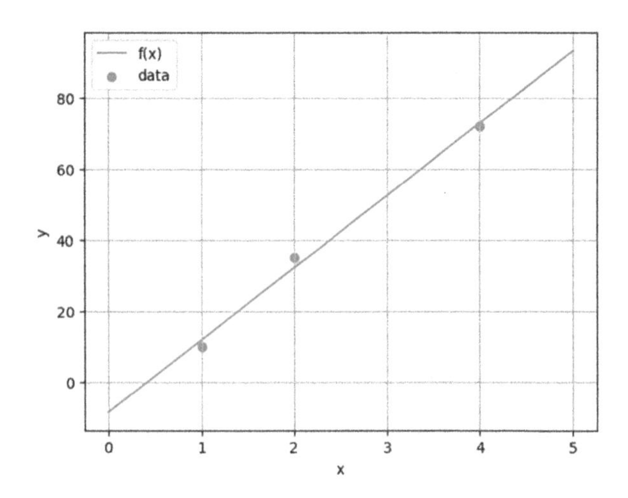

先ほどの適当に決めたパラメータによる予測結果と比べると，より学習データセットに適合した直

線が得られていることがわかります．なお，式 (2.23) の誤差を最小にするような $\mathbf{w}$ は，勾配法を使わなくても計算式によって次のように厳密な解を出すことができます（須山敦志・杉山将 [2017]）．

$$w_1 = \frac{\sum_{n=1}^{N}(y_n - \bar{y})x_i}{\sum_{n=1}^{N}(x_n - \bar{x})x_i} \tag{2.24}$$

$$w_2 = \bar{y} - w_1\bar{x} \tag{2.25}$$

$$\bar{x} = \frac{\sum_{n=1}^{N} x_n}{N} \tag{2.26}$$

$$\bar{y} = \frac{\sum_{n=1}^{N} y_n}{N} \tag{2.27}$$

ただし，このような解析的で正確な解が得られるのは，今回のような単純な線形回帰の手法のみです．この計算式によって得られる最適なパラメータ $\mathbf{w}$ は次のようになり，今回実装した勾配法を使った計算の結果がかなりよい近似値を出していたことがわかります．

```
function linear_fit(Y, X)
    N = length(Y)
    w₁ = sum((Y .- mean(Y)) .* X) / sum((X .- mean(X)).*X)
    w₂ = mean(Y) - w₁*mean(X)
    w₁, w₂
end
w₁, w₂ = linear_fit(Y_obs, X_obs)
println("w_1 = $(w₁),  w_2 = $(w₂)")
```

```
w_1 = 20.35714285714286,  w_2 = -8.500000000000014
```

2.7 • 積分計算

さて，微分計算はある関数の最大値や最小値などを求める最適化問題を解くためによく利用されますが，統計モデリングの世界では積分計算も重要です．高校数学では，基本的には手計算によって積分の結果を導出するケースがほとんどですが，コンピュータによる**数値積分**（numerical integration）を使えば，これを近似的に計算することも可能です．

2.7.1　1 変数関数の数値積分

まずは有名な**ガウス積分**（Gaussian integral）を行ってみましょう．証明は省きますが，次のような公式があります．

$$\int_{-\infty}^{\infty} e^{-x^2}\mathrm{d}x = \sqrt{\pi} \tag{2.28}$$

ここではこの結果を近似するプログラムを考えます．基本的な考え方は高校数学で習う（リーマン）

積分の考え方に基づきます．すなわち，曲線 $y = e^{-x^2}$ と x 軸との間の面積が，幅 Δ，高さ $e^{-x_i^2}$ の細かい長方形の和として近似できるとします．

$$\int_{-\infty}^{\infty} e^{-x^2} \mathrm{d}x \approx \sum_{i=i_{\min}}^{i_{\max}} e^{-x_i^2} \Delta \tag{2.29}$$

ただし，各点 x_i と x_{i-1} の間隔は等間隔であり，$x_i - x_{i-1} = \Delta$ とします．なお，積分区間は $i_{\min}$ から $i_{\max}$ になっていますが，$i_{\min} \longrightarrow -\infty$，$i_{\max} \longrightarrow +\infty$ とすると，近似精度は上がります．しかし，今回の場合は x の値が 0 から離れるにしたがって関数の値は極端に小さくなり無視できるため，ここではある程度の区間で打ち切って和をとることにします．

さて，上の積分を近似計算する関数を書いてみます．

```
function approx_integration(x_range, f)
    # 幅
    Δ = x_range[2] - x_range[1]

    # 近似された面積と幅を返す
    sum([f(x) * Δ for x in x_range]), Δ
end
```

```
approx_integration (generic function with 1 method)
```

上記の x_range は x_i の等間隔の配列を与えます．まずはこの配列を次のように開始地点を -2，終了地点を 2，長方形の数を 10 として，面積を近似計算してみます．

```
# 面積を近似したい関数
f(x) = exp(-x^2)

# 等間隔の配列を用意
x_range = range(-2, 2, length=10)

# 積分近似の実行
approx, Δ = approx_integration(x_range, f)

# 近似値（approx）と厳密値（exact）の比較
println("approx = $(approx)")
println("exact = $(sqrt(pi))")

# 関数と近似結果の可視化
fig, ax = subplots(figsize=(8, 4))
xs = range(-5, 5, length=1000)
ax.plot(xs, f.(xs), "r-")
for x in x_range
    ax.fill_between([x - Δ/2, x + Δ/2], [f(x), f(x)], [0, 0],
                    facecolor="b", edgecolor="k", alpha=0.5)
```

```
end
ax.set_xlabel("x"), ax.set_ylabel("y")
ax.grid()
```

```
approx = 1.7699705304277666
exact = 1.7724538509055159
```

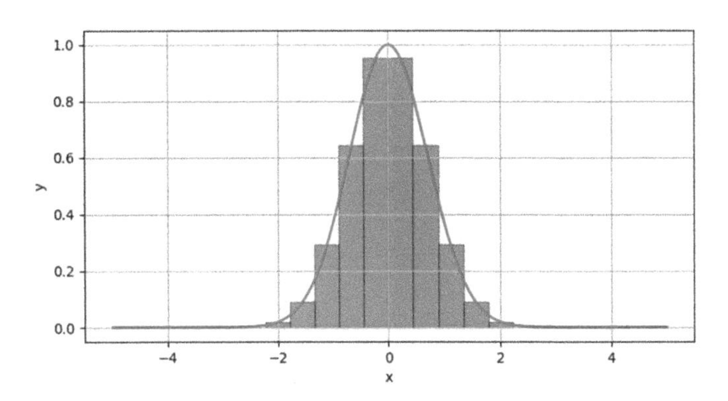

グラフは荒っぽい近似に見えますが，計算結果は厳密に計算される理論値 $\sqrt{\pi}$ にかなり近い値になっています．計算する範囲と長方形の幅を次のように変更します．

```
x_range = range(-5, 5, length=100)
```

```
-5.0:0.10101010101010101:5.0
```

再度，積分の近似を行ってみると，次のような結果になります．

```
approx = 1.7724538509039651
exact = 1.7724538509055159
```

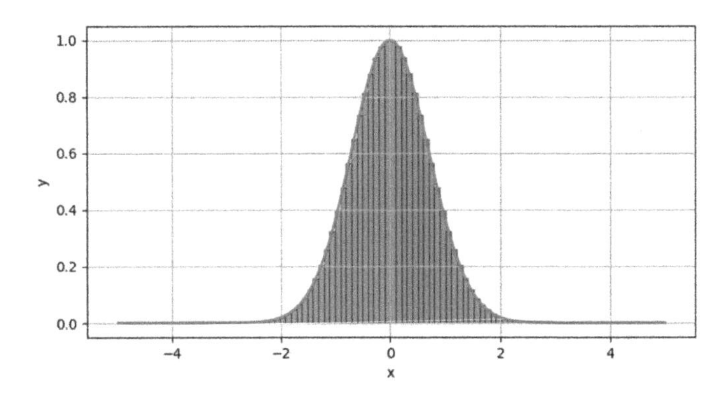

曲線がかなりびっしり長方形で埋まりました．近似結果もかなり理論値に近くなっていることがわかります．

さて，この方法はかなりうまくいっているように見えますが，実際は積分される関数 f の形状次第ではなかなか近似がうまくいかないケースもあります．例えば次のように中心位置が右にズレている関数を考えます[注6]．

$$f(x) = \exp(-(x-3)^2) \tag{2.30}$$

この場合，同じ手続きで計算しても次のように精度がよくありません．

```
approx = 0.233343789106035
exact = 1.7724538509055159
```

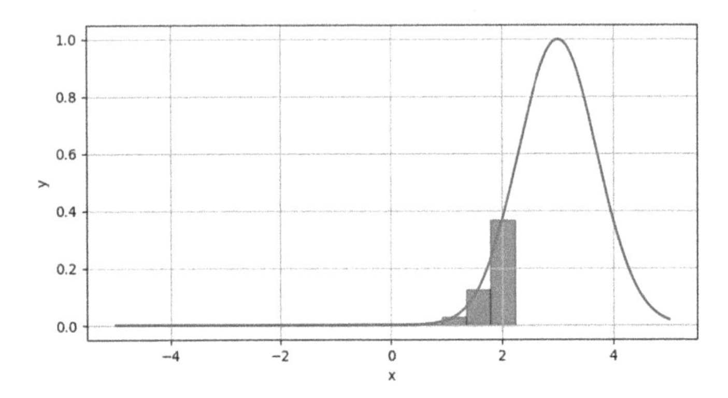

明らかに，積分すべき範囲が途中で打ち切られてしまっています．実用上では，和を計算するための適切な範囲があらかじめわかっているケースはほとんどありません．

また，次のように関数が尖っており，値が局所的に集中している場合も精度よく計算することが難しくなります．

$$\int_{-\infty}^{\infty} \exp\left(-\left(\frac{x}{0.2}\right)^2\right) \mathrm{d}x = 0.2\sqrt{\pi} \tag{2.31}$$

```
approx = 0.2586448037358885
exact = 0.3544907701811032
```

注 6　指数関数を $\exp(x) = e^x$ のようにして表記しています．

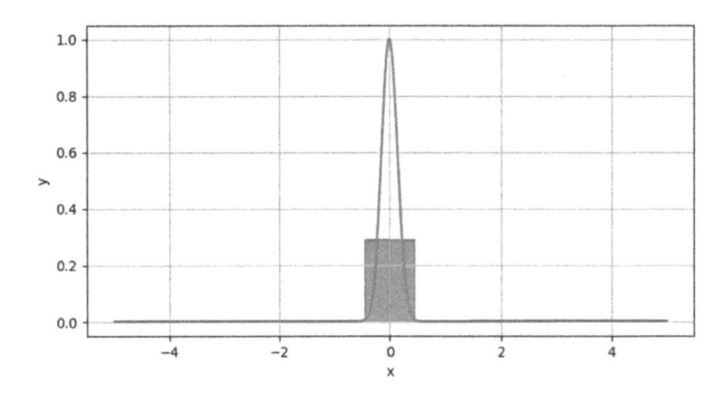

実は，このように積分の近似を重点的に行うべき領域が狭い範囲に集中する現象は，統計モデルを使った解析では頻繁に起こります．さらに，次項で説明するように，応用上は高次元の積分が必要になるケースも多いため，積分の数値近似の問題はさらに難しくなります．

2.7.2 多変数関数の数値積分

ここでは，多変数関数の数値積分を行います．といっても，基本的なアイデアは1次元の場合と同じです．高次元のガウス積分の場合は次のような結果が知られています[注7]．

$$\int \exp\left(-\frac{1}{2}\mathbf{x}^\top \mathbf{A}\mathbf{x}\right) \mathrm{d}\mathbf{x} = \sqrt{\frac{(2\pi)^D}{\det(\mathbf{A})}} \tag{2.32}$$

D はベクトル $\mathbf{x}$ の要素数です．ここでは積分の近似計算を行うことによって，この厳密な解に対してどれだけ近い値が得られるか実験してみましょう．

```
# 積分対象の 2変数関数
D = 2
A = [0.5 0.3
     0.3 1.0]
f₂(x)= exp(-0.5*x'*A*x)

# 20x20 の区画に分割
L = 20
xs₁ = range(-5, 5, length=L)
xs₂ = range(-5, 5, length=L)

fig, axes = subplots(1, 2, figsize=(8, 4))

# 等高線図で可視化
cs = axes[1].contour(repeat(xs₁, 1, L), repeat(xs₂', L, 1),
                     [f₂([x₁, x₂])  for x₁ in xs₁, x₂ in xs₂]')
```

注7 det($\mathbf{A}$) は $\mathbf{A}$ の行列式であり，`LinearAlgebra.jl` の det 関数によって計算できます．

```
axes[1].clabel(cs)
axes[1].grid()
axes[1].set_xlabel("x₁"), axes[1].set_ylabel("x₂")

# カラー表示
cs = axes[2].imshow([f₂([x₁, x₂]) for x₁ in xs₁, x₂ in xs₂],
                    origin="lower")
fig.colorbar(cs)
axes[2].set_xlabel("x₁"), axes[2].set_ylabel("x₂")

tight_layout()
```

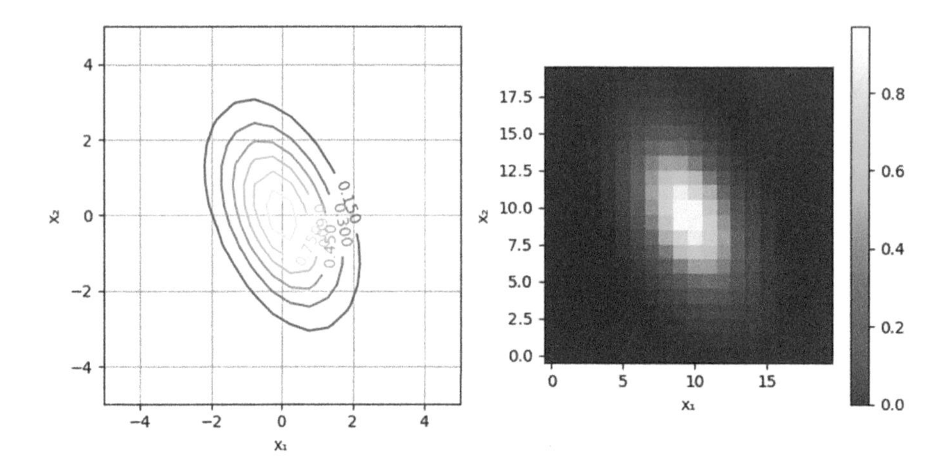

1次元の場合は，細かい長方形の足し合わせによって面積を近似しました．2次元の場合は，細かい直方体（右のグラフで高さが色で表現されています）を足し合わせることによって，目的の関数と x_1 軸および x_2 軸で作られる面とで挟まれる体積を近似します．

```
function approx_integration_2dim(x_range, f)
    Δ = x_range[2] - x_range[1]
    sum([f([x₁, x₂]) * Δ^2 for x₁ in x_range, x₂ in x_range]), Δ
end
```

```
approx_integration_2dim (generic function with 1 method)
```

```
# det 関数を使うために LinearAlgebra パッケージを使用
using LinearAlgebra

# 20x20 の区画に分割
L = 20
```

```
x_range = range(-5, 5, length=L)
approx, Δ = approx_integration_2dim(x_range, f₂)

println("approx = $(approx)")
println("exact = $(sqrt((2*pi)^D/det(A)))")
```

```
approx = 9.805714174433017
exact = 9.812686860654528
```

近似の精度を上げるためには，x_range の部分を修正し，より広い範囲かつ細かい分解能を用いて足し合わせを行う必要があります．

```
# 1000x1000 の区画に分割
L = 1000
x_range = range(-100, 100, length=L)
approx, Δ = approx_integration_2dim(x_range, f₂)

println("approx = $(approx)")
println("exact = $(sqrt((2*pi)^D/det(A)))")
```

```
approx = 9.812686860654521
exact = 9.812686860654528
```

かなり精度よく計算できました．しかし，内部では 1000×1000 回のループが回っており，1 次元の場合と比べて計算負荷が高くなっています．

2.7.3 数値積分の問題点

さて，原理的にはここで紹介した数値積分を用いれば，ほとんど任意の関数の積分計算がうまく求められるように見えます．しかし，すでにいくつか指摘したように，現実の課題においてこの方法を利用する際には次のような問題点があります．

1. 高次元では計算量が膨大になる

今回のように 1 次元や 2 次元の場合ではさして問題はありませんが，実際の解析で利用する統計モデルはもっと多くの変数を取り扱います．特に**深層学習**（deep learning）のモデルなどはパラメータが数万レベルの次元であることもよくあります．このように次元数がどんどん上がっていくと，単純な足し合わせによる積分近似は非常に効率が悪くなります．

簡単な計算によってこれを確かめてみます．今回はある軸に対する分割数を L としました．各軸に対して L 回の小体積を求める計算が必要であり，D 次元の場合は D 回の入れ子のループになってくるため，合計 L^D 回の計算が必要になってきます．議論を簡単にするため，1 回の体積計算に 1 ミリ秒かかったとします．1 次元の積分の場合は，$L = 100$ とすると計算時間は $100^1 = 100$ ミリ秒です．これが $D = 8$ 次元になると，計算時間は $100^8 = 10,000,000,000,000,000$ ミリ秒となります．これは約 30 万年かかる計算となります．このように，積分すべき軸（次元）が増えるにしたがって，指数関数的に必要な計算時間が増えてしまうのがこのアプローチの問題点です．

2. 近似する範囲の指定が難しい

今回は解説目的として，よく特性が知られている正規分布を積分の対象として扱いました．正規分布は平均のあたりに密度が集中しているため，平均周辺を重点的に計算するようにすれば精度の高い近似ができることも確認しました．しかし，実際の統計モデルにおける計算においては，どの領域に密度が集中しているのかはモデルやデータに依存しており，解析者からは不明である場合が多く，やみくもに範囲を決めているのでは精度の高い近似結果は得られません．問題点 1 でも触れましたが，計算量は限られているため，何らかの方法を使って重点的に計算すべき領域を絞り込む必要があります．

第 6 章では統計モデルに対する近似推論手法の考え方を導入し，実用上では単純な積分近似よりも計算効率の高いアルゴリズムを紹介します．

第 3 章

確率計算の基礎

統計モデルを使った解析の数理的な基盤となるのは，**周辺分布**（marginal distribution）や**条件付き分布**（conditional distribution）をはじめとした確率計算です．ここでは簡単な例を用いて確率計算の基本を学んでいきます．

3.1 ・ 表を使った確率計算

確率計算の基本として，ここではくじ引きの例を使って周辺分布や条件付き分布といった概念を解説します．

3.1.1 くじ引き問題

図 3.1 のように，2 つの袋 A および B があります．袋 A の中には，赤玉が 1 個，白玉が 4 個入っています．一方で袋 B の中には，赤玉が 3 個，白玉が 2 個入っています．ここで，次のようなステップで，袋の中から玉を 1 つだけ取り出す試行を考えます．

1. まず，くじ引きの主催者がコインを振り，袋 A または袋 B をランダムに選ぶ．
2. 選ばれた袋から玉を 1 つ取り出し，色を確認する．

さて，表 3.1 のようなテーブルに確率の値を埋めていくことを考え，この試行にまつわるさまざまな確率計算について考えていきましょう．

まず，表 3.1 の一番左上は「袋が A で，かつ玉が赤」の場合の確率です．これは「袋」と「玉」の異なる対象が同時に起こる確率を考えているため，**同時確率**（joint probability）と呼ばれています[注1]．コイン投げによってランダムに袋が選択されるので，袋が A となる確率は 1/2 と考えることができます．さらに袋 A から赤玉が取り出される確率は，袋 A 内の玉の比率から $1/(1+4) = 1/5$ と考えられます．すなわち，「袋が A で，かつ玉が赤」である確率は，これらをかけ合わせればよく，

注 1 「同時」といっても，時間的に同じタイミングで起こるという意味ではありません．また，**結合確率**（joint probability）と呼ぶ場合もあります．

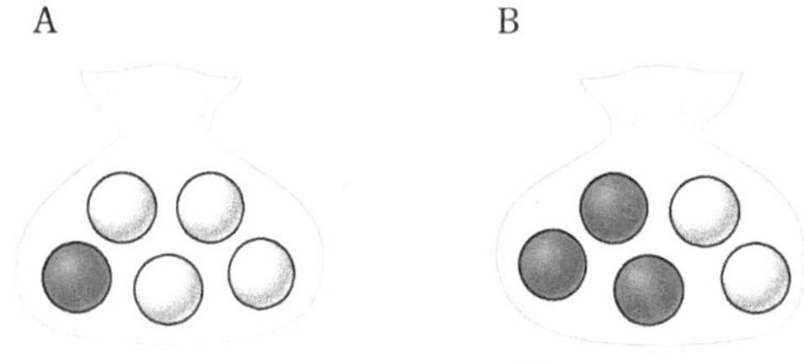

図 3.1　2 つの袋

表 3.1　確率の表

色＼袋	A	B	計
赤			
白			
計			

$$\frac{1}{2} \times \frac{1}{5} = \frac{1}{10}$$

となります．このようにして，各表の中を埋めていくと，表 3.2 のようになります（見やすさを重視するため約分は行わずに分母を 10 にそろえています）．

表 3.2　同時確率・周辺確率

色＼袋	A	B	計
赤	$1/2 \times 1/5 = 1/10$	$1/2 \times 3/5 = 3/10$	$4/10$
白	$1/2 \times 4/5 = 4/10$	$1/2 \times 2/5 = 2/10$	$6/10$
計	$5/10$	$5/10$	$10/10$

「計」の部分は，表の各行および列の値を合計したものになります．今回のくじ引きで得られる結果はこの表で網羅されているはずなので，一番右下の合計値は必ず確率 $10/10 = 1$（いずれかの結果は必ず起こる）となります．

3.1.2　周辺確率の計算

まず表を使って**周辺確率**（marginal probability）の概念を学びます．ここでは「袋が A か B かによらず，結局のところ赤玉が出る確率はいくらなのか？」という問いを考えることにします．これは，「袋が A で，かつ玉が赤」と，「袋が B で，かつ玉が赤」という 2 パターンの赤玉が出現する確率を足し合わせればよいことになります．実はこれはもうすでに表 3.2 に答えが書いてあり，赤玉の行の合計値 4/10 がそれに該当します．また，同じようにして「袋が A か B かによらず，結局のところ白玉が出る確率はいくらなのか？」も表中の白玉の行の合計を見ればよく，6/10 となります．

ちなみに，選ばれた袋に関する周辺確率も計算できます．こちらに関しては表を見れば明らかなように，袋 A，B どちらの場合も 1/2 となっており，くじ引きの主催者が事前に袋を選ぶ確率と一致しています．つまり，「(玉の結果によらず) 袋 A が出る確率」や「(玉の結果によらず) 袋 B が出る確率」を計算しているため，袋が選ばれた後の話は今回の計算には事実上無関係ということになるわけです．

3.1.3 条件付き確率の計算

もう少し凝った確率の計算を考えます．ここでは「もし結果が赤玉だった場合，袋がAだった確率はいくらなのか？」という問いを考えます．このような計算は**条件付き確率**（conditional probability）と呼ばれるものを求めることに対応します．この場合，「条件」に該当するのが「結果が赤玉」であり，興味があるのは選ばれた袋の確率になります．

さて，この場合だと，結果が赤玉だということは「事実」としてすでにわかっているということがポイントになります．すなわち，表3.2において，赤玉の行における数値だけに着目すればよいことになります．ざっくり説明すると，結果が赤玉である周辺確率は4/10であるため，その中で「袋がAだった確率」の配分を考えてあげれば，

$$\frac{1/10}{4/10} = \frac{1}{4}$$

となります．すなわち，結果が赤玉だとわかっていた場合，そもそも選ばれた袋がAであった確率は1/4ということになります．このことから，逆に袋がBであった確率は $1 - 1/4 = 3/4$ となります．同じ考え方で，「もし結果が赤玉だった場合，袋がBだった確率はいくらなのか？」という条件付き確率を計算すると，確かに

$$\frac{3/10}{4/10} = \frac{3}{4}$$

となることが確認できます．条件付き確率の結果を表3.3にまとめてみましょう．

表3.3 条件付き確率（玉の色が条件）

色＼袋	A	B	計
赤	$\frac{1/10}{4/10} = \frac{1}{4}$	$\frac{3/10}{4/10} = \frac{3}{4}$	1
白	$\frac{4/10}{6/10} = \frac{2}{3}$	$\frac{2/10}{6/10} = \frac{1}{3}$	1

ちなみに，この表の場合は列方向に足し合わせを行っても意味のある結果は出てきません．なぜなら，前提条件が違う確率同士（結果が赤玉だった場合または白玉だった場合）の確率を足し合わせることになるからです．

補足として，同じように「もし袋がAだった場合，赤玉が出る確率はいくらなのか？」といった確率も条件付き確率であるといえます．しかしこれはすでに問題として設定済みで，袋Aにおける赤玉の比率から1/5であると決められています．すなわち，この問題では「袋」が条件として与えられた場合の確率は，各袋における玉の比率から簡単に求められることを前提としています．

さて，条件付き確率と周辺確率はしばしば混同されます．確かに，周辺確率はまだよいものの，条件付き確率に関しては何か釈然としない人が多いようです．よく耳にする主張としては，「袋Aが選

ばれる確率はすでに1/2であると与えられているのだから，玉の結果が何であろうと1/2のままなのではないか」といったものです．端的にいってしまうと，確率というのはある事象がどの程度起こりうるのかを定量的に見積もったものにすぎません．そして，ある事象がどの程度起こりうるかといったことは，確率を見積もる人がどのような情報を持っているかによって変わってくるのです．例えば，ちょうど今から1年後の特定の日付の東京の降水確率を予測する問題を考えてみましょう．現時点では，過去の実績などから，ざっくりと20%などと見積もることになるでしょう．しかし，例えば対象の日付の前日になったら予測はどうなるでしょうか．前日が雨だった場合，次の日も引き続き雨になる可能性は高くなるでしょう．逆の場合も同様で，前日が晴れであった場合，次の日も晴れである可能性は高くなるといえます．これは，前日の天気の状態が，当日の降水確率の見積もりに大きく影響してくるためです[注2]．このように，「ある日の降水確率」や「選ばれた袋」など，同じ対象を取り扱っていても，持っている情報によって確率という数値的な見積もりが変わるのはごく自然なことであることがわかります．

3.2 式を使った確率計算

先ほどは確率の表を作って，同時確率や周辺確率，条件付き確率などを解説しました．ここでは，数式を使ってもう少し形式的に計算する方法を考えてみます．

3.2.1 周辺確率

袋の選び方を x，玉の色を y とおきます．まず，「袋がAである」確率および「袋がBである」確率をそれぞれ次のように書きます．

$$p(x = A) = \frac{1}{2} \tag{3.1}$$

$$p(x = B) = \frac{1}{2} \tag{3.2}$$

同じようにして，玉の色 y に関する表記も $p(y = \text{赤})$ および $p(y = \text{白})$ のように書けます．これらの具体的な値の計算に関しては，次の条件付き確率を導入してから解説します．

3.2.2 条件付き確率

次に，「袋がAだった場合に玉が赤である」確率と「袋がAだった場合に玉が白である」確率の表記方法を考えます．これらは条件付き確率であり，今回は袋Aの玉の比率から次のようになります．

$$p(y = \text{赤} \mid x = A) = \frac{1}{5} \tag{3.3}$$

$$p(y = \text{白} \mid x = A) = \frac{4}{5} \tag{3.4}$$

注2　もちろん，確率の見積もりにどのような統計的仮定をおくかによって結果は異なります．

このように，条件付き確率はバー | の右側に条件部を書きます．同様に，袋 B が条件として与えられた場合の確率も，袋 B の玉の比率から次のようになります．

$$p(y = 赤 \,|x = B) = \frac{3}{5} \tag{3.5}$$

$$p(y = 白 \,|x = B) = \frac{2}{5} \tag{3.6}$$

さらに，同時確率に関しても表記を導入しましょう．「袋が A で，かつ玉が赤」の確率は，$p(x = A)$ と $p(y = 赤 \,|x = A)$ をかけ合わせればよいことになります．これを $p(x = A, y = 赤)$ のようにカンマを使って表記します．それぞれの同時確率は次のようになります．

$$p(x = A, y = 赤) = p(y = 赤 \,|x = A)p(x = A) = \frac{1}{2} \times \frac{1}{5} = \frac{1}{10} \tag{3.7}$$

$$p(x = A, y = 白) = p(y = 白 \,|x = A)p(x = A) = \frac{1}{2} \times \frac{4}{5} = \frac{4}{10} \tag{3.8}$$

$$p(x = B, y = 赤) = p(y = 赤 \,|x = B)p(x = B) = \frac{1}{2} \times \frac{3}{5} = \frac{3}{10} \tag{3.9}$$

$$p(x = B, y = 白) = p(y = 白 \,|x = B)p(x = B) = \frac{1}{2} \times \frac{2}{5} = \frac{2}{10} \tag{3.10}$$

また，これらの情報を使えば，y に関する周辺確率も次のように計算できます．

$$\begin{aligned} &p(y = 赤) \\ &\quad = p(x = A, y = 赤) + p(x = B, y = 赤) \\ &\quad = \frac{1}{10} + \frac{3}{10} \\ &\quad = \frac{4}{10} \end{aligned} \tag{3.11}$$

$$\begin{aligned} &p(y = 白) \\ &\quad = p(x = A, y = 白) + p(x = B, y = 白) \\ &\quad = \frac{4}{10} + \frac{2}{10} \\ &\quad = \frac{6}{10} \end{aligned} \tag{3.12}$$

表 3.2 で計算した同時確率や周辺確率の値に対して，ここで導入した同時確率や周辺確率の表記を対応させたものを表 3.4 にまとめます．

さらに，玉の色 y が条件として与えられた場合の袋の確率も計算できます．「もし結果が赤玉だった場合，袋が A だった確率はいくらなのか？」という条件付き確率は，$y = 赤$ のもとでの $x = A$ となる確率ですから，

表 3.4　同時確率・周辺確率

色 \ 袋	A	B	計
赤	$p(x=A, y=\text{赤})$	$p(x=B, y=\text{赤})$	$p(y=\text{赤})$
白	$p(x=A, y=\text{白})$	$p(x=B, y=\text{白})$	$p(y=\text{白})$
計	$p(x=A)$	$p(x=B)$	1

$$p(x=A|y=\text{赤}) = \frac{p(x=A, y=\text{赤})}{p(y=\text{赤})} = \frac{1/10}{4/10} = \frac{1}{4} \tag{3.13}$$

と計算できます．同様にして，ほかの条件付き確率に関しても次のようになります．

$$p(x=B|y=\text{赤}) = \frac{p(x=B, y=\text{赤})}{p(y=\text{赤})} = \frac{3/10}{4/10} = \frac{3}{4} \tag{3.14}$$

$$p(x=A|y=\text{白}) = \frac{p(x=A, y=\text{白})}{p(y=\text{白})} = \frac{4/10}{6/10} = \frac{2}{3} \tag{3.15}$$

$$p(x=B|y=\text{白}) = \frac{p(x=B, y=\text{白})}{p(y=\text{白})} = \frac{2/10}{6/10} = \frac{1}{3} \tag{3.16}$$

3.2.3　周辺分布と条件付き分布

以上の議論をまとめると次のようになります．

$$p(x) = \sum_y p(x, y) \tag{3.17}$$

$$p(x|y) = \frac{p(x, y)}{p(y)} \tag{3.18}$$

この結果は極めて重要です．ベイズ統計において予測などに必要な手続きは上記 2 つの式に集約されており，後はいかにこの 2 つの式を少ない計算量で厳密に計算できるかがエンジニアリングのポイントになります．

3.2.4　複数の玉を取り出す場合

今度は少しルールを変えてみましょう．次のような玉の生成プロセスを考えます．

1. まず，くじ引きの主催者が 1/2 の確率で袋 A または袋 B をランダムに選ぶ．
2. 選ばれた袋から玉を 1 つ取り出し，色を確認して元の袋に戻す（復元抽出）．
3. 2 を N 回繰り返して，結果を記録する．

変更ポイントは，「同じ袋から N 回玉を取り出す」という点です．$N = 1$ であれば先ほどのやり方と同じです．

ここで，$N=3$ とし，結果が「赤，赤，白」だった場合を考えてみましょう．n 回目の玉の色を y_n として表せば

$$(y_1, y_2, y_3) = (赤, 赤, 白) \tag{3.19}$$

と表すことができます．ここで，袋 x が選ばれ，かつ次に y_1, y_2, y_3 が選ばれる同時確率は，

$$p(x, y_1, y_2, y_3) = p(x)p(y_1|x)p(y_2|x)p(y_3|x) \tag{3.20}$$

と書くことができます．各 y_n の取り出し方は独立（互いの結果に依存しない）であり，「赤かつ赤かつ白」が出たということなので，確率は掛け算になります．

さて，ここで，「結果が赤，赤，白だったときに，袋 A が選ばれた確率はいくらか？」という条件付き確率を求めてみましょう．式で書けば，これは $p(x=A|y_1=赤, y_2=赤, y_3=白)$ ということになります．(y_1, y_2, y_3) をひとかたまりと考え，条件付き確率の定義を使うと，求めたい確率は

$$p(x=A|y_1=赤, y_2=赤, y_3=白) = \frac{p(x=A, y_1=赤, y_2=赤, y_3=白)}{p(y_1=赤, y_2=赤, y_3=白)} \tag{3.21}$$

となります．分子は

$$\begin{aligned}
&p(x=A, y_1=赤, y_2=赤, y_3=白)\\
&\quad = p(x=A)p(y_1=赤\,|x=A)p(y_2=赤\,|x=A)p(y_3=白\,|x=A)\\
&\quad = \frac{1}{2}\times\frac{1}{5}\times\frac{1}{5}\times\frac{4}{5}\\
&\quad = \frac{4}{250}
\end{aligned} \tag{3.22}$$

となります．次に分母の周辺確率は，

$$\begin{aligned}
&p(y_1=赤, y_2=赤, y_3=白)\\
&\quad = \sum_x p(x, y_1=赤, y_2=赤, y_3=白)\\
&\quad = p(x=A, y_1=赤, y_2=赤, y_3=白) + p(x=B, y_1=赤, y_2=赤, y_3=白)\\
&\quad = p(x=A)p(y_1=赤\,|x=A)p(y_2=赤\,|x=A)p(y_3=白\,|x=A)\\
&\qquad + p(x=B)p(y_1=赤\,|x=B)p(y_2=赤\,|x=B)p(y_3=白\,|x=B)\\
&\quad = \frac{1}{2}\times\frac{1}{5}\times\frac{1}{5}\times\frac{4}{5}+\frac{1}{2}\times\frac{3}{5}\times\frac{3}{5}\times\frac{2}{5}
\end{aligned}$$

$$= \frac{22}{250} \tag{3.23}$$

となります．この 2 つの結果から，

$$\begin{aligned} & p(x = A|y_1 = 赤, y_2 = 赤, y_3 = 白) \\ & = \frac{p(x = A, y_1 = 赤, y_2 = 赤, y_3 = 白)}{p(y_1 = 赤, y_2 = 赤, y_3 = 白)} \\ & = \frac{4/250}{22/250} \\ & = \frac{2}{11} \end{aligned} \tag{3.24}$$

となります．ついでに，同じ条件で袋が B であった場合の確率も計算できますが，これはたった今求めた袋 A の確率を 1 から引けばよく，

$$\begin{aligned} & p(x = B|y_1 = 赤, y_2 = 赤, y_3 = 白) \\ & = 1 - \frac{2}{11} \\ & = \frac{9}{11} \end{aligned} \tag{3.25}$$

となります．

このように，扱う問題が複雑になってくると，条件付き確率の計算はなかなか手間になってくることがわかります．

3.3 • 連続値における周辺分布と条件付き分布

これまでの議論は主に袋が A か B か，玉が赤か白かなどの離散の事象を扱っていました．現実のデータ解析問題では，例えば長さや速度といった連続的な値を持つ量を表現したい場合も多くあります．

連続値を扱う場合でも，周辺分布と条件付き分布の考え方は成り立ちます．天下り的ですが，連続値の場合の周辺分布は，和の代わりに積分を用います．

$$p(x) = \int p(x, y) \mathrm{d}y \tag{3.26}$$

$$p(x|y) = \frac{p(x, y)}{p(y)} \tag{3.27}$$

連続値における具体的な周辺分布，条件付き分布の例に関しては，第 4 章で多変量正規分布を使って解説します．

3.4 • 確率的試行のシミュレーション

コンピュータを使った計算の利点の1つは，ここで紹介したくじ引きのような確率的なプロセスを仮想的に再現できることです．これは**モンテカルロシミュレーション**（Monte Carlo simulation）と呼ばれます．ここでは，袋や玉が確率的に選択される過程を，乱数を使ったプログラミングによって再現します．作ったシミュレータを使って，さまざまな計算を近似的に行ってみたいと思います．

3.4.1 サンプリング

ここでは確率分布をサポートするパッケージである **Distributions.jl** を利用します．なお，確率分布の詳細に関しては第4章で詳しく説明します．はじめにベルヌーイ分布と呼ばれる，いわゆるコイン投げの分布を作ってみます．`Distributions.jl` パッケージの **Bernoulli** 関数を使えば，このような乱数を発生させる仕組みを書くことができます．なお，本書では乱数を使ってさまざまな値を抽出することを**サンプリング**（sampling）と呼びます．特に，生成過程に従って単純に変数を順番に生成していく方法を**伝承サンプリング**（ancestral sampling）と呼びます．

```
using Distributions

# パラメータが 0.5のベルヌーイ分布を定義
bern = Bernoulli(0.5)

# 乱数を 10個発生
X = rand(bern, 10)
```

```
10-element Vector{Bool}:
 0
 0
 0
 0
 1
 0
 0
 1
 1
 0
```

今回はパラメータを0.5としたので，0と1が半々くらいの割合で出るようになっています．パラメータを0.9などとすると，1が出る確率は90%となります．

```
# パラメータを変更
bern = Bernoulli(0.9)

X = rand(bern, 10)
```

```
10-element Vector{Bool}:
```

```
1
1
1
1
1
1
1
1
1
0
```

さて，これまで取り扱ってきたくじ引きの問題を考えてみましょう．0や1といった数値だとわかりにくいので，次のように文字を使って対応関係を与えてあげます．

```
bag(x::Bool) = x == 1 ? "A" : "B"
ball(y::Bool) = y == 1 ? "赤" : "白"
X = bag.(rand(bern, 10))
```

```
10-element Vector{String}:
 "A"
 "A"
 "A"
 "A"
 "A"
 "A"
 "B"
 "A"
 "B"
 "A"
```

次に，袋の選択と，それに応じた玉の選択を1回だけ仮想的に生成する関数を作ります．また，ここでは見やすさのため，分数はRational型を使います．Rational型を簡単に作るには，分数を//で表現します．

```
function sample()
    # 袋の選択はそれぞれ 1/2の確率
    x = bag(rand(Bernoulli(1//2)))

    # 袋がA であれば，赤玉が出る確率は 1/5
    # 袋がB であれば，赤玉が出る確率は 3/5
    μ = x=="A" ? 1//5 : 3//5

    # 玉の抽出
    y = ball(rand(Bernoulli(μ)))

    x, μ, y
end
```

```
sample (generic function with 1 method)
```

10回ほど実行してみましょう.

```
for _ in 1:10
    x, μ, y = sample()
    println("袋: $(x), 玉: $(y)")
end
```

```
袋: A, 玉: 白
袋: B, 玉: 赤
袋: A, 玉: 白
袋: A, 玉: 白
袋: B, 玉: 白
袋: A, 玉: 赤
袋: B, 玉: 赤
袋: B, 玉: 赤
袋: A, 玉: 白
袋: A, 玉: 白
```

3.4.2 周辺確率の計算

さて, 設計したシミュレータを使って, まずは周辺確率の計算を行ってみます. 周辺確率 $p(y = 赤)$ (袋がAかBかによらず, 結局のところ赤玉が出る確率はいくらなのか?) を求めます. これは単純にシミュレーションを複数回実行し, 赤玉の個数を数えてあげればよいことになります. 100回実行して集計してみましょう. ここでは, 空の配列 `result` に対して **push!**関数を使って玉 y の生成結果を追加していきます[注3].

```
maxiter = 100
result = []
for _ in 1:maxiter
    x, μ, y = sample()
    push!(result, y)
end
mean(result .== "赤")
```

```
0.35
```

35% という結果になりました. 理論値では $p(y = 赤) = 4/10 = 40$ % だったので, 若干の乖離があるように見えます. これを解消するには, **サンプルサイズ** (sample size) を増やしてやればよいでしょう. 次は1,000,000回実行して集計してみます.

注3 push!関数の例のように, Juliaでは感嘆符「!」を関数名の後につけることによって, 引数を直接修正することを明示するという記述ルールがあります.

```
maxiter = 1_000_000
result = []
for _ in 1:maxiter
    x, μ, y = sample()
    push!(result, y)
end
mean(result .== "赤")
```

```
0.400286
```

40.0286% という値になりました．乱数の影響のため結果が変わってくる可能性はありますが，100回のときと比べておそらくかなり精度が上がっているでしょう．このように，乱数によるシミュレータを作ってしまえば，わざわざ手計算をせずとも近似的に確率値を出すことができるというのが，このアプローチの大きな利点です．

3.4.3 条件付き確率の計算

一方で，条件付き確率の計算はどうでしょうか．これは，周辺確率よりも若干凝った実装が必要になります．ここでは，「結果が赤玉だとわかった場合の，袋がAである確率」を計算します．アイデアとしては，すでに作ったシミュレータを活用するという点では同じです．まず，シミュレータを使って大量のサンプルを抽出します．抽出されたサンプルの中で，実際に赤玉だった場合の結果のみに着目します．そのときに，選ばれた袋がどちらであったのかを記録しておきます．こうすることによって，結果が赤玉だった場合のみの袋Aが占める頻度を求めることができます．

```
# 観測値（赤玉）
y_obs = "赤"

maxiter = 1_000_000
x_results = []
for _ in 1:maxiter
    x, μ, y = sample()

    # 生成されたy が観測と一致する場合のみ追加
    y == y_obs && push!(x_results, x)
end

# 受容率（観測と一致した割合）
println("acceptance rate = $(length(x_results)/maxiter)")

# 玉が赤だった場合の袋の条件付き分布
println("p(x=A|y=赤) : approx = $(mean(x_results .== "A")) (exact=$(1/4))")
println("p(x=B|y=赤) : approx = $(mean(x_results .== "B")) (exact=$(3/4))")
```

```
acceptance rate = 0.399988
p(x=A|y=赤) : approx = 0.24862995889876696 (exact=0.25)
p(x=B|y=赤) : approx = 0.7513700411012331 (exact=0.75)
```

条件付き確率の厳密な理論値はそれぞれ $1/4 = 0.25$，$3/4 = 0.75$ だったので，そこそこよい推定値が得られていることが確認できます．また，**受容率**（acceptance rate）は，このシミュレーションの中で観測データ y_obs が赤玉だった場合（つまり条件に該当する部分）の割合を示しています．

3.4.4 複数のデータがある場合

先ほどは玉を 1 つだけ取り出す場合を実装しました．今度は，先ほどと同じく袋を選ぶのは 1 回ですが，選ばれた袋から N 回復元抽出を行います．

```
function sample(N)
    x = bag(rand(Bernoulli(1//2)))
    μ = x=="A" ? 1//5 : 3//5

    # 玉をN 回抽出する
    Y = ball.(rand(Bernoulli(μ), N))

    x, μ, Y
end
```

```
sample (generic function with 2 methods)
```

ここでは 10,000 回のシミュレーションによって，結果が「赤，赤，白」であった場合の袋の確率を求めます．

```
maxiter = 10_000
Y_obs = ["赤", "赤", "白"]
x_results = []
for _ in 1:maxiter
    x, μ, Y = sample(3)

    # 3つの玉が完全に一致する場合のみ受容
    Y == Y_obs && push!(x_results, x)
end
println("acceptance rate = $(length(x_results)/maxiter)")
println("p(x=A|y_1=赤, y_2=赤, y_3=白) : " *
        "approx = $(mean(x_results .== "A")) (exact=$(2/11))")
println("p(x=B|y_1=赤, y_2=赤, y_3=白) : " *
        "approx = $(mean(x_results .== "B")) (exact=$(9/11))")
```

```
acceptance rate = 0.0881
p(x=A|y_1=赤, y_2=赤, y_3=白) : approx = 0.19069239500567536 (exact=0.18181818181818182)
p(x=B|y_1=赤, y_2=赤, y_3=白) : approx = 0.8093076049943246 (exact=0.8181818181818182)
```

結果を見ると，厳密解と比べて数値に乖離があるようです．また，今回はかなり受容率が小さな値になってしまいました．これは，結果がちょうど「赤，赤，白」と一致することが稀であるからです．したがって，単純にシミュレーション回数を増やすか，何らかの方法で受容率を向上させるような改良ができれば，推定精度は向上するものと思われます．

今回の例では，ひとたび袋が選択されると，その次に取り出される玉の抽出は完全に独立になります．つまり，過去に出た玉の結果が，その後の玉の出方に影響を与えない状況ということです．したがって，シミュレーションでは結果がちょうど「赤，赤，白」のように順に並んでいる必要はなく，「赤が2回」といってしまうだけでよいということになります．このようにすれば，「赤，赤，白」「赤，白，赤」「白，赤，赤」の3通りで結果が受容されることになります．

```
maxiter = 10_000
x_results = []
for _ in 1:maxiter
    x, μ, Y = sample(3)

    # 赤玉の個数さえ一致すれば受容するように修正
    sum(Y.=="赤") == sum(Y_obs.=="赤") && push!(x_results, x)
end
println("acceptance rate = $(length(x_results)/maxiter)")
println("p(x=A|y_1=赤, y_2=赤, y_3=白) : " *
        "approx = $(mean(x_results .== "A")) (exact=$(2/11))")
println("p(x=B|y_1=赤, y_2=赤, y_3=白) : " *
        "approx = $(mean(x_results .== "B")) (exact=$(9/11))")
```

```
acceptance rate = 0.2576
p(x=A|y_1=赤, y_2=赤, y_3=白) : approx = 0.1859472049689441 (exact=0.18181818181818182)
p(x=B|y_1=赤, y_2=赤, y_3=白) : approx = 0.8140527950310559 (exact=0.8181818181818182)
```

受容率が向上し，確率の近似精度もわずかではありますが改善されていることが確認できるでしょう．

さて，今回のように「シミュレーション結果が観測と一致する場合を集計する」という単純な方法では，現実的なデータ解析において条件付き分布を計算するのは難しくなっていきます．大量のデータを取り扱ういわゆる「ビッグデータ」を解析する場合を考えてみましょう．このようなケースでは，解析対象のデータが1個〜3個といった少量であることはありません．したがって，現実に得られた観測データと，構築したシミュレーションの結果がぴったり一致する可能性は絶望的に小さくなります．また，今回は離散値を扱いましたが，連続値を取り扱った場合はそもそも「一致する」ということが原理的に起きません．つまり，今回のような単純なシミュレーションを内部で行って現実の結果との合致を見るというアプローチは，非常に限定的な状況でしか使えないことがわかるでしょう．

しかし，今回の簡易的な実験は，統計モデリングを実践するにあたっても，次のようにいくつか示唆に富んだ結果を示しています．

- コンピュータによる繰り返しのシミュレーションによって確率計算が近似的にできる．
- 計算量（シミュレーション回数）を増やすほど，計算結果として得られる確率は理論的に厳密に計算された値に一致していく傾向がある．
- 高次元の問題ほど計算が難しく，計算量を増やさないとなかなか正しい解に近づいていかない．

- 与えられた統計モデルの構造・性質に適した計算手法が作れれば，近似精度の向上や計算量の低減ができる．

なお，補足として，今回のような離散変数のみを取り扱ったシミュレーションの場合には，サンプリングによる近似を行わずに厳密な解をコンピュータによって算出するアルゴリズムもあります．しかし，後で見るように，実用上有益な統計モデルの多くは，このような厳密計算を行うことができません．第6章では，より洗練された近似アルゴリズムを紹介し，今回のくじ引きと比べてより複雑に設計された統計モデルに適用していきます．

第 4 章

確率分布の基礎

ここでは統計モデルを構成するための重要なパーツである各種の**確率分布** (probability distribution) を紹介します．確率分布は無数にありますが，ここでは特に応用上使われることの多いものに絞って解説します．

4.1 • 確率分布とは

これまでと同様に，確率分布の数学的な定義などは省き，直感的に機能を理解するための説明に焦点をおきます．ここでは確率分布とは，「ある傾向に従った変数をランダムに生成するための仕組み」くらいに思っていただければよいでしょう[注1]．

例えば，平均パラメータが 0.4 であるベルヌーイ分布は，2 つの異なる結果をそれぞれ 40%，60% の確率で生成する確率分布になります．これはいわゆる「ひしゃげたコイン」（図 4.1）を表現する分布として知られています．

確率分布は大きく分けて離散型確率分布と連続型確率分布があります．その名の示すとおり，離散型確率分布は離散値を生成するための確率分布であり，連続型確率分布は連続値を生成するための確率分布です．離散型確率分布の例としては，先ほど取り上げたベルヌーイ分布や，二項分布，多項分布，ポアソン分布などが挙げられます．一方で連続型確率分布の例としては，正規分布や指数分布，ガンマ分布など，主に連続値を生成する分布が挙げられます．

確率分布はまた，単変量あるいは多変量に分けることもできます．簡単にいえば，単変量の確率分布はスカラーの値を生成するものであり，多変量の確率分布はベクトルを生成するものです．

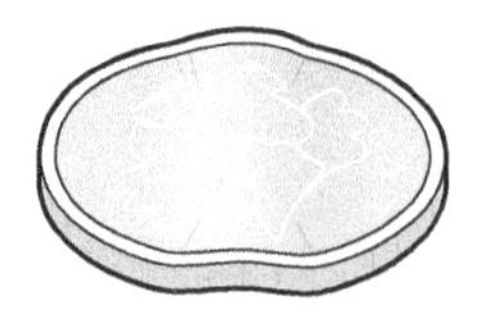

図 4.1　ひしゃげたコイン

注 1　「分布」と聞くと，ヒストグラムやヒートマップを使ったようなデータの可視化をイメージされる方も多いと思います．本書では，分布というと主に確率分布のことを指すため，これらのデータ集計手法とは区別します．

4.2 • Juliaでの確率分布の扱い (Distributions.jl)

各種の確率分布の性質を理解するための方法は主に次の3つがあります．

1. 確率分布から変数をシミュレート（サンプリング）してみる．
2. 確率分布の形状をグラフにしてみる．
3. 確率分布の平均や分散などの代表的な統計量を計算してみる．

確率分布の中には，2.のように形状を描くことが困難なものも存在する一方で，おおよそ**Distributions.jl**で提供されている確率分布は1.および3.が実行可能です．プログラミングを通してこれらの方法を具体的に試しながら，1つ1つの確率分布の理解を進めていくのが本章の趣旨です．

Juliaで確率分布を取り扱うためには`Distributions.jl`パッケージを利用するのが一般的です．詳しい解説は後で行いますが，`Distributions.jl`パッケージではさまざまな確率分布の密度計算やサンプリングなどを簡単に行ってくれます．

```
using Distributions
```

また，本章では数多くのグラフを取り扱うことになりますが，グラフのタイトルや軸のラベル，格子線の表示などは何度も行いますし，議論の本質でもありません．したがって，今後は次のようなset_option関数を定義することによってなるべく短く書くことにします．

```
using PyPlot
function set_options(ax, xlabel, ylabel, title;
                     grid=true, gridy=false, legend=false)
    ax.set_xlabel(xlabel)
    ax.set_ylabel(ylabel)
    ax.set_title(title)
    if grid
        if gridy
            ax.grid(axis="y")
        else
            ax.grid()
        end
    end
    legend && ax.legend()
end
```

```
set_options (generic function with 1 method)
```

4.3 • 離散型確率分布

ここでは有限個の値（0または1など）や，ゼロを含む自然数 $(0, 1, 2, \ldots)$ を生成するような**離散**

型確率分布（discrete probability distribution）を紹介します．

4.3.1 ベルヌーイ分布

ベルヌーイ分布（Bernoulli distribution）は最も単純な離散型確率分布の1つで，いわゆる「ひしゃげたコイン」の出目を表現するために使われます．Julia の `Distributions.jl` では，**Bernoulli** 関数に0〜1までの連続値をとるパラメータ（平均パラメータと呼びます）を与えることによって，確率分布をオブジェクトとして生成できます．次の例では，平均パラメータを0.3としたベルヌーイ分布 d を生成しています．

```
# 分布を作る
d = Bernoulli(0.3)
```

```
Bernoulli{Float64}(p=0.3)
```

生成した確率分布 d の特性を調べてみましょう．まず，この確率分布から具体的な変数を生成することを考えます．これは rand 関数を使うことによって次のように実現できます．

```
x = rand(d)
x
```

```
false
```

ここでは `false` という値が生成されました．これは，ベルヌーイ分布が生成する変数が **Bool** 型（0 または 1）であるためです．Bool 型では 0 は `false`，1 は `true` とみなされます．念のため，**Int** 関数を使って Int 型に変換してみましょう．

```
println(x)
println(Int(x))
```

```
false
0
```

複数の変数を独立にサンプリングするには，次のように試行回数をオプションとして与えます．

```
# 10個の独立なサンプルを得る
X = rand(d, 10)
X'
```

```
1× 10 LinearAlgebra.Adjoint{Bool,Array{Bool,1}}:
 0  0  0  1  0  1  0  1  0  1
```

定義した確率分布 d に対して，実現値（この場合は 0 または 1）に対する生成確率を得ることができます．これは次のような**確率質量関数**（probability mass function）を計算する **pdf** 関数によって得られます[注2].

確率分布 d は，実現値（0 または 1）を入れることによって，それぞれの実現値の確率を返す関数として考えることができます．例えば，確率分布 d が 1 の値を生成する確率は 0.3 になっているはずです．これを確認してみましょう．

```
# 1が生成される確率
println(pdf(d, 1))

# 0が生成される確率
println(pdf(d, 0))

# -1が生成される確率（起こりえないのでゼロになる）
println(pdf(d, -1))
```

```
0.3
0.7
0.0
```

これらの実現値を横軸にとり，縦軸に pdf 関数で計算される確率値をとれば，非常に単純な結果ではありますがベルヌーイ分布の形を可視化できます．

```
fig, ax = subplots()
ax.bar([0, 1], pdf.(d, [0, 1]))
set_options(ax, "x", "probability", "probability mass function";
            gridy=true)
```

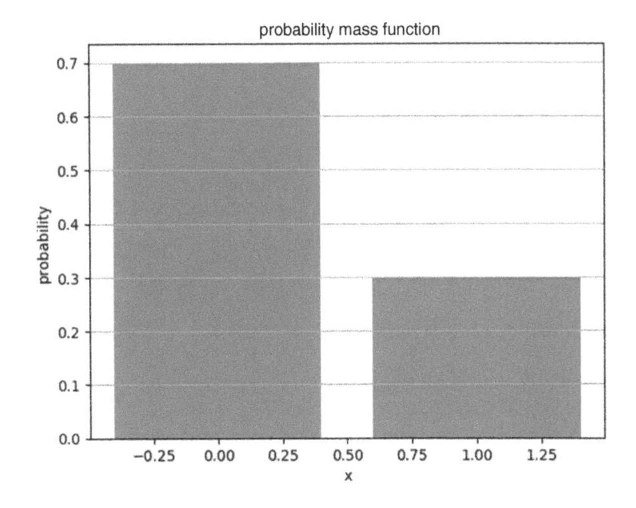

注 2　確率質量関数は probability mass function (pmf) であり，連続値のための probability density function (pdf) と区別されることが多いのですが，Distributions.jl の実装ではどちらも pdf で関数の表現が統一されています．

この確率分布の持つ平均や標準偏差といった代表的な統計量も，それぞれ **mean** 関数や **std** 関数を用いることによって計算できます．

```
println("mean = $(mean(d)), std = $(std(d))")
```

```
mean = 0.3, std = 0.458257569495584
```

当然ですが，mean 関数の結果はあらかじめ設定したベルヌーイ分布 d の平均パラメータ μ（この場合は 0.3）と一致します．ベルヌーイ分布の標準偏差に関しても，実はパラメータから求めることができ，

$$\sqrt{\mu(1-\mu)}$$

で与えられます．実際に計算して確認してみましょう．

```
μ = 0.3
println("std = $(sqrt(μ*(1-μ)))")
```

```
std = 0.458257569495584
```

また，これらの平均や標準偏差は，この分布から得られた複数のサンプルを使って近似値を得ることも可能です．次の例では，ベルヌーイ分布から 10,000 個のサンプルを生成し，それぞれ平均と標準偏差を近似する例です．

```
X = rand(d, 10000)
println("mean ≈ $(mean(X)), std ≈ $(std(X))")
```

```
mean ≈ 0.3018, std ≈ 0.4590619062646977
```

4.3.2　二項分布

二項分布（binomial distribution）はベルヌーイ分布と同様，「ひしゃげたコイン」を扱う確率分布ですが，注目する変数が異なります．二項分布ではコインの表裏（0 または 1 の出目）自体ではなく，ある試行回数でコインを振った下での表の出た回数を生成します．例えば，1 が出る確率が 0.3 であるような試行を 20 回繰り返すような二項分布は次のように定義できます．

```
d = Binomial(20, 0.3)
```

```
Binomial{Float64}(n=20, p=0.3)
```

作った二項分布 d から，サンプルを 1 つ取り出してみましょう．

```
x = rand(d)
```

```
6
```

この結果は，20回コインを振る試行を1回実施したときの，1が出た回数を表しています．次に，100回実行してサンプルを取得し，ヒストグラムを描いてみましょう．

```
X = rand(d, 100)
fig, ax = subplots()
ax.hist(X)
set_options(ax, "x", "frequency", "histogram"; gridy=true)
```

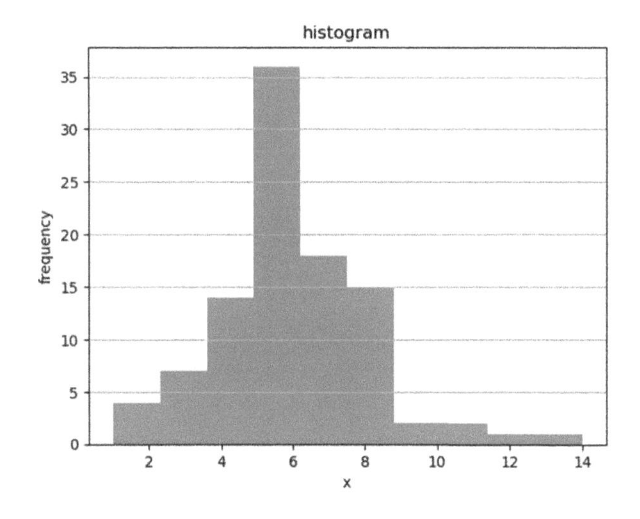

試行回数が20回であり，1が出る確率が0.3と与えられているので，分布としてはやや左よりにピークを持つ形になります．このサンプルの平均値をとると5.93となります．一方で，理論的な期待値は試行回数と1が出る確率の積で計算でき，$20 \times 0.3 = 6.0$となります．したがって，サンプル平均の値が理論値に近くなっていることが確認できます．

```
println("mean (exact) = $(mean(d)),  mean (approx) = $(mean(X))")
```

```
mean (exact) = 6.0,  mean (approx) = 5.93
```

また，Mを試行回数，μを1が出る確率とすると，標準偏差の値は理論上$\sqrt{M\mu(1-\mu)}$であることが知られており，こちらも分布dから直接得られる理論値と，サンプルによって計算された標準偏差が近い値を持つことが確認できます．

```
println("std (exact) = $(std(d)),  std (approx) = $(std(X))")
```

```
std (exact) = 2.0493901531919194,  std (approx) = 2.1661071538638623
```

ベルヌーイ分布の場合と同様，確率質量関数を計算することによって分布を描くことができます．

```
xs = range(0, 20, length=21)
fig, ax = subplots()
ax.bar(xs, pdf.(d, xs))
set_options(ax, "x", "frequency", "probability mass function"; gridy=true)
```

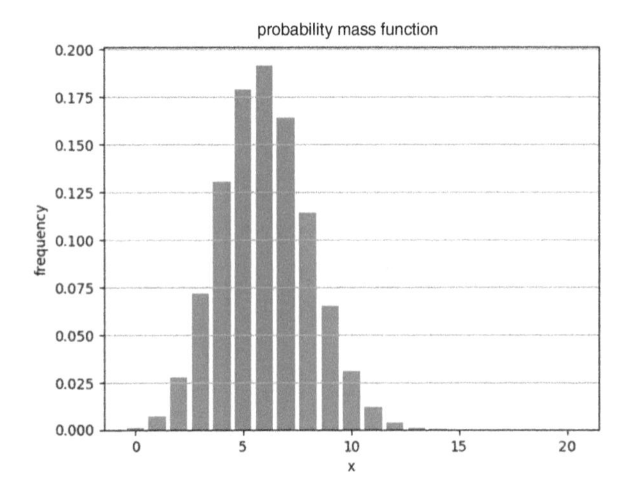

平均パラメータをいろいろと変えて，グラフがどのように変化するのか見てみましょう．

```
# 平均パラメータのリスト
μs = [0.2, 0.4, 0.6, 0.8]

fig, axes = subplots(2, 2, sharey=true, figsize=(8,6))
for (i, ax) in enumerate(axes)
    μ = μs[i]
    d = Binomial(20, μ)
    ax.bar(xs, pdf.(d, xs))
    set_options(ax, "x", "probability", "μ=$(μ)"; gridy=true)
end
tight_layout()
```

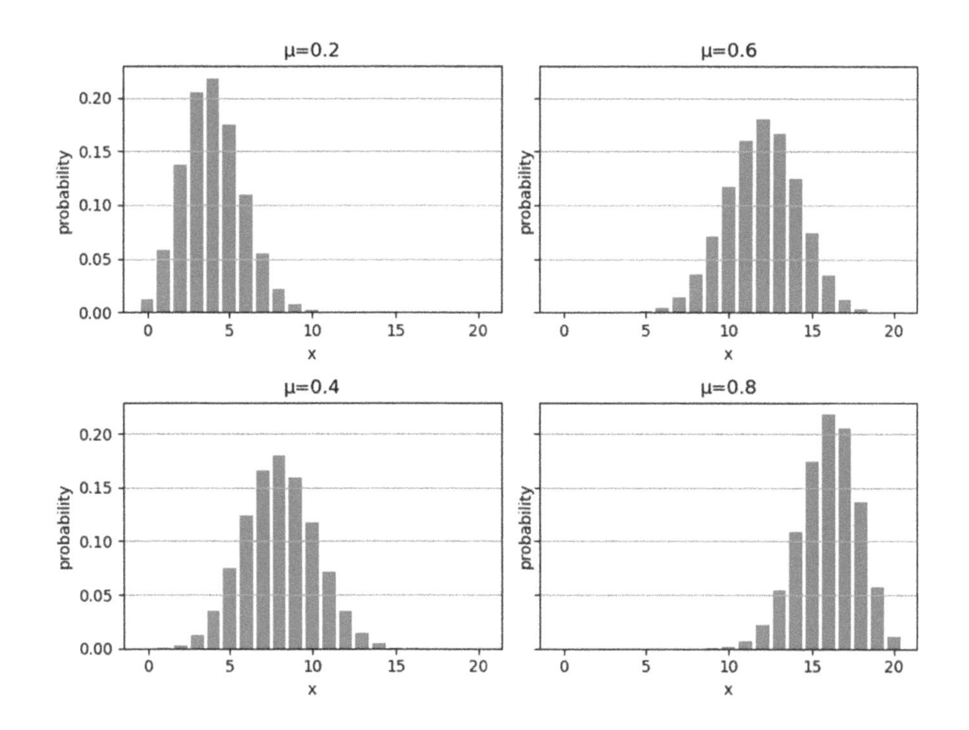

このように，パラメータを大きくしていくと，分布のピークは右のほうに遷移していきます．また，当然ですが，取りうる値の最大値は必ず試行回数になります．したがって，何かしら上限が決められたような離散値を表現したいときは，二項分布は最もシンプルな選択となるでしょう．

4.3.3 多項分布

多項分布（multinomial distribution）はベルヌーイ分布や二項分布を，コイン投げからサイコロ投げに拡張したものです．つまり，2つ以上の異なる整数を発生させることができます．また，試行回数が $M=1$ の場合を特に**カテゴリ分布**（categorical distribution）と呼ぶこともあります．次の例では，出目の確率がそれぞれ 0.5, 0.3, 0.2 であるような「3面サイコロ」を $M=10$ 回振る分布です[注3]．

```
M = 10
d = Multinomial(M, [0.5, 0.3, 0.2])
```

```
Multinomial{Float64,Array{Float64,1}}(n=10, p=[0.5, 0.3, 0.2])
```

この分布から値を生成します．次のようにすると，この「3面サイコロ」を10回振った結果が出力されます．

注3　実際には「三面体」を作ることはできません．

```
x = rand(d)
x
```

```
3-element Array{Int64,1}:
 6
 3
 1
```

確率 0.5 の面が出た回数が 6 回，確率 0.3 の面が出た回数が 3 回，確率 0.2 の面が出た回数が 1 回ということになります．

次のようにすると，「3 面サイコロ」を M 回振る試行を，さらに 100 回繰り返すことになります．したがって，得られるデータは 3×100 の行列になります．

```
X = rand(d, 100)
X
```

```
3× 100 Array{Int64,2}:
 3  6  6  4  7  4  4  4  7  3  4  3  9  …  3  4  4  4  6  7  4  6  3  5  7  3
 4  3  4  4  2  1  3  3  1  4  2  4  0     3  3  4  4  2  0  3  4  2  3  1  5
 3  1  0  2  1  5  3  3  2  3  4  3  1     4  3  2  2  2  3  3  0  5  2  2  2
```

このサンプルの平均値は次のように計算します．

```
mean(X, dims=2)
```

```
3× 1 Array{Float64,2}:
 4.98
 2.88
 2.14
```

理論値と比較してみましょう．若干の乖離がありますが，おおよそ 100 個のサンプルでの近似は近い値をとることがわかります．

```
mean(d)
```

```
3-element Array{Float64,1}:
 5.0
 3.0
 2.0
```

この分布はベクトルを生成するので，共分散を計算できます．

```
cov(X, dims=2)
```

```
3× 3 Array{Float64,2}:
  2.30263   -1.43677   -0.865859
 -1.43677    2.02586   -0.589091
 -0.865859  -0.589091   1.45495
```

理論値と比較してみましょう．こちらも若干の乖離がありますが，サンプルから計算した場合でも理論値に近い傾向があることが確認できます．

```
cov(d)
```

```
3× 3 Array{Float64,2}:
  2.5  -1.5  -1.0
 -1.5   2.1  -0.6
 -1.0  -0.6   1.6
```

さらに，この分布の確率質量関数のグラフを作ってみましょう．3 次元ベクトルに対する分布なので，確率の値も加えると軸が 4 つ必要になってしまい，このままでは可視化できません．しかし，3 次元あるうちの 2 次元の値が決まれば，残りの 1 次元は自動的に値が決まるので，実質 3 次元すべてを確認する必要はありません．ここでは最初の 2 つの次元だけを使って，確率質量関数の値を色により表現することにします．

```
# 各次元の値のとる範囲
xs = 0:M

fig, ax = subplots()
cs = ax.imshow([pdf(d, [x₁, x₂, M - (x₁ + x₂)]) for x₁ in xs, x₂ in xs]',
              origin="lower")
fig.colorbar(cs)
ax.set_xlabel("x₁"), ax.set_ylabel("x₂")
set_options(ax, "x₁", "x₂", ""; grid=false)
```

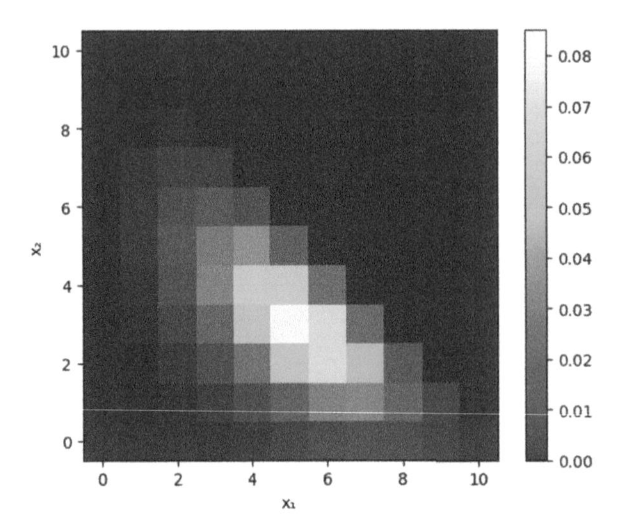

$(x_1, x_2) = (5, 3)$ となる点に確率質量関数の値のピークがあります．すなわち $(x_1, x_2, x_3) = (5, 3, 2)$ が最も出やすくなっていることがわかります．

4.3.4 ポアソン分布

ポアソン分布（Poisson distribution）は，ある時間間隔において発生する低頻度のイベントの回数を表す分布です．簡単な例でいえば，1 時間以内に届くメールの件数などが挙げられます．ただし，必ずしも時間的な意味付けが必要というわけでもなく，カウントデータ（0 から始まる自然数）であれば利用することが可能です．ポアソン分布を定義するには，平均パラメータ $\mu > 0$ を設定します．ここでは $\mu = 2.0$ として，100 個数値をサンプリングしてみましょう．

```
μ = 2.0
d = Poisson(μ)
X = rand(d, 100)
X'
```

```
1× 100 LinearAlgebra.Adjoint{Int64,Array{Int64,1}}:
 2  1  2  0  1  2  2  2  4  1  3  1  2  …  1  4  0  1  4  0  1  1  2  3  2  2
```

ヒストグラムを生成します．ここでは，サンプルから得られた最大値 +1 の値をビンの数にしています．

```
max_val = maximum(X)
fig, ax = subplots()
ax.hist(X, bins=max_val+1, range=[0, max_val])
set_options(ax, "x", "frequency", ""; gridy=true)
```

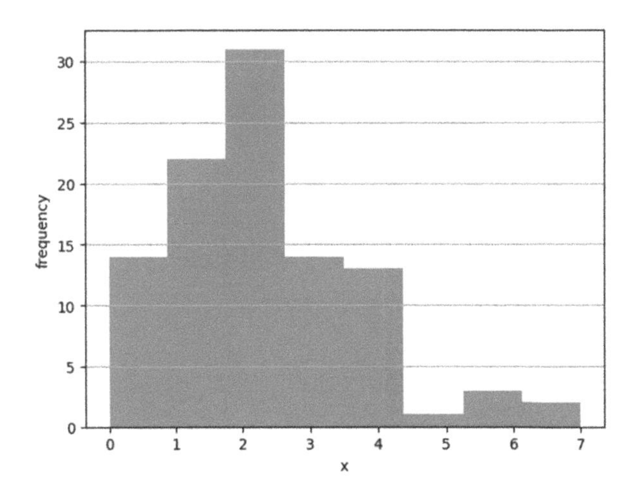

ポアソン分布は，次のように平均パラメータと分散が等しくなることが知られています．

```
println("mean (exact) = $(mean(d)), var (exact) = $(var(d))")
```

```
mean (exact) = 2.0, var (exact) = 2.0
```

サンプルを使って，これらの値の近似値を調べてみましょう．

```
println("mean (approx) = $(mean(X)), var (approx) = $(var(X))")
```

```
mean (approx) = 2.15, var (approx) = 2.512626262626263
```

次に，パラメータ μ を変えて分布がどのような形に変わるかを見てみましょう．

```
# 表示範囲は 0から 25までとする
xs = 0:25

# 平均パラメータのリスト
μs = [0.5, 1.0, 4.0, 10.0]

fig, axes = subplots(2, 2, sharey=true, figsize=(8,6))
for (i, ax) in enumerate(axes)
    μ = μs[i]
    d = Poisson(μ)
    ax.bar(xs, pdf.(d, xs))
    set_options(ax, "x", "probability", "μ=$(μ)"; gridy=true)
end
tight_layout()
```

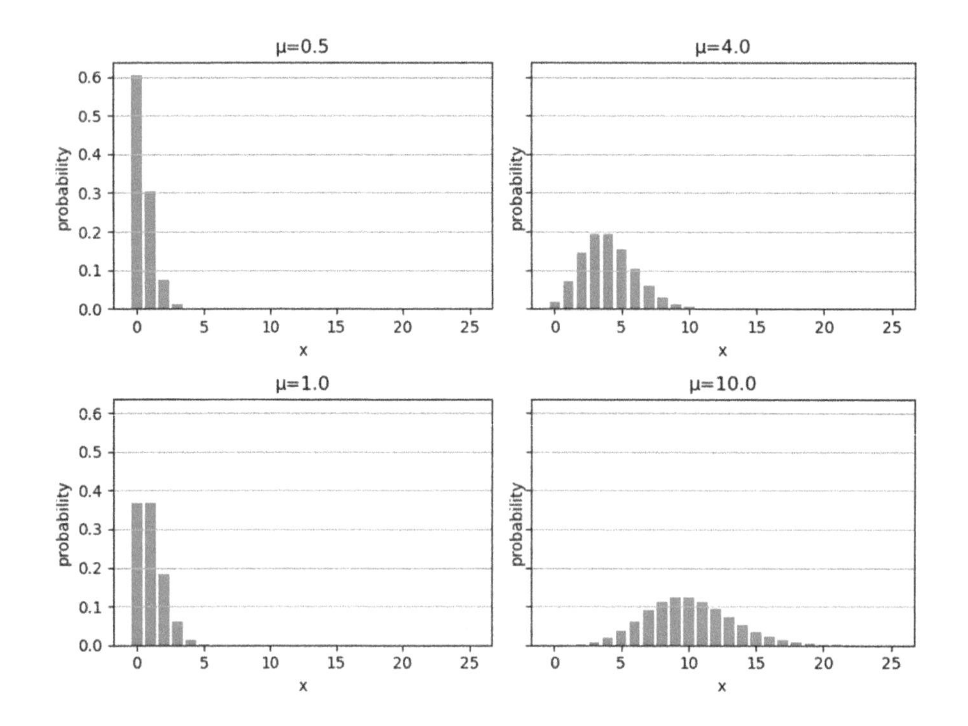

注意点として，上記のコードでは定義域を0〜25までに絞っていますが，実際はそれより大きい自然数に対しても0より大きい確率を持ちます．しかし，今回のパラメータ設定ではそれらの確率は無視できるほど小さくなるので，グラフからは表示を制限しています．また，ポアソン分布は平均と分散が一致するという特徴を持つので，大きな値を扱う場合は分散が大きくなりすぎてしまう場合があります．平均と分散を別々に取り扱いたい場合は，次に紹介する負の二項分布が便利です．

4.3.5 負の二項分布

負の二項分布（negative binomial distribution）もポアソン分布と同様，0を含む自然数の発生を取り扱うのに適した確率分布です．

負の二項分布は，二項分布と同じように，基本的には「ひしゃげたコイン」を投げる試行を繰り返します．二項分布はコインを投げたときに表が出る回数の分布を表現しますが，負の二項分布は，r回表が出るまでにコインを投げ続けたときの，裏が出た回数の分布を表現します．

また，ポアソン分布と異なり，パラメータが2つ（コインの表の出る確率μと表の出る回数r）あるのが特徴で，これによってポアソン分布よりも分布としての表現力が高くなります．ここでは$r = 10$，$\mu = 0.3$とした負の二項分布を定義し，サンプルを100個生成してみます．

```
# 負の二項分布の作成
r = 10
μ = 0.3
```

```
d = NegativeBinomial(r,μ)

# 値をサンプリング
X = rand(d, 100)
X'
```

```
1× 100 LinearAlgebra.Adjoint{Int64,Array{Int64,1}}:
 44  25  25  23  21  37  25  34  16  …  11  28  15  43  26  31  32  36  15
```

平均と分散の理論値を求めてみます．ポアソン分布とは違い，次のように平均と分散が異なる値を持ちます．

```
println("mean (exact) = $(mean(d)), var (exact) = $(var(d))")
```

```
mean (exact) = 23.333333333333336, var (exact) = 77.77777777777779
```

100 個のサンプルを使った平均と分散も計算してみます．

```
println("mean (approx) = $(mean(X)), var (approx) = $(var(X))")
```

```
mean (approx) = 24.14, var (approx) = 59.414545454545454
```

パラメータをいろいろ変えて，グラフがどのように変化するか見てみましょう．また，そのときの平均や分散も併せて表示してみます．

```
# 表示範囲は 0から 60までとする
xs = 0:60

# パラメータのリスト
rs = [3, 5, 10]
μs = [0.3, 0.5, 0.7]

fig, axes = subplots(3, 3, sharey=true, figsize=(12,12))
for (i, r) in enumerate(rs)
    for (j, μ) in enumerate(μs)
        d = NegativeBinomial(r, μ)
        axes[i,j].bar(xs, pdf.(d, xs))

        # 平均と分散の計算．表示は小数 3桁に丸める
        m = round(mean(d), digits=3)
        v = round(var(d), digits=3)

        axes[i,j].text(20, 0.3, "mean=(m), var =(v)" )
        set_options(axes[i,j], "x", "probability", "r=$(r), μ=$(μ)"; gridy=true)
    end
end
tight_layout()
```

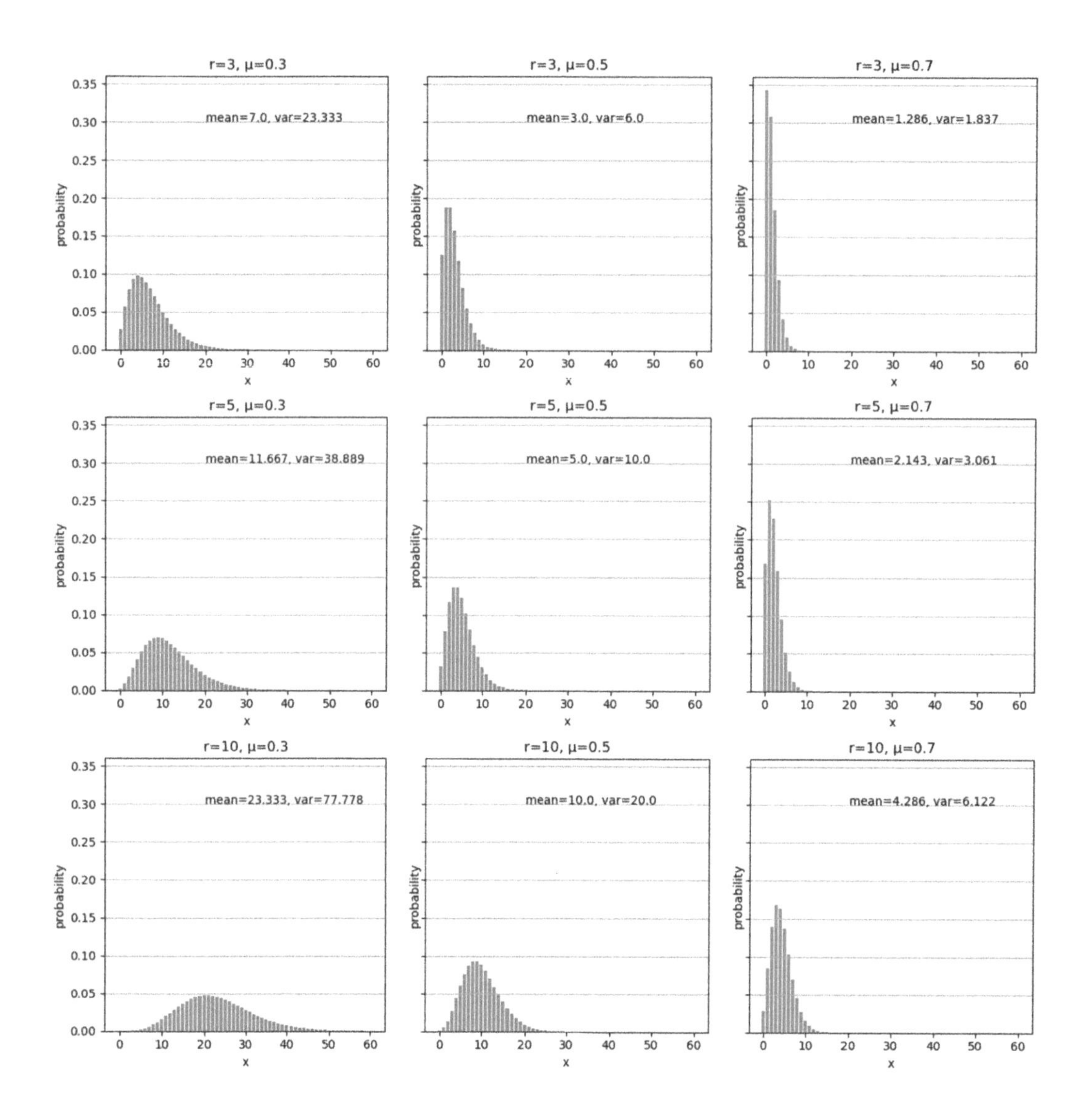

描画の都合上，ここでも横軸は 0 から 60 までの範囲に区切っていますが，より大きな自然数を与えたとしても確率は厳密にはゼロとなりません.

4.4 • 連続型確率分布

連続型確率分布（continuous probability distribution）は，その名のとおり主に連続値を取り扱うための分布です．実数値全体からの値の生成や，範囲に特別な制約を持った連続値の生成ができます.

4.4.1 一様分布

最も単純な連続型の確率分布として**一様分布**（uniform distribution）があります．次のように，始点 a と終点 b をパラメータとして与えると，$a < x < b$ を満たす連続値 x を偏りなく生成します．

```
# パラメータ
a = 0
b = 1

# 一様分布の作成
d = Uniform(a, b)

# サンプリング
X = rand(d, 10000)
X'
```

```
1× 10000 adjoint(::Vector{Float64}) with eltype Float64:
 0.918182  0.310874  0.57564  0.095296  …  0.78246  0.854291  0.374747
```

ヒストグラムによってサンプルの傾向を可視化します．

```
fig, ax = subplots()
ax.hist(X)
set_options(ax, "x", "frequency", "histogram"; gridy=true)
```

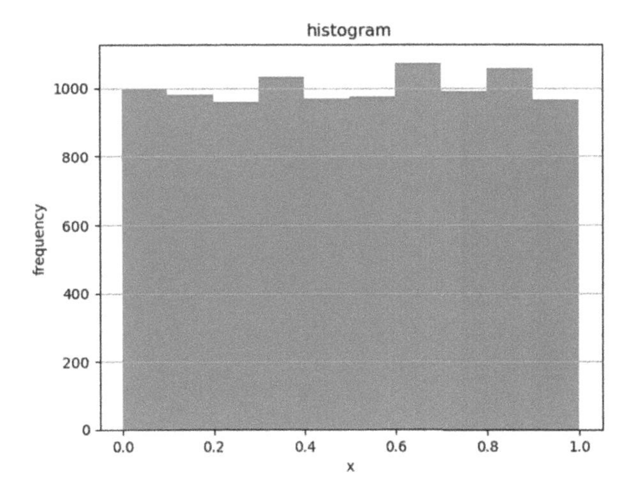

4.4.2 正規分布

連続型確率分布で最も使用頻度が高いのが**正規分布**（normal distribution）です．**ガウス分布**（Gaussian distribution）とも呼ばれ，いわゆる釣鐘型の形をした，左右対称の確率分布です．正規分布は計算上取り扱いやすいだけではなく，自然界に発生するさまざまなノイズが正規分布でうまく表現できることが知られています．正規分布は平均値パラメータ μ および標準偏差パラメータ σ によって規定されます．ここでは $\mu = 0.0$，$\sigma = 1.0$ とし，いくつかデータをサンプリングしてみます．

```
# 平均値パラメータ
μ = 0.0

# 標準偏差パラメータ
σ = 1.0

# 正規分布の作成
d = Normal(μ, σ)

# サンプリング
X = rand(d, 10000)
X'
```

```
1× 10000 adjoint(::Vector{Float64}) with eltype Float64:
 -1.31836  0.143259  0.78649  -0.594106  …  1.18975  -0.882469  -1.05003
```

得られたサンプルに対してヒストグラムを描くと，予想どおり釣鐘型の形になります．

```
fig, ax = subplots()
ax.hist(X)
set_options(ax, "x", "frequency", "histogram"; gridy=true)
```

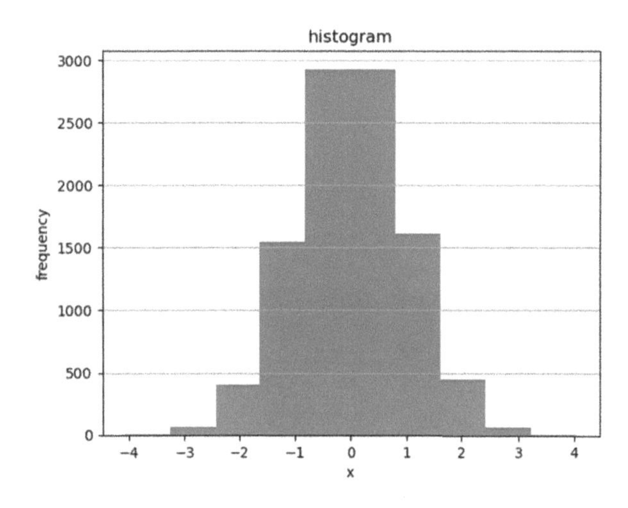

正規分布の平均や標準偏差は，もともと設定していたパラメータ μ および σ に一致します．

```
println("mean (exact) = $(mean(d)), std (exact) = $(std(d))")
println("mean (approx) = $(mean(X)), std (approx) = $(std(X))")
```

```
mean (exact) = 0.0, std (exact) = 1.0
mean (approx) = 0.008974651446831773, std (approx) = 0.9913418451040329
```

ここでは正規分布の**確率密度関数**（probability density function）を可視化します．なお，確率密度関数は，離散値でいうところの確率質量関数にあたりますが，値は「確率」にはならず，抽象的な「起こりやすさ」を表します．後で見るように，確率密度関数における確率は積分計算を要します．ここではまず，2つのパラメータをいろいろ変えることによって，確率密度関数のグラフ形状の変化を確認します．

```
# 表示の範囲は-4から4までとする
xs = range(-4, 4, length=100)

# 平均パラメータのリスト
μs = [-1.0, 0.0, 1.0]

# 標準偏差パラメータのリスト
σs = [0.3, 1.0, 1.5]

fig, axes = subplots(length(μs), length(σs), sharey=true, figsize=(8,8))
for (i, μ) in enumerate(μs)
    for (j, σ) in enumerate(σs)
        d = Normal(μ, σ)
        axes[i,j].plot(xs, pdf.(d, xs))
        set_options(axes[i,j], "x", "density", "μ=$(μ), σ=$(σ)")
    end
end
tight_layout()
```

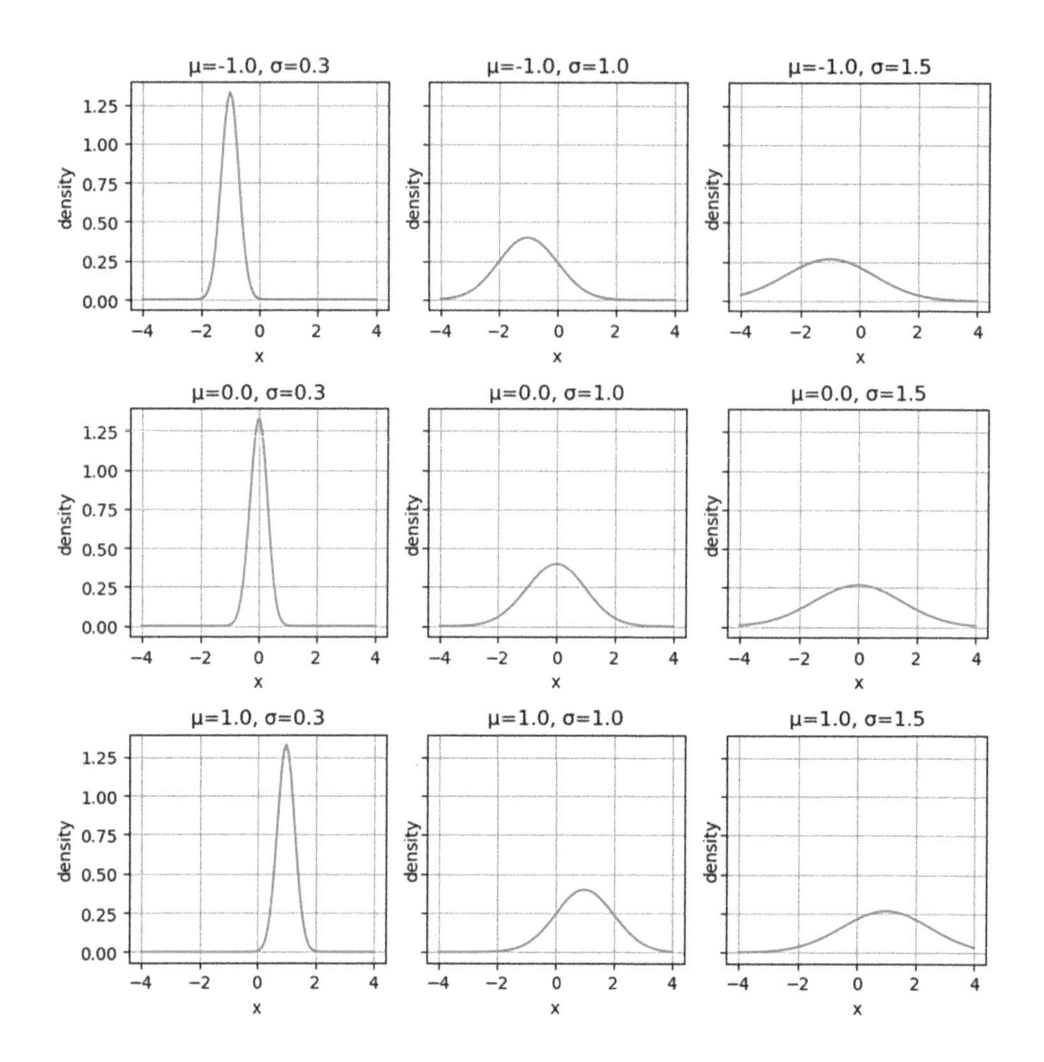

確率密度関数の定義域は $-\infty$ から ∞ までですが，上記のグラフは適当な範囲 $[-4, 4]$ で区切ったものとなります．また，確率密度の値が 1 を超えていることに違和感を覚えた方がいらっしゃるかもしれません．例えば，次のように定義される正規分布に対して，0.1 を代入したときの密度は

```
μ = 0.0
σ = 0.2
d = Normal(μ, σ)
pdf(d, 0.1)
```

```
1.7603266338214976
```

となり，1 を超えてしまいます．連続型確率分布の要件は，全範囲で積分した結果（つまり，分布の面積）が 1 になることと，各密度の値がゼロ以上になることです．したがって，ある確率密度の値が

1.0を超えることは，定義上まったく問題ありません．ちなみに，確率密度の値自体は，「その実数値が起こる確率」ではありません．正規分布は，すべての実数値を生成する分布であるため，「ぴったり0.1（=0.10000000....)」を生成する確率は実質的にゼロになります．一方で，正規分布における確率は，範囲を指定することによって計算できます．例えば，生成された値が「ぴったり0.1」になる確率はゼロですが，「0.0から0.2の間」に入る確率はちゃんと定義できます．これを計算するために，まず**累積分布関数**（cumulative distribution function）を使います．累積分布関数は，次のように各点xにおいて，元の確率密度関数pを$-\infty$からxまで積分した関数として定義されます．

$$F(x) = \int_{-\infty}^{x} p(t) \mathrm{d}t \tag{4.1}$$

定義だけだとわかりにくいので，実際にグラフで描いてみましょう．

```
xs = range(-1, 1, length=100)
fig, axes = subplots(2,1, figsize=(4,8))

# 正規分布の確率密度関数をプロット
axes[1].plot(xs, pdf.(d, xs))
set_options(axes[1], "x", "density", "")

# 累積分布関数をプロット
axes[2].plot(xs, cdf.(d, xs))
set_options(axes[2], "x", "cumulation", "")

tight_layout()
```

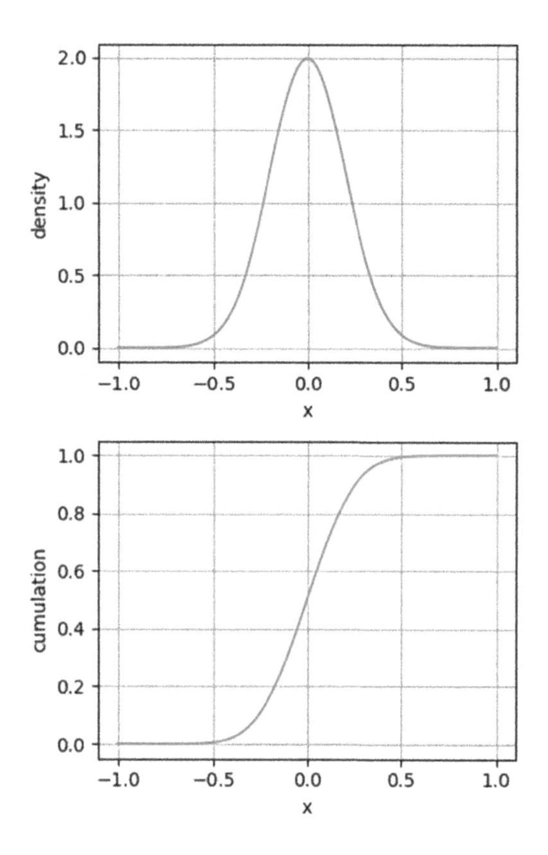

さて，話を元に戻すと，「0.0 から 0.2 の間」に入る確率は次のように累積分布関数を計算することによって得られます．

```
cdf(d, 0.2) - cdf(d, 0.0)
```

```
0.34134474606854304
```

この原理は図 4.2 のとおりです．累積分布関数 cdf の値は，$-\infty$ から x の範囲における確率密度関数と x 軸との面積を表します．したがって，$-\infty$ から 0.2 までの面積から，$-\infty$ から 0.0 までの面積を引くことによって，ちょうど 0.0 から 0.2 までの面積が求まります．

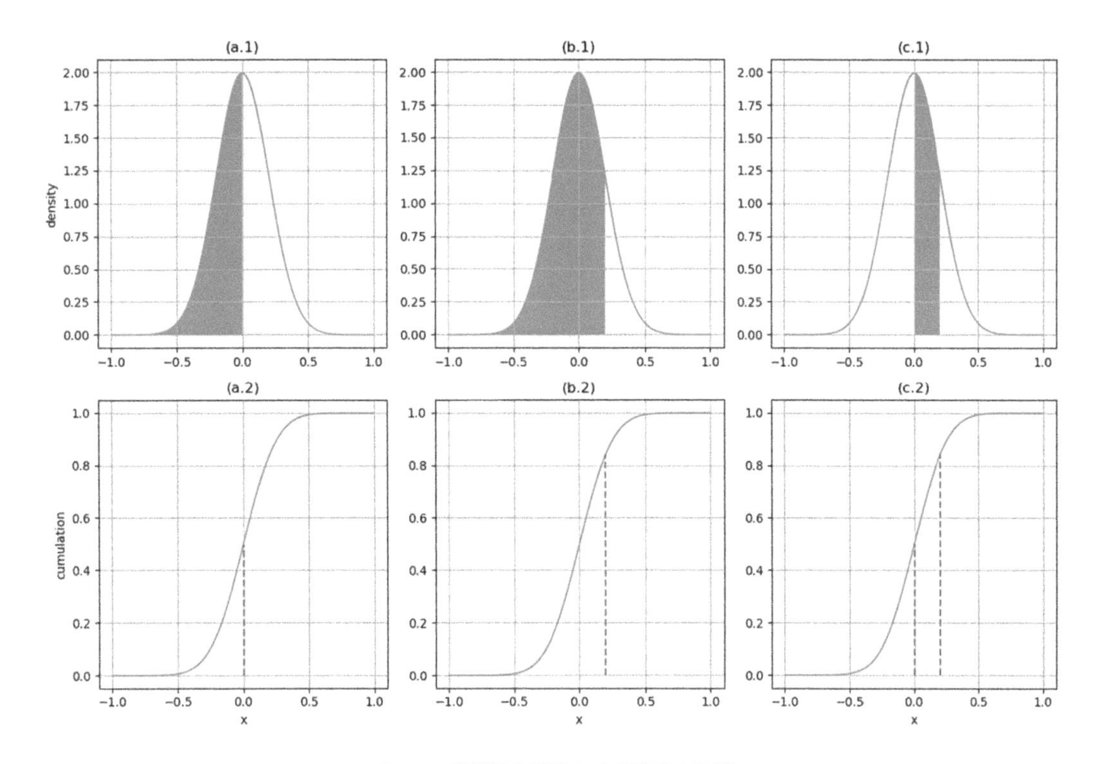

図 4.2　累積分布関数による確率の計算

計算結果から，正規分布からランダムに実数を生成した場合，約 34.1% の確率で 0.0 から 0.2 の間に収まることを示しています．確認のため，実際に 10,000 点ほどのサンプルを生成し，0.0 から 0.2 の間に収まった連続値の割合を調べてみましょう．

```
X = rand(d, 10000)

# 0.0から0.2に入ったサンプルの割合を求める
mean(0.0 .< X .< 0.2)
```

```
0.3427
```

上記の割合の計算では，不等式を満たしている $\mathbf{X}$ の要素は 1，満たしていない要素は 0 となるため，平均 mean をとることによって，所望のサンプルの比率が求まります．得られた結果からわかるように，先ほど計算した理論値 0.34134... に近い値をとることがわかります．

次に**尤度**（likelihood）という用語を確認してみましょう[注4]．まず，簡単な標準正規分布（$\mu = 0.0$,

注 4　ところで，本質的な部分のみに着目すれば，「尤度」なるもの自体は統計モデリングを実践するうえで必須の概念ではありません．事前分布や事後分布といった言葉も同様で，本来であれば条件付き分布の概念さえ知っていれば事足ります．しかし，さまざまな文献で登場する用語でもあるので，知っておくこと自体に損はないでしょう．

$\sigma = 1.0$）を作ります．

```
μ = 0.0
σ = 1.0
d = Normal(μ, σ)
```

```
Normal{Float64}(μ=0.0, σ=1.0)
```

尤度とは，分布に対するデータの当てはまり具合を定量的に表したものです．つまり，これは単純にある分布に対するあるデータの確率密度関数（あるいは確率質量関数）のとる値そのものです．4個の観測データとして次のようなX_obsがあったとき，各点の確率密度関数の値は次のように計算できます．

```
X_obs = [0.1, -0.1, 0.2, 0.5]
pdf.(d, X_obs)
```

```
4-element Vector{Float64}:
 0.3969525474770118
 0.3969525474770118
 0.3910426939754559
 0.3520653267642995
```

dは平均がゼロなので，0に近い値ほど高い確率密度の値をとることになります．

ここで，X_obsの各個のデータがdから独立に生成されたと仮定しましょう．独立というのは，各観測データの発生が互いに依存しあわないという仮定です．この場合，分布dに対するデータX_obs全体の尤度は，単純に各確率密度の値を掛け算すれば得られます．すべての要素の掛け算には，次の**prod**関数を使うのが便利です．

```
prod(pdf.(d, X_obs))
```

```
0.021693249867975634
```

ただし，小さい数の掛け算は数値誤差を生みやすいので，通常は対数を使って計算します．対数尤度は，密度関数の対数**logpdf**の値を足し算すれば得られます．

```
lp = sum(logpdf.(d, X_obs))
println("logpdf = $(lp)")

# 元のpdf に戻す
println("pdf = $(exp(lp))")
```

```
logpdf = -3.830754132818691
pdf = 0.021693249867975627
```

4.4.3 多変量正規分布

先ほど紹介した正規分布は，スカラーの実数値を生成するだけの分布でしたが，**多変量正規分布**（multivariate normal distribution）あるいは**多変量ガウス分布**（multivariate Gaussian distribution）は多数の実数値をベクトルとして生成する分布として一般化したものです．各次元の値の生成傾向には相関を持たせることができるため，各次元間の共分散などの概念が新しく入ってきます．なお，単変量の確率分布を $p(x)$ と書くのに対して，多変量の場合は $p(x_1, x_2)$ のように**同時分布**（joint distribution）あるいは**結合分布**（joint distribution）として表記します．

まず，2 変量の例でこれを確認していきましょう．はじめに多変量正規分布に与えるパラメータを設定します．平均ベクトルは簡単のため $(0, 0)$ とし，共分散行列も単純な単位行列とします．共分散の成分がゼロであるため，2 つの値は互いに依存せず，完全に独立に生成されます．

```
μ = [0.0, 0.0]
Σ = [1.0 0.0;
     0.0 1.0]
d = MvNormal(μ, Σ)
X = rand(d, 1000)
X
```

```
2× 1000 Matrix{Float64}:
  0.684655  -0.354941  1.30699   0.531614  …  -0.393486  -1.41286  -0.12689
 -0.150325  -0.900473  1.75405  -0.851709  …  -1.13968    1.35422  -0.318791
```

散布図によって傾向を確認してみましょう．

```
fig, ax = subplots(figsize=(4,4))
ax.scatter(X[1,:], X[2,:], alpha=0.5)
set_options(ax, "x₁", "x₂", "scatter")
```

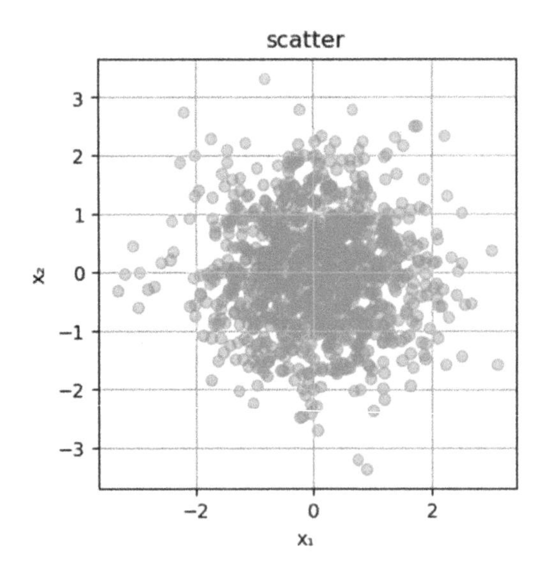

このように，この分布からのサンプルを散布図で描いてみると，座標 $(0, 0)$ を中心とした円の形になっていることがわかります．確率密度関数を描くことによって，このことをさらに確認してみましょう．

```
x₁s = range(-3, 3, length=100)
x₂s = range(-3, 3, length=100)

fig, ax = subplots(figsize=(4,4))
cs = ax.contour(x₁s, x₂s, [pdf(d, [x₁, x₂]) for x₁ in x₁s, x₂ in x₂s]')
ax.clabel(cs, inline=true)
set_options(ax, "x₁", "x₂", "density")
```

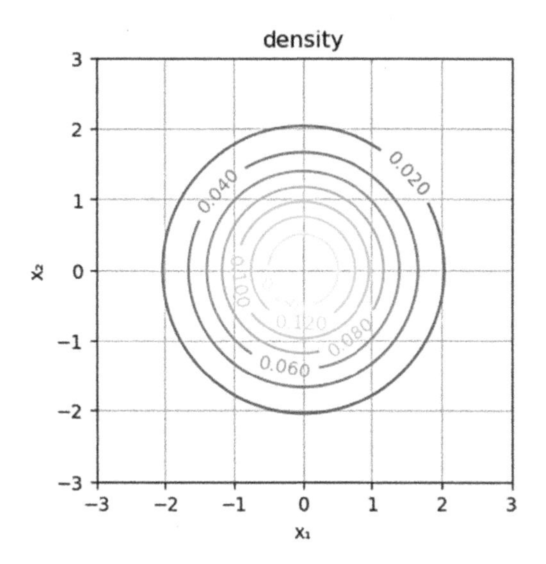

さて，次は先ほどの分布を少し修正して，非ゼロの共分散成分を持たせてみましょう．

```
μ = [0.0, 0.0]
Σ = [1.0 0.5;
     0.5 1.0]
d = MvNormal(μ, Σ)
```

```
FullNormal(
dim: 2
μ: [0.0, 0.0]
Σ: [1.0 0.5; 0.5 1.0]
)
```

先ほどと同様に散布図と密度関数をプロットしてみると，次のように右上方向に広がった傾向を持つ分布になっていることが確認できます．つまり，x_1 の値が大きいほど，x_2 の値も大きくなりやすいような生成傾向になっています．

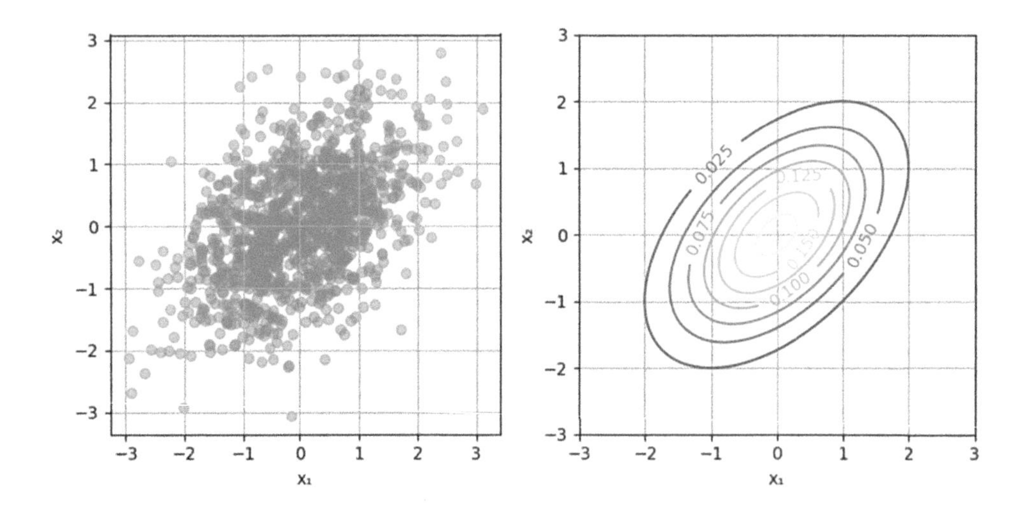

共分散パラメータを次のように変更し，再度プロットしてみます．

```
μ = [0.0, 0.0]
Σ = [1.0 -0.5;
     -0.5 1.0]
d = MvNormal(μ, Σ)
```

```
FullNormal(
dim: 2
μ: [0.0, 0.0]
Σ: [1.0 -0.5; -0.5 1.0]
)
```

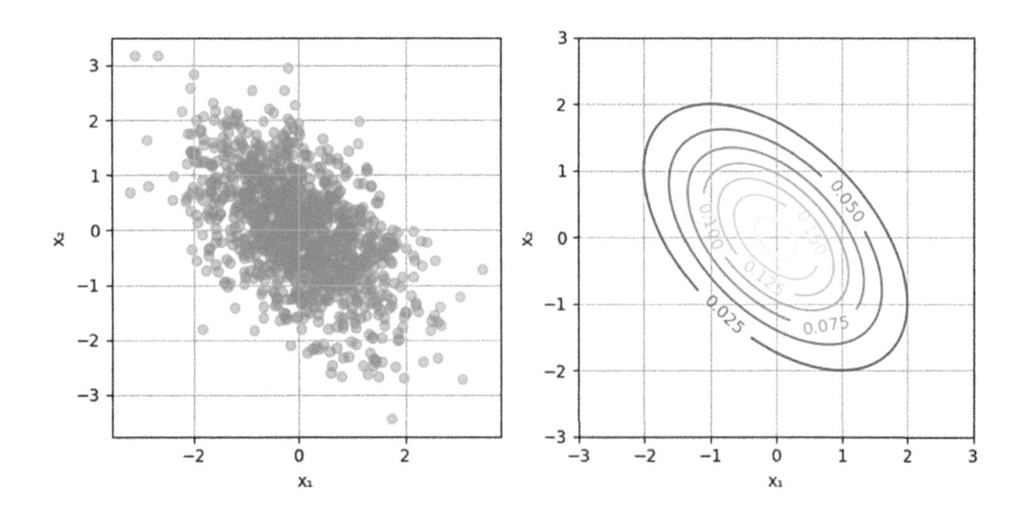

この場合では，右下方向に伸びていく分布になりました．つまり，x_1 の値が大きいほど，x_2 の値が小さくなりやすい生成傾向になっています．

ここで，第3章でいったん具体例を出さずに据え置きにしていた連続値に対する**周辺分布**（marginal distribution）や**条件付き分布**（conditional distribution）の概念を解説します．

まずは適当なパラメータ $\boldsymbol{\mu}$ および $\boldsymbol{\Sigma}$ を設定します．

```
μ = [0.0, 0.0]
Σ = [1.5 0.25;
     0.25 0.5]
d = MvNormal(μ, Σ)
```

```
FullNormal(
dim: 2
μ: [0.0, 0.0]
Σ: [1.5 0.25; 0.25 0.5]
)
```

ここでは第2章で解説した1次元の数値積分を行うための関数を再び用います．

```
function approx_integration(x_range, f)
    # 幅
    Δ = x_range[2] - x_range[1]

    # 近似された面積と幅を返す
    sum([f(x) * Δ for x in x_range]), Δ
end
```

```
approx_integration (generic function with 1 method)
```

はじめに周辺分布の計算から行います．今回定義した多変量正規分布を $p(x_1, x_2)$ とおくと，ここでは次のような計算を行うことに相当します．

$$p(x_1) = \int p(x_1, x_2)\mathrm{d}x_2 \tag{4.2}$$

$$p(x_2) = \int p(x_1, x_2)\mathrm{d}x_1 \tag{4.3}$$

したがって，それぞれの周辺分布を求めるには，approx_integration 関数によって上記の式を数値積分で近似的に計算すればよいことになります．

```
# 同時分布
fig, axes = subplots(2,2, figsize=(8,8))

cs = axes[1,1].contour(x₁s, x₂s,
                      [pdf(d, [x₁, x₂]) for x₁ in x₁s, x₂ in x₂s]')
```

```
axes[1,1].clabel(cs, inline=true)
set_options(axes[1, 1], "x₁", "x₂", "p(x₁, x₂)")

# x₁ の周辺分布
x_range = range(-3, 3, length=100)
p1_marginal(x₁) = approx_integration(x_range, x₂ -> pdf(d, [x₁, x₂]))[1]
axes[2,1].plot(x₁s, p1_marginal.(x₁s))
axes[2,1].set_xlim([minimum(x₁s), maximum(x₁s)])
set_options(axes[2, 1], "x₁", "density", "p(x₁)")

# x₂ の周辺分布
x_range = range(-3, 3, length=100)
p2_marginal(x₂) = approx_integration(x_range, x₁ -> pdf(d, [x₁, x₂]))[1]
axes[1,2].plot(p2_marginal.(x₂s), x₂s)
axes[1,2].set_ylim([minimum(x₂s), maximum(x₂s)])
set_options(axes[1,2], "density", "x₂", "p(x₂)")

axes[2,2].axis("off")

tight_layout()
```

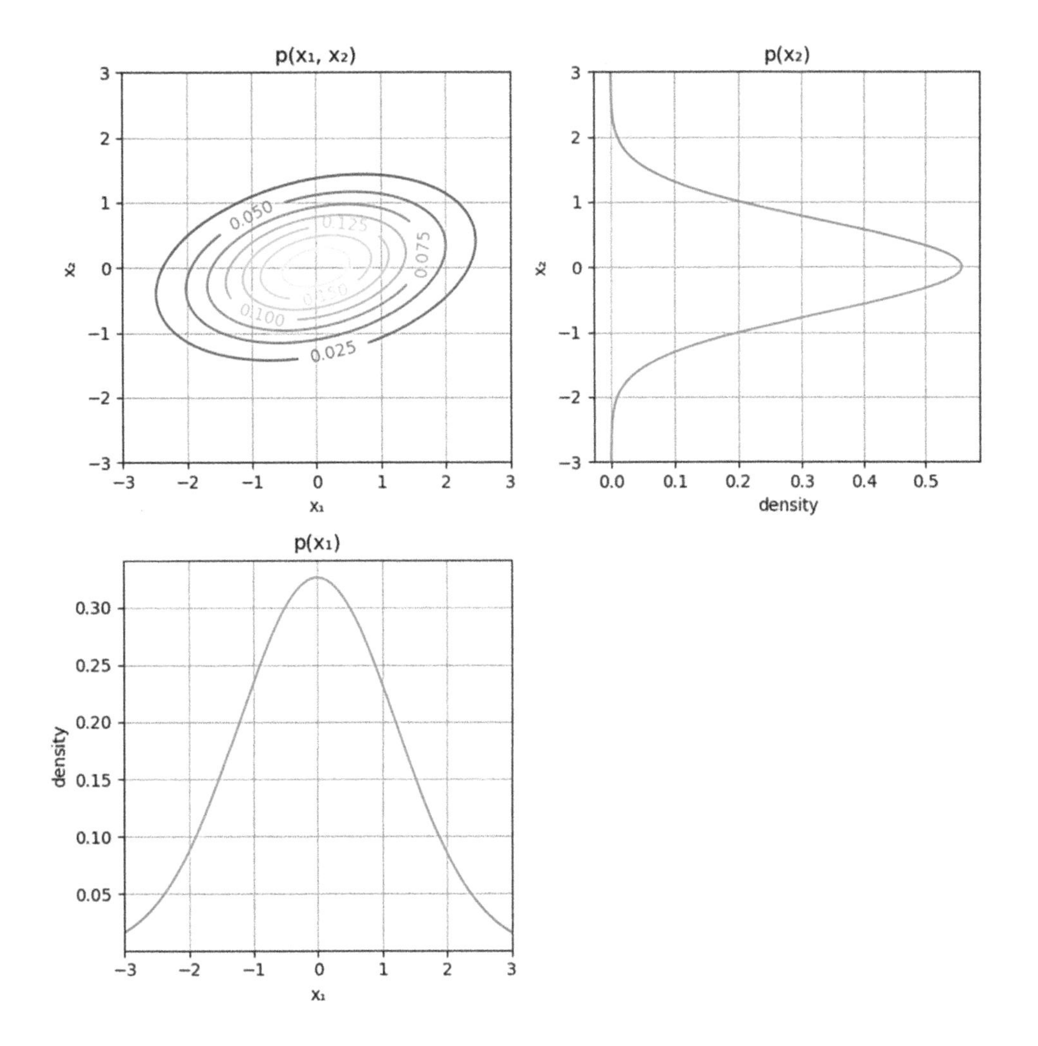

結果のグラフからもわかるように，$p(x_1)$ は x_2 軸方向に同時分布を数値積分によって足し合わせたものであり，同様に $p(x_2)$ は x_1 軸方向に同時分布を数値積分によって足し合わせたものであることになります．

次に条件付き分布の計算を見ていきます．各条件付き分布は，

$$p(x_1|x_2) = \frac{p(x_1, x_2)}{p(x_2)} \tag{4.4}$$

$$p(x_2|x_1) = \frac{p(x_1, x_2)}{p(x_1)} \tag{4.5}$$

となります．式 (4.4) および式 (4.5) からわかるように，条件付き分布の計算にはそれぞれ $p(x_1)$ および $p(x_2)$ が必要になりますが，これらは先ほどの周辺分布の結果が利用できます．また，各条件付

き分布の形状を確定するためには，条件部分の変数の値を固定する必要があります．コード中では条件部分の x_1，x_2 に対していくつか適当な値を代入して可視化する分布を決めています．

```
# 同時分布
fig, axes = subplots(2,2, figsize=(8,8))

cs = axes[1,1].contour(x₁s, x₂s,
                       [pdf(d, [x₁, x₂]) for x₁ in x₁s, x₂ in x₂s]')
axes[1,1].clabel(cs, inline=true)
set_options(axes[1,1], "x₁", "x₂", "p(x₁, x₂)")

# x₁ の条件付き分布 p(x₁|x₂)
x₂ = 1.0
p1_conditional(x₁) = pdf(d, [x₁, x₂]) / p2_marginal(x₂)
axes[1,1].plot([minimum(x₁s), maximum(x₁s)], [x₂, x₂], "r--")
axes[2,1].plot(x₁s, p1_conditional.(x₁s), "r", label="p(x₁|x₂=$(x₂))")

x₂ = 0.0
p1_conditional(x₁) = pdf(d, [x₁, x₂]) / p2_marginal(x₂)
axes[1,1].plot([minimum(x₁s), maximum(x₁s)], [x₂, x₂], "g--")
axes[2,1].plot(x₁s, p1_conditional.(x₁s), "g", label="p(x₁|x₂=$(x₂))")

axes[2,1].set_xlim([minimum(x₁s), maximum(x₁s)])
set_options(axes[2,1], "x₁", "density", "p(x₁|x₂)")

# x₂ の条件付き分布 p(x₂|x₁)
x₁ = 2.0
p2_conditional(x₂) = pdf(d, [x₁, x₂]) / p2_marginal(x₁)
axes[1,1].plot([x₁, x₁], [minimum(x₂s), maximum(x₂s)], "r--")
axes[1,2].plot(p2_conditional.(x₂s), x₂s, "r", label="p(x₂|x₁=$(x₁))")

x₁ = -2.0
p2_conditional(x₂) = pdf(d, [x₁, x₂]) / p2_marginal(x₁)
axes[1,1].plot([x₁, x₁], [minimum(x₂s), maximum(x₂s)], "g--")
axes[1,2].plot(p2_conditional.(x₂s), x₂s, "g", label="p(x₂|x₁=$(x₁))")

axes[1,2].set_ylim([minimum(x₂s), maximum(x₂s)])
set_options(axes[1,2], "density", "x₂", "p(x₂|x₁)")

axes[2,2].axis("off")

tight_layout()
```

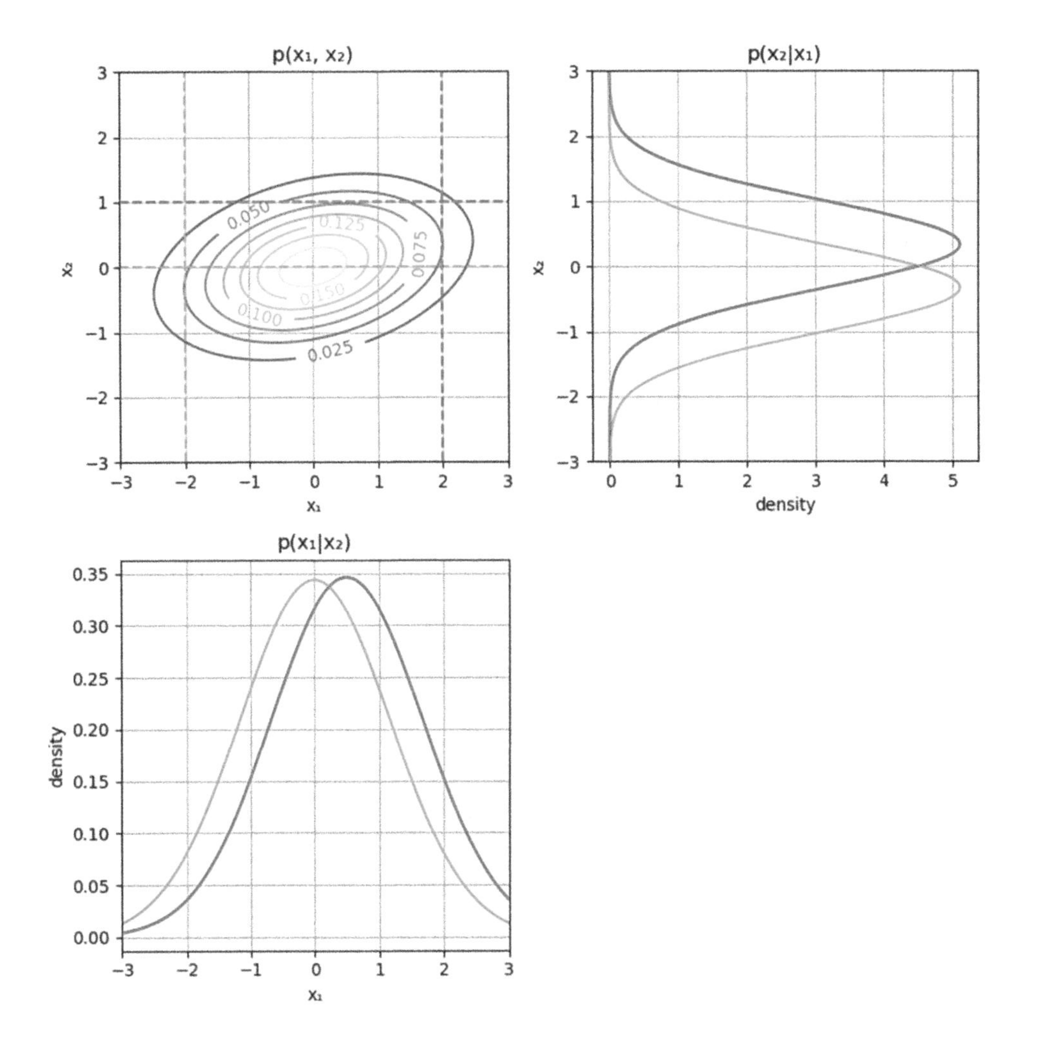

条件付き分布のイメージとしては，ちょうど同時分布の等高線図にある点線に沿って，同時分布の断面を切り取ったような形状になります．例えば，$x_2 = 1.0$ の赤い点線に対応している条件付き分布が，$p(x_1|x_2)$ の図における赤い分布に相当します．ただし，単純に断面を計算するだけだと条件付き分布が**正規化**（normalization）されていません．正規化とは，ある関数が定義域全体で積分した際に 1 になることを指します．ここでは，周辺確率で割り算されることによって正しく正規化された分布になります．

補足として，多変量正規分布の場合は，周辺分布や条件付き分布は解析的に得る公式が知られているため，今回のような数値積分を実行する必要は実用上はあまりありません．

4.4.4　ガンマ分布

ガンマ分布（gamma distribution）は非負の連続値を生成する分布です．信頼性工学における製品部品の寿命などを表現する際に用いられます．ガンマ分布ではパラメータ α および θ を設定します．

```
# ガンマ分布を作成
α = 1.5
Θ = 2.5
d = Gamma(α, Θ)

# サンプルの生成
X = rand(d, 100)
X'
```

```
1× 100 adjoint(::Vector{Float64}) with eltype Float64:
 1.60179  6.24225  4.80378  1.79676  …  2.03478  1.12848  1.47009  5.97686
```

得られたサンプルに対してヒストグラムを描きます．

```
fig, ax = subplots()
ax.hist(X)
set_options(ax, "x", "frequency", "histogram")
```

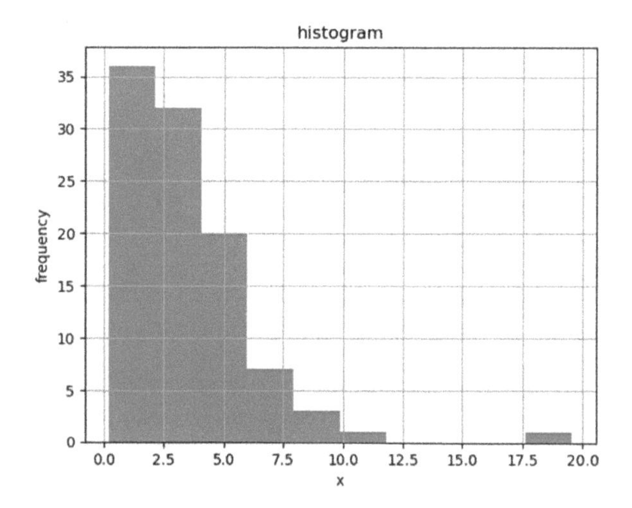

ガンマ分布の平均と分散はそれぞれ $\alpha\theta$, $\alpha\theta^2$ であることが知られています．念のため確認してみましょう．

```
println("mean (exact) : $(mean(d)), $(α*Θ)")
println("var (exact) : $(var(d)), $(α*Θ^2)")
```

```
mean (exact) : 3.75, 3.75
var (exact) : 9.375, 9.375
```

なお，平均 μ, 標準偏差 σ であるようなガンマ分布を作りたければ，

$$\mu = \alpha\theta \tag{4.6}$$

$$\sigma^2 = \alpha\theta^2 \tag{4.7}$$

から，

$$\alpha = \frac{\mu^2}{\sigma^2} \tag{4.8}$$

$$\theta = \frac{\sigma^2}{\mu} \tag{4.9}$$

のように逆算してパラメータを求められます．

次にパラメータをいろいろと変え，グラフの変化の様子を見てみましょう．また，ここでは平均と標準偏差も併せて表示します．

```
xs = range(0, 10, length=100)
αs = [0.5, 1.0, 2.0]
Θs = [0.5, 1.0, 1.5]
fig, axes = subplots(length(αs), length(Θs), sharey=true, figsize=(8,8))
for (i, α) in enumerate(αs)
    for (j, Θ) in enumerate(Θs)
        d = Gamma(α, Θ)
        μ, σ = var(d), std(d)
        axes[i,j].plot(xs, pdf.(d, xs))
        axes[i,j].set_ylim([0, 1.5])
        set_options(axes[i,j], "x", "density",
                    "α=$(α), Θ=$(Θ), \n" *
                    "(μ=$(round(μ, digits=3)), σ=$(round(σ, digits=3)))")
    end
end
tight_layout()
```

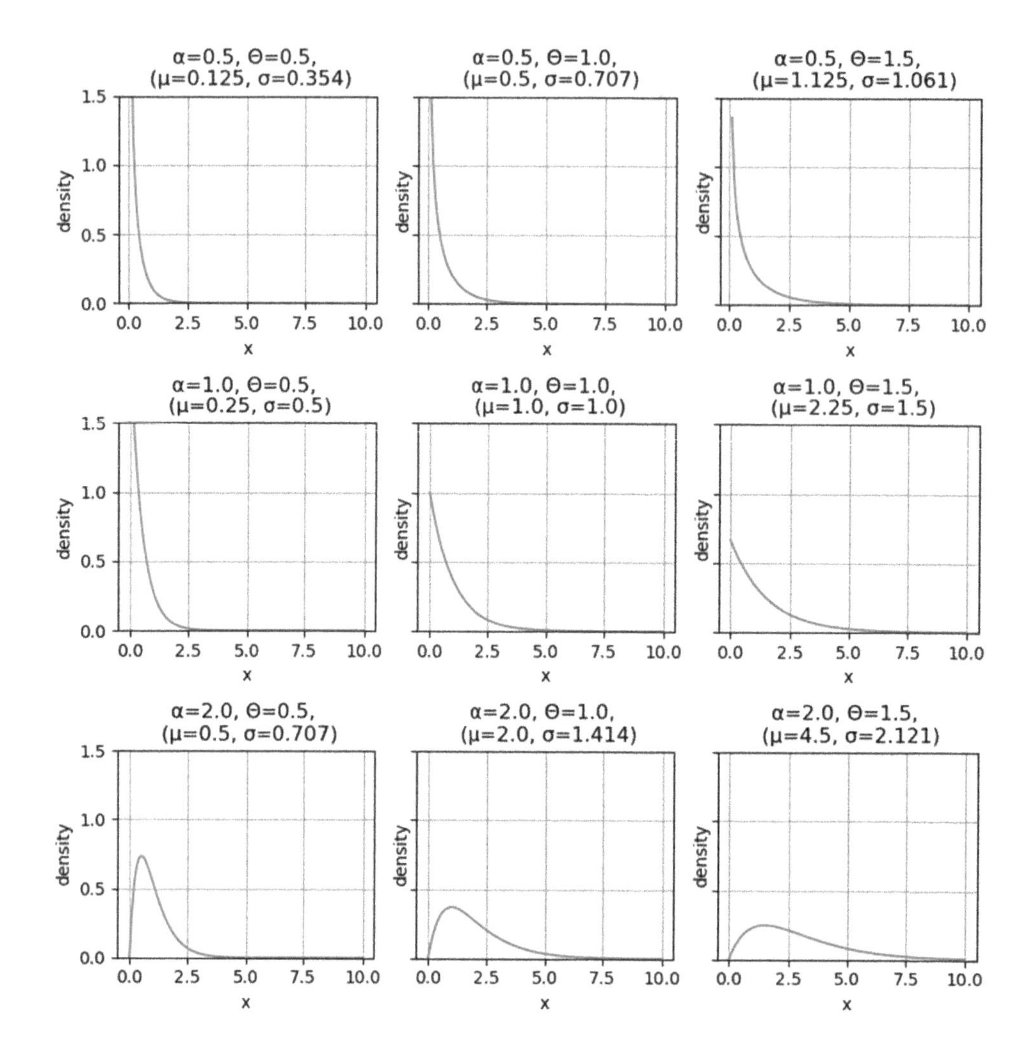

4.4.5 ベータ分布

ベータ分布（beta distribution）は，$0 < x < 1$ となる連続値 x を生成する分布です．ベイズ統計では，ベルヌーイ分布や二項分布のパラメータを推定する際にベータ分布を使うことがあります．パラメータは $\alpha > 0$ および $\beta > 0$ を与えます．

```
# ベータ分布の作成
α = 0.5
β = 0.5
d = Beta(α, β)

# サンプルの生成
X = rand(d, 100)
```

```
X'
```

```
1× 100 adjoint(::Vector{Float64}) with eltype Float64:
 0.603374  0.722977  0.800692  0.135533  …  1.08787e-5  0.00670872  0.712541
```

得られたサンプルに対してヒストグラムを描きます．

```
fig, ax = subplots()
ax.hist(X)
set_options(ax, "x", "frequency", "histogram")
```

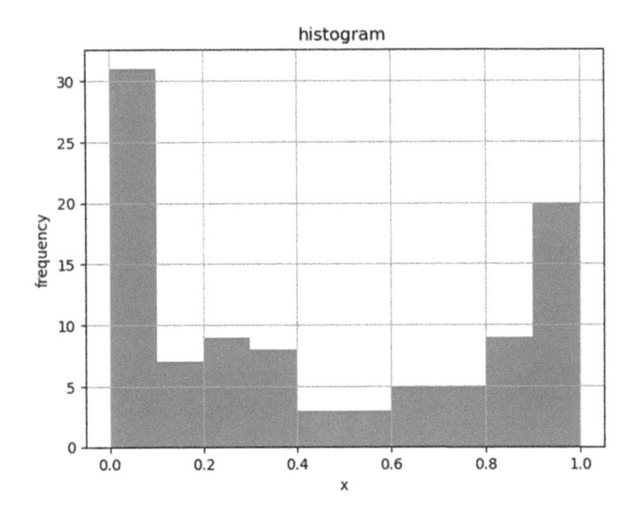

次にパラメータをいろいろと変え，グラフの形状を確認します．

```
xs = range(0, 1, length=100)

# パラメータのリスト
αs = [0.1, 1.0, 2.0]
βs = [0.1, 1.0, 2.0]

fig, axes = subplots(length(αs), length(βs), sharey=true, figsize=(8,8))
for (i, α) in enumerate(αs)
    for (j, β) in enumerate(βs)
        d = Beta(α, β)
        μ, σ = mean(d), std(d)
        axes[i,j].plot(xs, pdf.(d, xs))
        set_options(axes[i,j], "x", "density",
                    "α=$(α), β=$(β), \n" *
                    "(μ=$(round(μ, digits=3)),
```

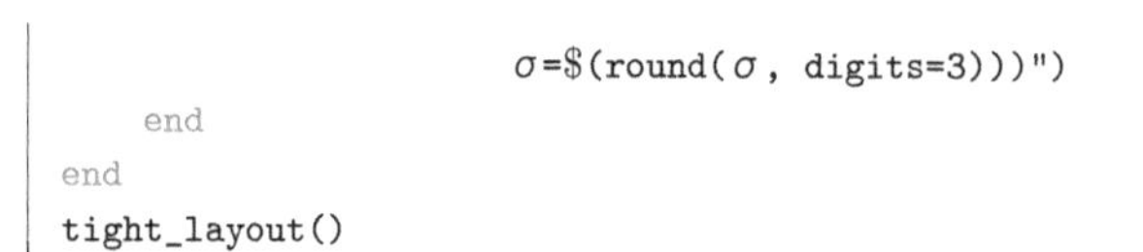

```
                        σ=$(round(σ , digits=3)))")
    end
end
tight_layout()
```

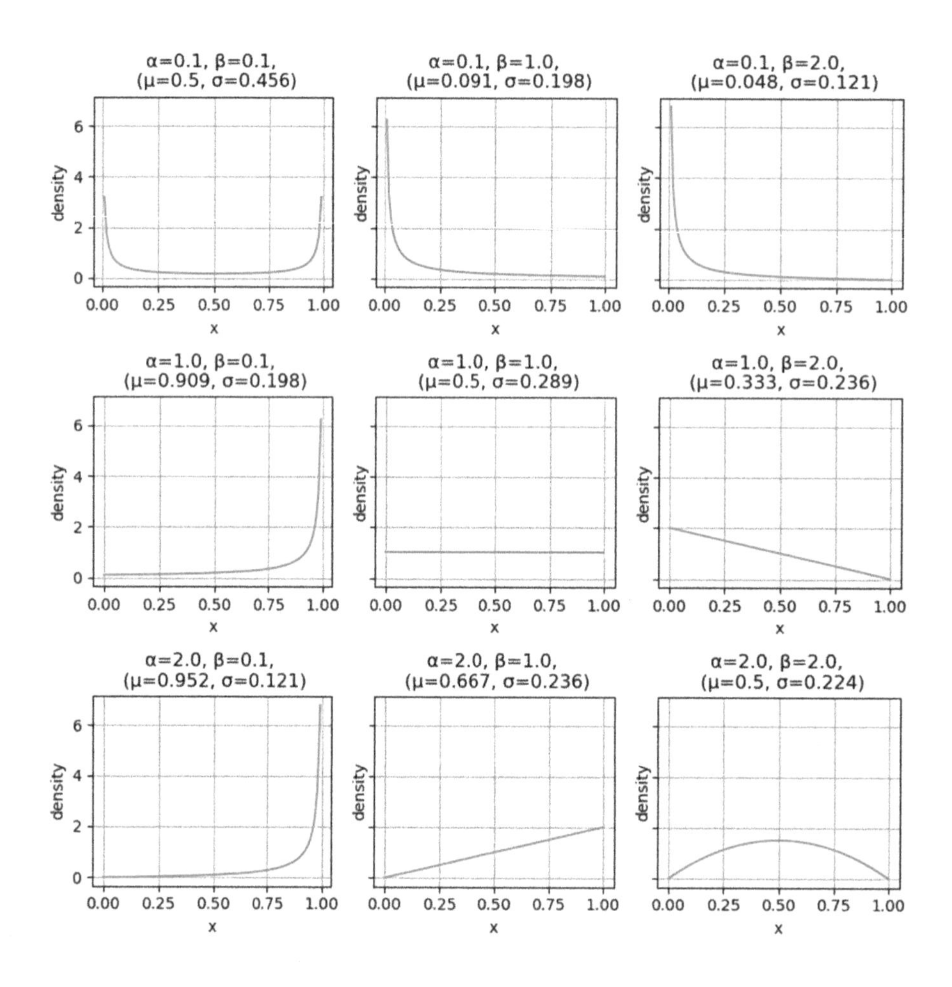

4.4.6 ディリクレ分布

ディリクレ分布（Dirichlet distribution）はベータ分布を多変量に拡張したものです．したがって，カテゴリ分布や多項分布のパラメータ推定などに利用されます．ここでは3次元のディリクレ分布を考えます．パラメータとしては各要素が正の実数となるようなベクトル $\boldsymbol{\alpha} = \{\alpha_1, \alpha_2, \alpha_3\}$ を与えます．

```
# ディリクレ分布の作成
α = [0.75, 0.75, 0.75]
d = Dirichlet(α)

# サンプルの生成
X = rand(d, 1000)
X
```

```
3× 1000 Matrix{Float64}:
 0.584439   0.221125  0.0416995  0.340491  …  0.156211  0.363944   0.140553
 0.331969   0.510976  0.226707   0.372081     0.596517  0.577712   0.0608403
 0.0835922  0.2679    0.731594   0.287428     0.247272  0.0583447  0.798607
```

ディリクレ分布から得られたサンプルと，ディリクレ分布の密度関数を可視化します．サンプルは3次元ですが，すべての次元を足すと和が1になるので，実質最初の2つの次元だけプロットすればよいことになります．また，確率密度関数はpdf関数によって計算されますが，上記の和の制約を満たさない入力（2つの値の和だけで1を超える場合）は密度が計算できないので，例外的に値は0として処理しています．

```
fig, axes = subplots(1,2, figsize=(8,4))

# 散布図による可視化
axes[1].scatter(X[1,:], X[2,:], alpha=0.25)
set_options(axes[1], "x₁", "x₂", "scatter")

# 確率密度関数の可視化
x₁s = range(0,1,length=100)
x₂s = range(0,1,length=100)
cs = axes[2].contour(x₁s, x₂s, [x₁ + x₂ > 1 ? 0.0 : pdf(d,
                        [x₁, x₂, 1 - (x₁ + x₂)] for x₁ in x₁s, x₂ in x₂s]')
axes[2].clabel(cs, inline=true)
set_options(axes[2], "x₁", "x₂", "density")
tight_layout()
```

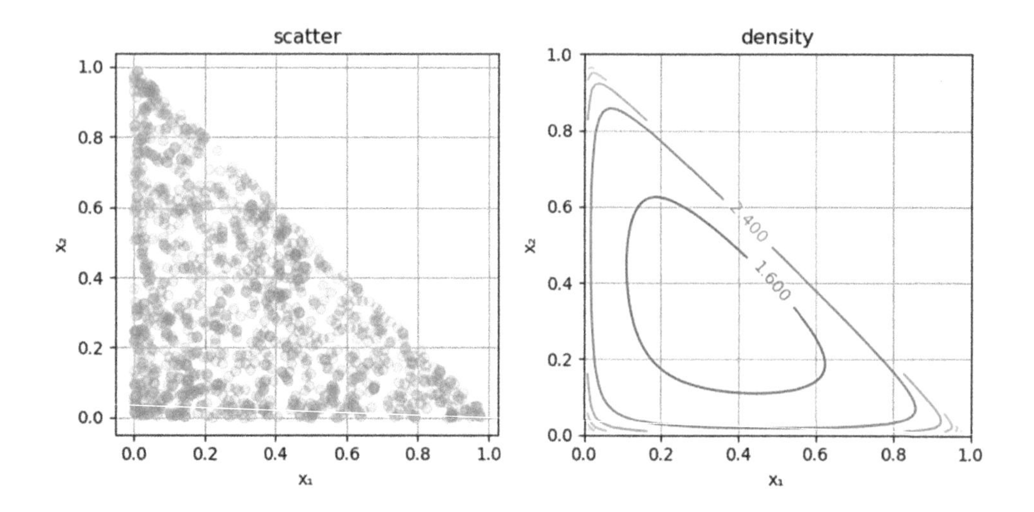

平均値は，$\boldsymbol{\alpha}$ の各値の比率によって決まります．今回は $\boldsymbol{\alpha} = \{0.75, 0.75, 0.75\}$ のようにしたので，すべての次元の値は同じ程度の平均値となります．

```
mean(d)
```

```
3-element Vector{Float64}:
 0.3333333333333333
 0.3333333333333333
 0.3333333333333333
```

ディリクレ分布の共分散の成分（非対角成分）は必ず負になります．つまり，ある次元の値が大きくなれば，他の次元の値は小さくなる傾向を示していることになります．

```
cov(d)
```

```
3× 3 Matrix{Float64}:
  0.0683761  -0.034188   -0.034188
 -0.034188    0.0683761  -0.034188
 -0.034188   -0.034188    0.0683761
```

パラメータをいろいろと変え，分布の違いを確認してみましょう．確率密度関数の値は極端に大きな値をとることが多く，可視化に不向きなので，ここでは散布図によって傾向を可視化します．

```
# パラメータのリスト
αs = [[0.1, 0.1, 0.1],
      [0.5, 0.5, 0.5],
      [1.0, 1.0, 1.0],
      [2.0, 2.0, 2.0],
      [5.0, 5.0, 5.0],
      [0.1, 0.1, 0.5],
      [0.1, 0.5, 1.0],
      [0.1, 0.5, 5.0],
      [1.0, 2.0, 5.0],
      ]

xs = range(0.1,0.99,length=100)
ys = range(0.1,0.99,length=100)
fig, axes = subplots(3, 3, figsize=(9,9))
for (i, α) in enumerate(αs)
    print(α)
    d = Dirichlet(α)
    X = rand(d, 1000)
    axes[i].scatter(X[1,:], X[2,:], alpha=0.25)
    axes[i].set_xlim([0,1])
    axes[i].set_ylim([0,1])
    set_options(axes[i], "x₁", "x₂", "α=$(α)")
end
tight_layout()
```

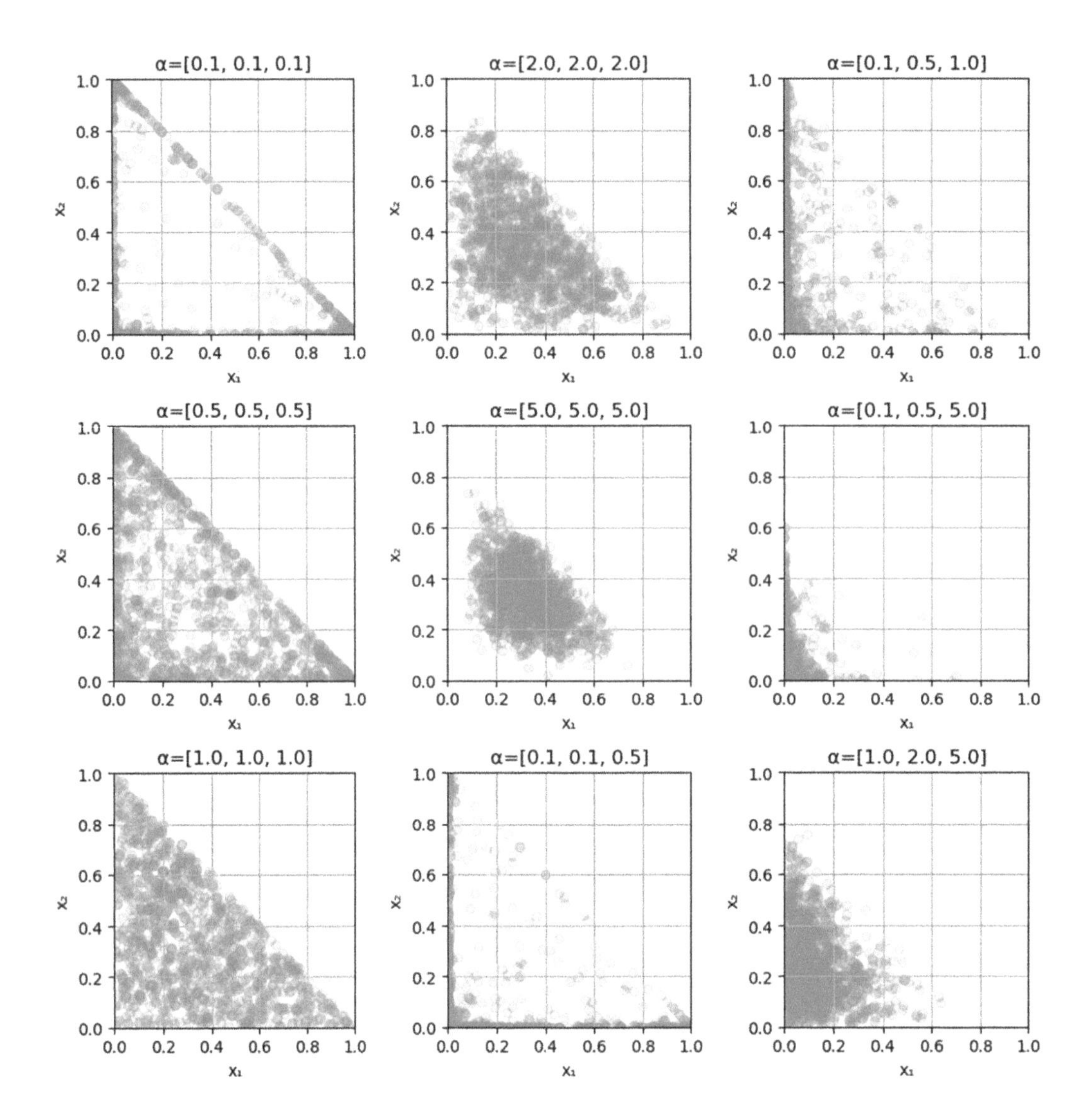

4.5 • 統計モデルの設計

統計モデリングの利点は，これまでに紹介された確率分布や関数による数値変換を組み合わせることによって，独自の確率分布を新たに作ることができる点です．これによって，データ解析の目的やデータに合わせた柔軟な**統計モデル**（statistical model）あるいは**確率モデル**（probabilistic model）が作り出せるようになります．ここでは簡単な例をいくつか紹介することによって，統計モデリングのはじめの一歩を体験してみることとします．

4.5.1 対数正規分布

正規分布（ガウス分布）に従う変数 x に対して，$y = e^x$ のように指数による変換をかけた後の y の分布はどうなるでしょうか．この操作によって，実数全体に分布する x から，正の実数全体に分布する y に変換できます．

```
μ = 0.0
σ = 1.0
d = Normal(μ, σ)
X = rand(d, 100)
Y = exp.(X)
Y'
```

```
1× 100 adjoint(::Vector{Float64}) with eltype Float64:
 0.703751  0.837333  0.898417  0.921471  …  1.15575  0.155981  0.480205
```

ヒストグラムを描いて比較してみます．

```
fig, axes = subplots(1,2,figsize=(12,4))
axes[1].hist(X)
set_options(axes[1], "x", "frequency", "Normal distribution";
            gridy=true)
axes[2].hist(Y)
set_options(axes[2], "y", "frequency", "Log-Normal distribution";
            gridy=true)
tight_layout()
```

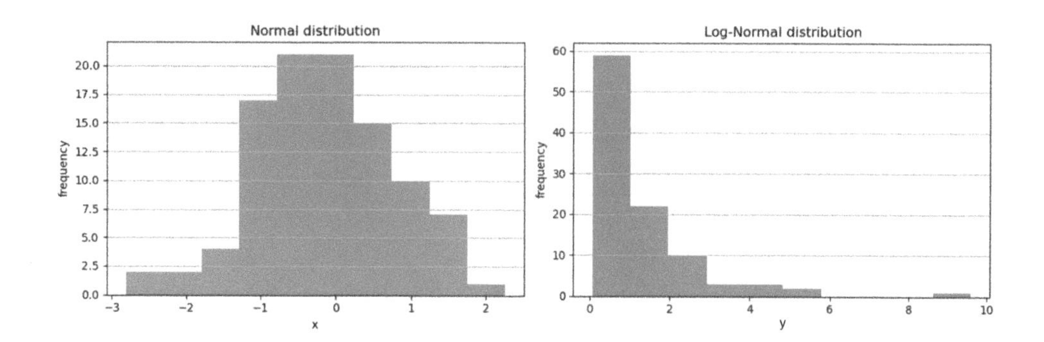

この分布は**対数正規分布**（log-normal distribution）として知られています．対数正規分布もガンマ分布と同様，正の連続値を生成します．なお，正規分布とパラメータは同じように見えますが，対数正規分布では μ や σ はそれぞれ平均や標準偏差の意味を持たなくなることに注意してください．`Distributions.jl` では **LogNormal** 関数を使うことによって対数正規分布を作成できます．こちらを利用するほうが，値のサンプリングや密度の計算などが容易です．

```
d = LogNormal(μ,σ)
X = rand(d, 100)
X'
```

```
1× 100 adjoint(::Vector{Float64}) with eltype Float64:
 7.09249  2.42042  1.02791  1.23793  …  0.524274  1.27475  4.96287  2.70792
```

ヒストグラムを描きます．

```
fig, ax = subplots()
ax.hist(X)
set_options(ax, "x", "frequency", "histogram"; gridy=true)
```

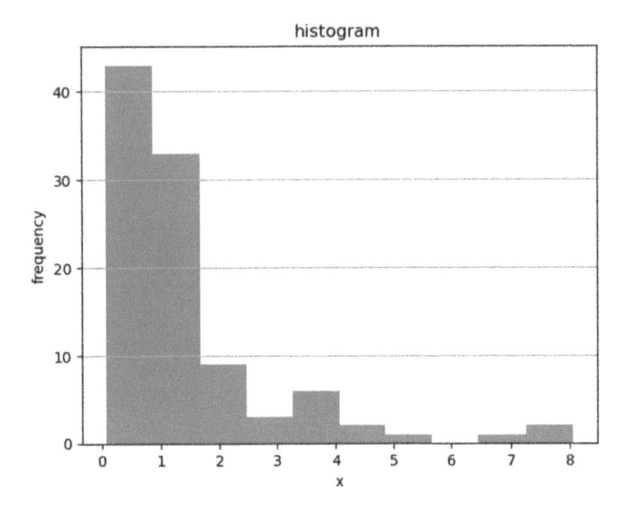

これまでどおり，パラメータの組み合わせを変えた場合の分布の形状を可視化してみましょう．ここでは，分布の平均および分散も併せて表示します．

```
xs = range(0, 5, length=100)
μs = [-1, 0.0, 1.0]
σs = [0.2, 1.0, 1.5]
fig, axes = subplots(length(μs), length(σs), sharey=true, figsize=(12,12))
for (i, μ) in enumerate(μs)
    for (j, σ) in enumerate(σs)
        d = LogNormal(μ, σ)
        axes[i,j].plot(xs, pdf.(d, xs))
        m = round(mean(d), digits=2)
        v = round(var(d), digits=2)
        axes[i,j].text(2, 5, "mean = $(m), var = $(v)")
        set_options(axes[i,j], "x", "density", "μ=$(μ), σ=$(σ)")
```

```
    end
end
tight_layout()
```

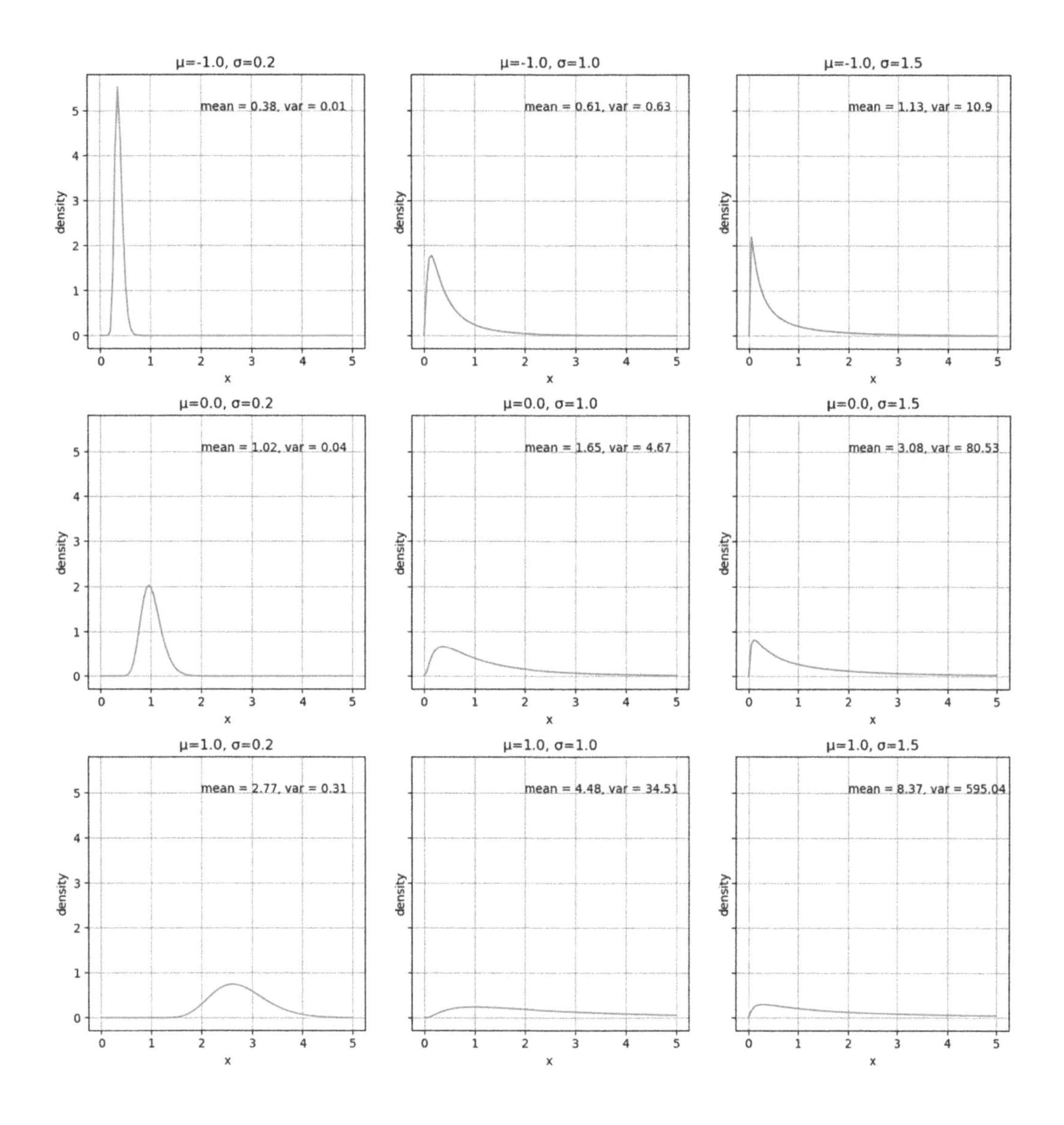

4.5.2 混合分布

ベルヌーイ分布のような離散分布と他の確率分布を組み合わせることによって，**混合分布**（mixture distribution）と呼ばれる，複数の確率分布を重ね合わせたような確率分布が作れます．

ここでは2つの2次元多変量正規分布からデータが生成されるプロセスを考えます．これは次のようなステップになります．

1. 2つの分布の平均，共分散パラメータ（μ_1，Σ_1，μ_2，Σ_2）をあらかじめ与えておく．また，どちらの分布を選択するかを決める確率パラメータ p もあらかじめ与えておく．
2. 確率 p で1つ目の分布のパラメータ，$1-p$ で2つ目の分布のパラメータを選ぶ．
3. 選ばれた分布からデータ x を生成する．

```
# パラメータを生成するための分布
μ₁ = [-1.0, 1.0]
Σ₁ = [0.2 0.0;
     0.0 0.2]
μ₂ = [1.0, -1.0]
Σ₂ = [0.4 0.0;
     0.0 0.4]
p = 0.3

# サンプリングする回数
N = 100

# 生成データを保存する配列
X = Array{Float64}(undef, 2, N)

# 選択された分布を示す配列（潜在変数）
S = Array{Bool}(undef, N)

for i in 1:N
    # 潜在変数のサンプル
    S[i] = rand(Bernoulli(p))

    # 潜在変数の値に応じて多変量正規分布のパラメータを切り替える
    (μ, Σ) = S[i] == 1 ? (μ₁, Σ₁) : (μ₂, Σ₂)

    # データをサンプリングする
    X[:, i] = rand(MvNormal(μ, Σ))
end

# 生成されたデータを散布図として可視化
fig, ax = subplots(1,1, figsize=(4,4))
ax.scatter(X[1,:], X[2,:], alpha=0.5)
set_options(ax, "x₁", "x₂", "scatter")
```

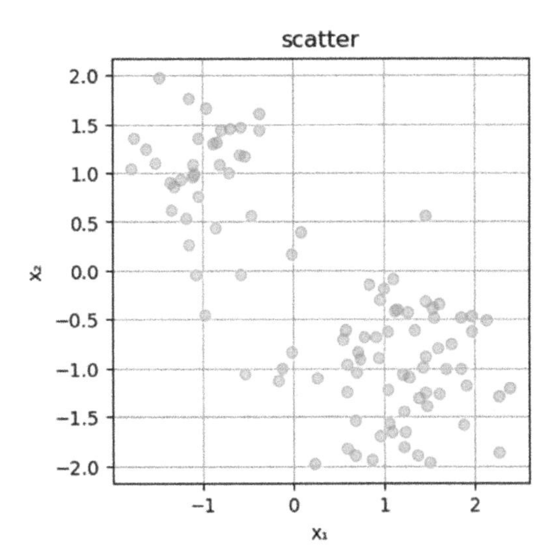

コード中のSの各要素は**潜在変数**（latent variable）と呼ばれ，この場合では各データがどちらの分布から生成されたのかを潜在的に指し示す数値列が入っています．このモデルはデータに対して異なる2つの発生源（クラスタ）を仮定できるようになっています．例えば，2つの発生源のパラメータ自体をデータから学習させれば，データのかたまりを発見するクラスタリングアルゴリズムなどが作れます．また，ベルヌーイ分布ではなく，カテゴリ分布（試行回数 $M = 1$ の多項分布）を使えば，2つより多いクラスタ数へも拡張できます．

なお，この分布の確率密度関数も次のように描くことができます．

```
# 混合多変量正規分布の確率密度関数
pdfgmm(x) = p*pdf(MvNormal(μ₁, Σ₁), x) + (1-p)*pdf(MvNormal(μ₂, Σ₂), x)

xs₁ = range(-3, 3, length=100)
xs₂ = range(-3, 3, length=100)

fig, ax = subplots(figsize=(4,4))
cs = ax.contour(xs₁, xs₂, [pdfgmm([x₁, x₂]) for x₁ in xs₁, x₂ in xs₂]')
ax.clabel(cs, inline=true)
set_options(ax, "x₁", "x₂", "density")
```

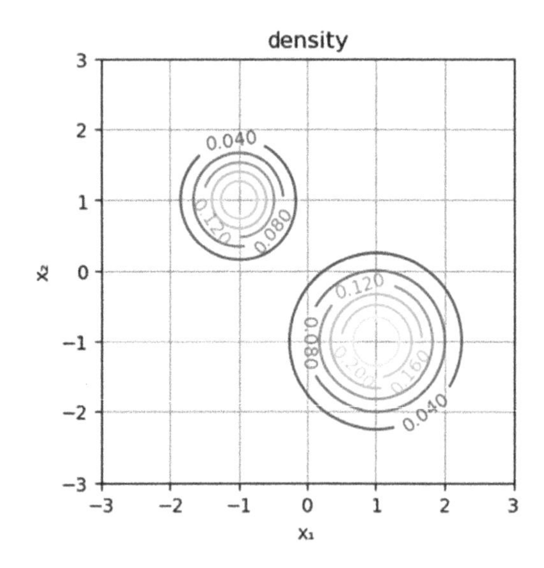

4.5.3 線形回帰

統計モデリングでは，データの生成過程を設計するだけではなく，関数の生成過程に関しても設計できます．**回帰**（regression）モデルは俗にいう**教師あり学習**（supervised learning）と呼ばれる手法の一種です．ここでは最もシンプルな**線形回帰**（linear regression）を紹介します．統計モデリングでは，関数の生成を設計することによって，教師あり学習を実現できます．

ここでは次のプロセスで関数やデータを生成します．

1. 入力値の集合 $\mathbf{X}$ を与える．
2. 重みパラメータをサンプリングする．
3. 関数をサンプリングする．
4. 各入力値 x に対応する関数の値にノイズを加え，各出力値 y を生成する．

これをコードに直してみましょう．ここでは異なる 3 つの関数を生成します．

```
# パラメータを生成するための分布
μ = [0.0, 0.0]
Σ = [0.1 0.0;
     0.0 0.1]

# 出力値に付加するノイズ
σ = 1.0

# 入力値はあらかじめ与えておく
```

```
X = [-10, -5, 0, 5, 10]

# サンプリングする回数
num_samples = 3

# パラメータのサンプル
W = rand(MvNormal(μ, Σ), num_samples)

# 出力値を保存するためのリスト
Ys = []

fig, axes = subplots(1, 2, figsize=(8,3))
xs = range(-12, 12, length=100)
for n in 1:num_samples
    w₁, w₂ = W[:, n]

    # パラメータをプロット
    axes[1].scatter(w₁, w₂)

    # 生成された関数をプロット
    f(x) = w₁*x + w₂
    axes[2].plot(xs, f.(xs))

    # 関数からの出力値も生成する
    Y = rand.(Normal.(f.(X), σ))
    push!(Ys, Y)
end
set_options(axes[1], "w₁", "w₂", "parameters")
set_options(axes[2], "x", "y", "functions")
tight_layout()
```

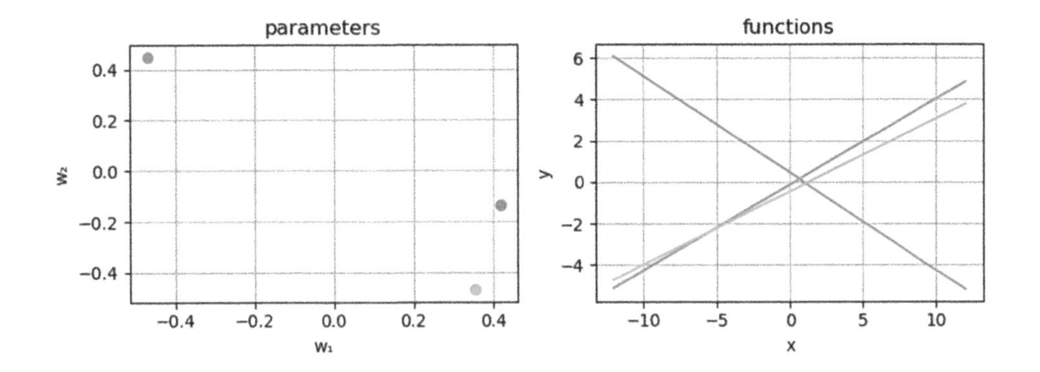

左の図では，生成されたパラメータを散布図で表しています．ここではパラメータが傾きと切片の2つのみであるような単純な直線 $y = w_1 x + w_2$ を仮定しているため，このように2次元のグラフでパラメータを点として可視化できます．この例では合計3組のパラメータをランダムに生成していま

す．右図では，左図でサンプルされた各パラメータの組から得られる直線の例を図示しています．

上のコードでは生成された 3 個の関数に関して，さらに $\mathbf{X}$ に対応する $\mathbf{Y}$ を出力しています．実際の回帰では，これら $\mathbf{X}$ や $\mathbf{Y}$ は学習に使われる観測データになります．ここではこれらの値を仮想的に生成していることになります．

```
fig, axes = subplots(1, num_samples, sharey=true, figsize=(12,3))
for n in 1:num_samples
    w₁, w₂ = W[:, n]
    Y = Ys[n]
    f(x) = w₁*x + w₂
    axes[n].plot(xs, f.(xs))
    axes[n].scatter(X, Y)
    set_options(axes[n], "x", "y",
                "w₁=$(round(w₁, digits=3)), w₂=$(round(w₂, digits=3))")
end
tight_layout()
```

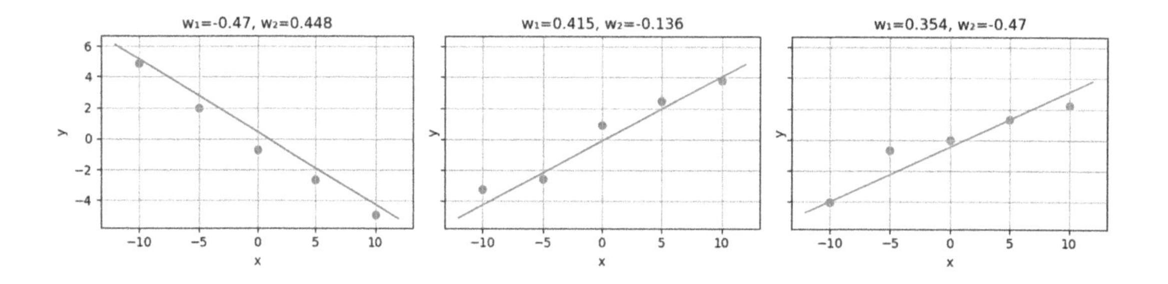

このような関数を生成する分布を使って，実際に統計的に入力 x から出力 y を予測する方法に関しては，第 5 章以降で解説します．

4.5.4 一般化線形モデル

線形回帰は文字どおり線形性を仮定しているモデルなので，複雑な傾向を持つデータの分析には適さないかもしれません．例えば，予測対象の y が 2 値（0 または 1）をとる場合は，任意の実数値を出力してしまう線形回帰モデルを利用するのは不適当でしょう．

はじめに，シグモイド関数やベルヌーイ分布を組み合わせた**ロジスティック回帰**（logistic regression）と呼ばれる基本的な 2 値分類モデルを紹介します．なお，ロジスティック回帰は**一般化線形モデル**（generalized linear model）と呼ばれるモデル群の一種です．組み合わせる関数や確率分布を変えることによってポアソン回帰などのほかの一般化線形モデルも作れます．

まず，シグモイド関数を定義します．

```
sig(x) = 1/(1+exp(-x))
```

```
sig (generic function with 1 method)
```

次に，線形回帰モデルのときと同様に，関数やデータの生成過程を書きます．異なる点は，シグモイド関数を使った非線形変換が加わっていることと，最後の y の出力にベルヌーイ分布を用いていることです．

```
# パラメータを生成するための分布
μ = [0.0, 0.0]
Σ = [0.01 0.0;
     0.0 0.01]

# 入力値はあらかじめ与えておく
X = [-10, -5, 0, 5, 10]

# サンプリングする回数
num_samples = 3

# パラメータのサンプル
W = rand(MvNormal(μ, Σ), num_samples)

# 出力値を保存するためのリスト
Ys = []

fig, axes = subplots(1, 2, figsize=(8,3))
xs = range(-12, 12, length=100)
for n in 1:num_samples
    w₁, w₂ = W[:, n]

    # パラメータをプロット
    axes[1].scatter(w₁, w₂)

    # 生成された関数をプロット
    f(x) = sig(w₁*x + w₂)
    axes[2].plot(xs, f.(xs))

    # 関数からの出力値も生成する
    Y = rand.(Bernoulli.(f.(X)))
    push!(Ys, Y)
end
set_options(axes[1], "w₁", "w₂", "parameters")
set_options(axes[2], "x", "y", "functions")
tight_layout()
```

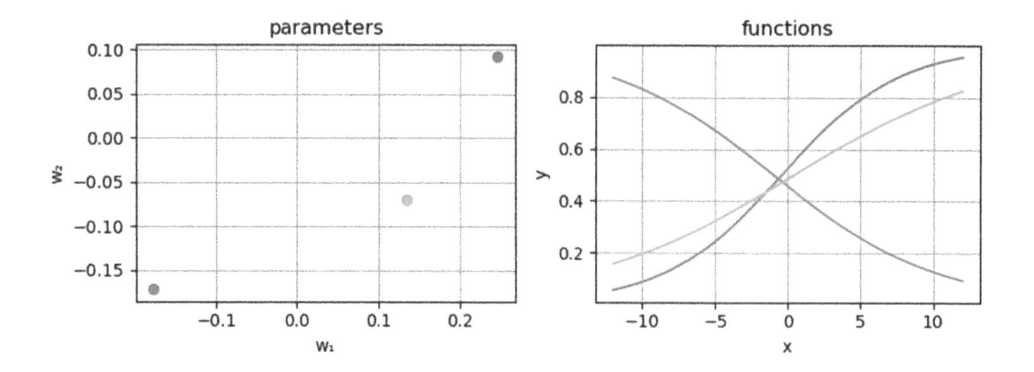

出力 y に関してもグラフを確認してみましょう.

```
fig, axes = subplots(1, num_samples, sharey=true, figsize=(12,3))
xs = range(-12, 12, length=100)
for n in 1:num_samples
    w₁, w₂ = W[:, n]
    Y = Ys[n]
    f(x) = sig(w₁*x + w₂)
    axes[n].plot(xs, f.(xs))
    axes[n].scatter(X, Y)
    set_options(axes[n], "x", "y",
                "w₁=$(round(w₁, digits=3)), w₂=$(round(w₂, digits=3))")
end
tight_layout()
```

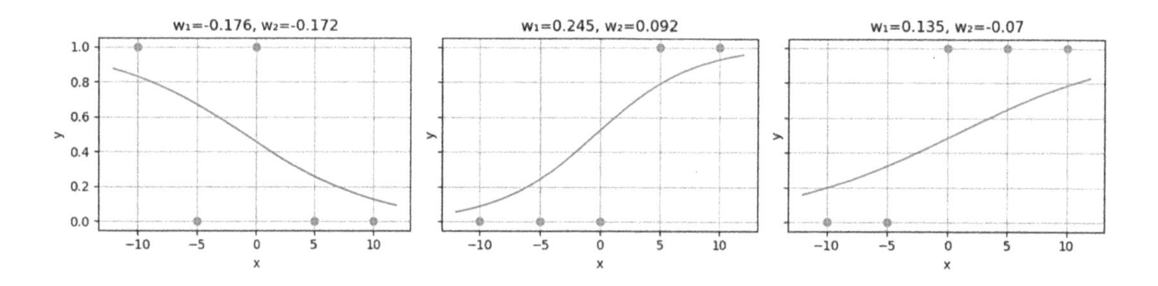

また, 一般化線形モデルの一例として, 指数関数とポアソン分布を組み合わせた**ポアソン回帰** (Poisson regression) もよく用いられます. ポアソン分布のパラメータは正の値である必要があります. ロジスティック回帰の場合と同様に, まず線形回帰のアイデアから直線 $w_1x + w_2$ を生成し, さらに指数関数 exp を適用することによって正の実数に変換します.

```
# パラメータを生成するための分布
μ = [0.0, 0.0]
Σ = [0.01 0.0
     0.0 0.01]

# 入力値はあらかじめ与えておく
X = [-10, -5, 0, 5, 10]

# サンプリングする回数
num_samples = 3

# パラメータのサンプル
W = rand(MvNormal(μ, Σ), num_samples)

# 出力値を保存するためのリスト
Ys = []

fig, axes = subplots(1, 2, figsize=(8,3))
xs = range(-12, 12, length=100)
for n in 1:num_samples
    w₁, w₂ = W[:, n]

    # パラメータをプロット
    axes[1].scatter(w₁, w₂)

    # 生成された関数をプロット
    f(x) = exp(w₁*x + w₂)
    axes[2].plot(xs, f.(xs))

    # 関数からの出力値も生成する
    Y = rand.(Poisson.(f.(X)))
    push!(Ys, Y)
end
set_options(axes[1], "w₁", "w₂", "parameters")
set_options(axes[2], "x", "y", "functions")
tight_layout()
```

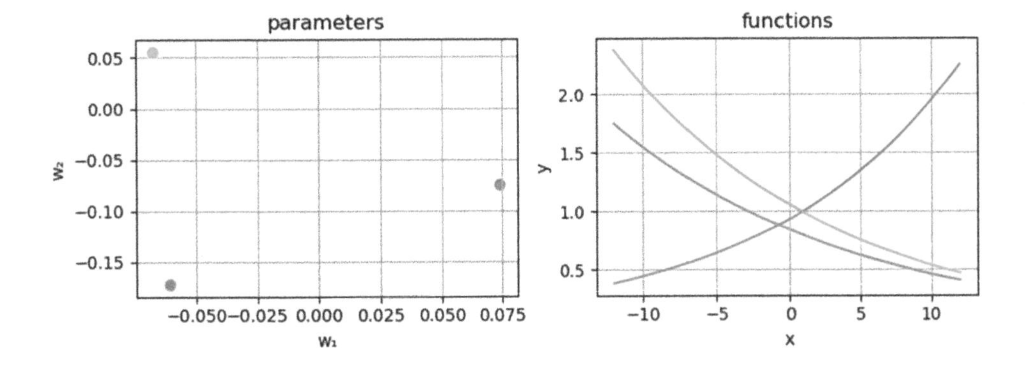

ポアソン回帰に関しても，出力 y を可視化してみましょう．

```
fig, axes = subplots(1, num_samples, sharey=true, figsize=(12,3))
xs = range(-12, 12, length=100)
for n in 1:num_samples
    w₁, w₂ = W[:, n]
    Y = Ys[n]
    f(x) = exp(w₁*x + w₂)
    axes[n].plot(xs, f.(xs))
    axes[n].scatter(X, Y)
    set_options(axes[n], "x", "y",
                "w₁=$(round(w₁, digits=3)), w₂=$(round(w₂, digits=3))")
end
tight_layout()
```

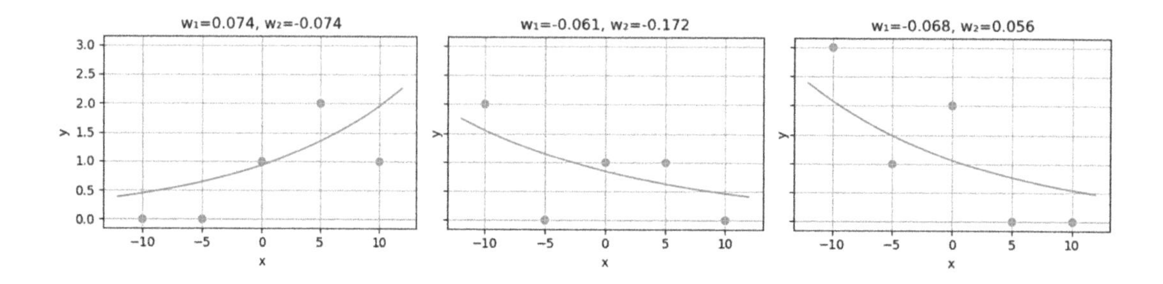

第 5 章

統計モデリングと推論

本章では簡単な統計モデルを構築し，推論計算を行います．本章で必要なパッケージを読み込みます．

```
# パッケージの読み込み
using Distributions, PyPlot, LinearAlgebra
```

なお，第 4 章で定義したラベル描画用の set_option 関数は本章でも引き続き使います．

5.1 ・ ベルヌーイモデル

統計モデリングの最初の導入でよく登場するのが，**ベルヌーイ分布** (Bernoulli distribution) を使った確率推論の例です．簡単にいえば，面の出方に偏りがあるような「ひしゃげたコイン」の表・裏が出る確率を推定するモデルです．この例を用いて，「確率計算を使ってモデルのパラメータを推定するとは何か？」といった，統計モデリングの基本的な考え方を紹介していきます．また，パラメータの推定には第 3 章で解説した伝承サンプリングや数値積分を用います．

5.1.1 生成過程

まず，「ひしゃげたコイン」自体と，そのコインを投げて得られる複数回の結果を生成する確率的なシミュレータを考えます．すなわち，ある面の出方に偏りを持ったコインがあったとして，それを仮想的に N 回振り，出た面（表または裏）の結果を確認します．コイン投げのシミュレーションを行う前に，まずはコインが表になる確率 $0 < \mu < 1$ が与えられる必要があります．μ の値は未知であり，ここでは 0 から 1 の値を生成する一様分布によって決まっていると仮定します．具体的な μ の値が一度決定されると，同じ μ から N 回独立にコインが投げられ，出た結果が配列 $\mathbf{X}$ に格納されます．これをコードとして書くと，次のようになります．

```
function generate(N)
    μ = rand(Uniform(0, 1))
    X = rand(Bernoulli(μ), N)
    μ, X
```

```
end

# 5回コイン投げを行う
generate(5)
```

```
(0.821298206689026, Bool[1, 1, 1, 0, 1])
```

1 が出る確率が 0.821... となりました．半分より高い確率です．結果としても，1 が出ている回数のほうが多くなっています．

同じシミュレーションを 10 回繰り返してみましょう．ここでは，わかりやすく 1 を表，0 を裏とします．

```
# 1を表，0を裏とする
side(x) = x == 1 ? "表" : "裏"

for i in 1:10
    μ, X = generate(5)
    println("コイン $(i), 表が出る確率 μ = $(μ), 出目X = $(side.(X))")
end
```

```
コイン 1, 表が出る確率 μ = 0.9135714924352532, 出目X = ["表", "表", "表", "表", "表"]
コイン 2, 表が出る確率 μ = 0.8761549186906568, 出目X = ["表", "表", "表", "表", "表"]
コイン 3, 表が出る確率 μ = 0.19232083188044236, 出目X = ["裏", "裏", "表", "表", "裏"]
コイン 4, 表が出る確率 μ = 0.2752807491923768, 出目X = ["裏", "裏", "裏", "裏", "裏"]
コイン 5, 表が出る確率 μ = 0.8761275985325483, 出目X = ["表", "表", "表", "表", "表"]
コイン 6, 表が出る確率 μ = 0.9024790578076032, 出目X = ["表", "表", "表", "表", "表"]
コイン 7, 表が出る確率 μ = 0.13841018047934983, 出目X = ["裏", "裏", "表", "裏", "裏"]
コイン 8, 表が出る確率 μ = 0.9925827922059676, 出目X = ["表", "表", "表", "表", "表"]
コイン 9, 表が出る確率 μ = 0.6740913656653698, 出目X = ["表", "表", "裏", "表", "裏"]
コイン 10, 表が出る確率 μ = 0.5639627429533249, 出目X = ["表", "表", "裏", "裏", "裏"]
```

10 個の個性の異なるコインと，それぞれに対応する 5 回の投げた結果を生成するシミュレーションを行ったことになります．全体的な傾向として，μ の値が 0.5 より大きければ表が多く，そうでなければ裏が多くなっていると思います．表が出る確率 μ は一様分布によって決められていますが，この確率密度関数を可視化すると（あまり面白くないですが），次のようなグラフになります．

```
μs = range(0, 1, length=100)
fig, ax = subplots()
ax.plot(μs, pdf.(Uniform(0, 1), μs))
set_options(ax, "μ", "density", "Uniform distribution")
ax.set_xlim([0, 1])
ax.set_ylim([0, 1.1])
```

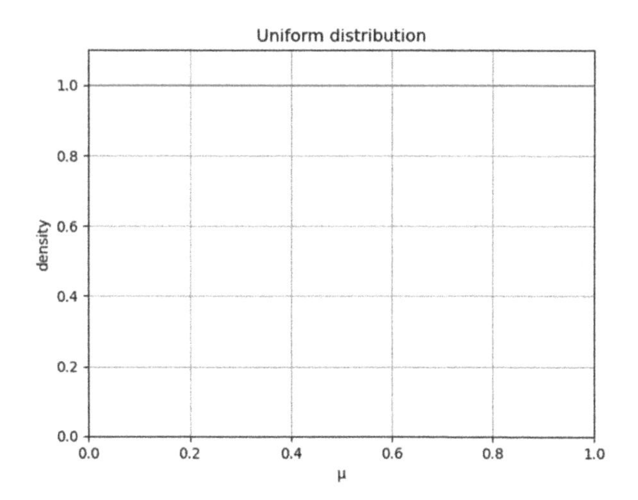

ここで作ったコインのシミュレータは，いわばコイン自体とコインの出方に関する仮説です．μ の値は一様分布から生成されるとしたので，0 から 1 の間で平等に同程度の可能性を持っていることを数理的に仮定しています．これはあくまでシミュレータであり，「現実に得られる」観測データがこのシミュレータから生成されているわけではないことに注意してください．つまり，現実のコイン投げを実験する場合では，（何らかの方法によって）一様分布を使って実際のコインの成型加工を行っているわけではありません．実際には，コインの出方は，コインの製造過程や投げる人の力加減，空気抵抗，接地する床との摩擦など，さまざまな要因によって決定されるでしょう．しかしこれらのコイン投げに関する要因は数え上げだしたらキリがないですし，確認する手段もほとんどないので未知であるといえます．すなわち，ここではひとまず「コインの偏りはわからない」ことの簡便な表現方法として一様分布のような確率分布を仮定しているだけです[注1]．

このように作ったシミュレータのことを，本書では**統計モデル**（statistical model）あるいは**確率モデル**（probabilistic model）と呼ぶことにします[注2]．

5.1.2 伝承サンプリング

ここで，もし次のような結果が「現実に得られた」観測データとして与えられた場合，表が出る確率 μ はどのような値になりそうでしょうか．

```
# 「裏，裏，裏，表，表」をデータとして取得
X_obs1 = [0,0,0,1,1]
```

```
5-element Vector{Int64}:
```

注 1　ここは若干の議論の余地があります．というのも，普通，現実に製造されるコインを考えれば「表が出る確率が 100%」と「表が出る確率が 50%」の起こりやすさを同じと見るのは不自然でしょう．現実のデータ解析では，フェアに見える設定の仕方が実体を反映した適切な仮説になるとは限りません．

注 2　ただし，すべての統計モデルが今回のように簡単にシミュレーションが行えるとは限りません．

```
0
0
0
1
1
```

直観的に考えれば，表が5回中2回しか出ていないので $\mu = 2/5 = 0.4$ と考えられるでしょうか．しかし，$\mu = 0.3$ や $\mu = 0.5$ などでもこのような結果が出ることは十分あり得ます．一方で，表が2回出ているので $\mu = 0.0$ はあり得ませんし，裏は3回出ているので $\mu = 1.0$ もあり得ないでしょう．$\mu = 0.9$ であれば，表が出るほうが多くなる傾向が強いので，なくはないにしても可能性としてはかなり低そうです．このようにしていろいろ考えると，μ の候補はいくつか存在するものの，その中でも，観測データとの整合性の観点から，現実的にあり得そうなものからそうでもないものまで差異があることがわかります．

このような推察を機械的に行うために，第3章で解説した**伝承サンプリング**（ancestral sampling）が使えます．つまり，generate関数を使って何度も偏りを持つコイン自体と出た面の生成を行い，現実（この場合は X_obs1 = [0,0,0,1,1]）と合致したときの μ のとった値の頻度傾向を調べてみればよいのです．また，第3章の伝承サンプリングの例に従って，受容率を上げるために，表が出た回数が一致すればよいことにしましょう．

```
maxiter = 1_000_000
μ_posterior1 = []
for i in 1:maxiter
    # パラメータおよびデータの生成
    μ, X = generate(length(X_obs1))

    # X 内の 1 の合計が観測と一致していれば，このときのパラメータを受容
    sum(X) == sum(X_obs1) && push!(μ_posterior1, μ)
end

# 受容率の計算
acceptance_rate = length(μ_posterior1) / maxiter
println("acceptance rate = $(acceptance_rate)")

μ_posterior1'
```

```
acceptance rate = 0.16707
1× 167070 adjoint(::Vector{Any}) with eltype Any:
 0.527645  0.256705  0.189122  0.2372  …  0.192804  0.506877  0.837149
```

シミュレーションで受容された μ のヒストグラムを描けば，μ の可能な候補を分布として可視化できます．用語としては，これはパラメータの**事後分布**（posterior distribution）と呼ばれます[注3]．対比として，最初に設定した μ に関する一様分布は，（観測データを与える前に決めたものなので）**事前分布**（prior distribution）と呼ばれています．

注3　より正確には，シミュレータを使った事後分布の近似表現です．

```
fig, ax = subplots()
ax.hist(μ_posterior1)
ax.set_xlim([0, 1])
set_options(ax, "μ", "frequency", "histogram"; gridy=true)
```

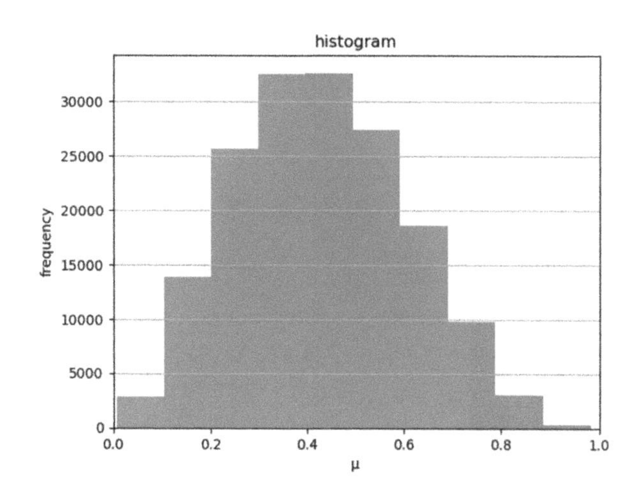

次に，観測データが次のように増えた場合を考え，再度，伝承サンプリングによって μ を推定してみます．

```
X_obs2 = [0,0,0,0,0,0,0,0,0,0,0,0,1,1,1,1,1,1,1,1]
```

```
acceptance rate=0.047523
```

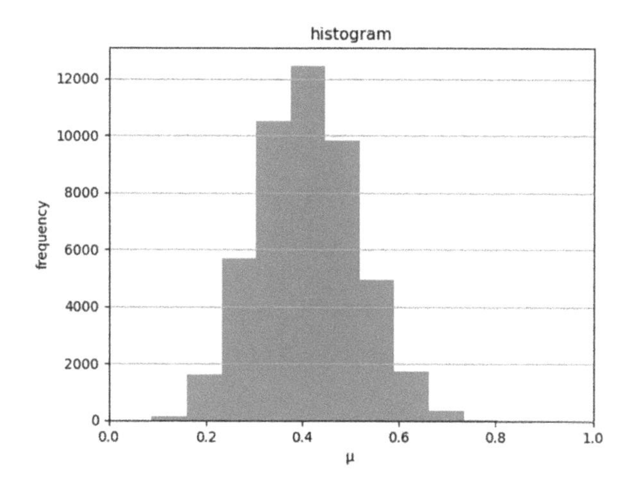

実は，X_obs2 は先ほどの X_obs1 と 0 と 1 の比率自体は同じです．しかし，事後分布が先ほどよりも細く，尖っていることがわかります．これは観測データの数が増加することによって，より μ の推定される範囲に対する自信が強まっていることを意味します．このように，確率計算の考え方で事後分布を考慮すると，単純にコインの表裏の比率だけを考慮するのではなく，トータルの試行回数も考慮に入れた推定結果が得られることがわかります．「μ として考えられる候補」が，各々の候補に対する確実性も含めたうえで見積もられるのがポイントです．

また，データ数が増えると受容率が著しく低下しており，計算の効率が悪くなっていることがわかります．これは赤玉白玉の例と同じで，伝承サンプリングのアイデアが実用面で適用困難であることを示しています．

5.1.3 予測

統計モデルを使うモチベーションの 1 つは，次の値に対する**予測**（prediction）を定量的に見積もれることです．今回の場合は，「6 回目に再び同じコインを振った場合，次の面は何になりそうか？」という問いに答えるということになります．ここで注意すべきことは，予測とは「(表や裏などの）正解をずばりそのもの当てにいくこと」ではないということです．予測は将来の可能性を確率的に見積もることであり，予測結果に基づいて次のコインの面が表か裏かを宣言することとは明確に区別されます．後者は意思決定と呼ばれるものであり，例えばギャンブルなどでコインの表裏を賭ける場合の宣言であり，予測そのものではありません．やや蛇足ですが，いわゆる**機械学習**（machine learning）を使った予測モデル構築に関する取り組みでは，このあたりの予測と意思決定はしばしば混同されるか，融合してしまっている場合が多いように見受けられます[注4]．

さて，ここでの予測確率は，推定された各 μ に関してベルヌーイ分布を作成し，乱数によって 0 または 1 を生成した場合の期待値（平均値）と考えることができます．

```
pred1 = mean(rand.(Bernoulli.(μ_posterior1)))
pred2 = mean(rand.(Bernoulli.(μ_posterior2)))

println("$(pred1), $(pred2)")
```

```
0.42710294946684096, 0.40798629470611875
```

2 つの予測結果は異なっています．データの多い X_obs2 のほうが，観測データ中の表の出現比率 0.40 に近い値をとっていることがわかります．後で確認できますが，この結果の違いはサンプリングの乱数による誤差の影響ではなく（これも少しあります），一様分布として設定した事前分布の影響によるものです．一様分布のもとでは，μ がどの値をとるのかが，0 から 1 の間で完全に平等であるために，1 の出やすさと 0 の出やすさに偏りがありません．与える観測データが増えてくると，その影響を受けて予測結果が次第に変化していきます．この場合だと，データ数が増えることによって，事

注 4　例えば競馬予測などを考えてみても，どの馬が勝つかという「予測」と，払戻金なども考慮して最適な馬券を買う「意思決定」は分けるべきです．勝てると予想した馬にそのまま賭けることが最適戦略ではありません．

前に設定された一様分布の影響が薄れ，データから計算できる表の数の割合（この場合は 0.40）に近づいていくことになります．

5.1.4 事前分布の変更

追加の例を考えます．コインを加工した人のアドバイスにより，「裏面が必ず出やすくなるように作っている」ということが判明した場合はどうなるでしょうか．もしこのような強い情報が与えられた場合，$\mu > 0.5$ となるような候補は仮説から完全に外してもよさそうです．言い換えると，事前分布が $0 < \mu \leq 0.5$ となるようにモデルを修正すればよいことになります．これを反映したシミュレータを作成します．

```
function generate2(N)
    # μの事前分布を修正
    μ = rand(Uniform(0, 0.5))
    X = rand(Bernoulli(μ), N)
    μ, X
end
generate2(5)
```

```
(0.17209845904301246, Bool[0, 0, 0, 0, 1])
```

先ほどと同じように計 10 回シミュレーションを行ってみましょう．

```
for i in 1:10
    μ, X = generate2(5)
    println("コイン $(i), 表が出る確率μ = $(μ), 出目X = $(side.(X))")
end
```

```
コイン 1, 表が出る確率μ = 0.48471006841693864, 出目X = ["表", "裏", "裏", "裏", "表"]
コイン 2, 表が出る確率μ = 0.2920739422394133, 出目X = ["裏", "裏", "表", "裏", "表"]
コイン 3, 表が出る確率μ = 0.4652039089402725, 出目X = ["表", "裏", "表", "表", "裏"]
コイン 4, 表が出る確率μ = 0.4793762932154546, 出目X = ["裏", "裏", "裏", "表", "裏"]
コイン 5, 表が出る確率μ = 0.4359836878715362, 出目X = ["表", "裏", "表", "表", "裏"]
コイン 6, 表が出る確率μ = 0.4780135847843996, 出目X = ["裏", "裏", "表", "表", "裏"]
コイン 7, 表が出る確率μ = 0.22845301145537533, 出目X = ["裏", "表", "裏", "裏", "裏"]
コイン 8, 表が出る確率μ = 0.1551543572495797, 出目X = ["裏", "裏", "表", "裏", "裏"]
コイン 9, 表が出る確率μ = 0.01036969205094651, 出目X = ["裏", "裏", "裏", "裏", "裏"]
コイン 10, 表が出る確率μ = 0.05841270346131544, 出目X = ["裏", "裏", "裏", "裏", "裏"]
```

シミュレータから出てくる結果では，$\mu \geqq 0.5$ となる例が存在しないことが確認できるでしょう．全体の傾向としても，裏面のほうが出やすくなっています．このモデルを使って，先ほどと同じように，観測データが `X_obs1 = [0,0,0,1,1]` だった場合に伝承サンプリングを用いて μ の分布を推定してみると，次のような結果になりました（グラフを描画するコードは省略）．

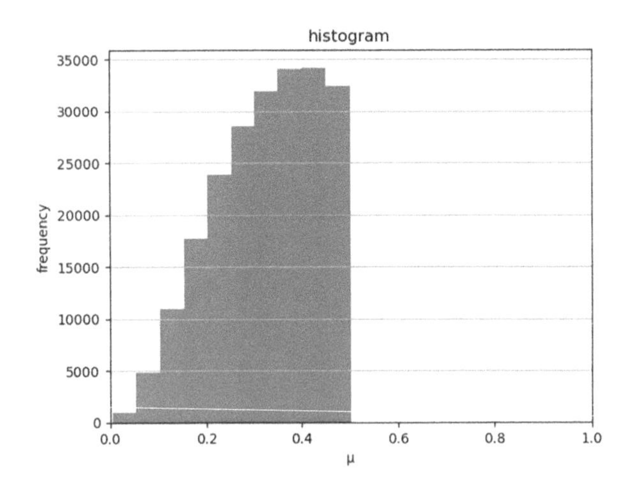

当然ですが，$\mu \geqq 0.5$ となる候補はシミュレータである generate2 関数では一切生成されなくなるため，μ の推定結果（事後分布）としても $\mu \geqq 0.5$ となる頻度は完全にゼロになります．課題に対して知識や制約が考えられるのであれば，このように積極的にモデルを変更します．それによって，現実を反映したより妥当な結果を得ることができます[注5]．このような知識や制約は，例えば「商品の販売数はマイナスにならない」「テストの得点は 0 から 100 の範囲しかとらない」など，実際の解析においても頻繁に登場します．

5.1.5 数値積分による推論計算

数値積分を使ってパラメータの事後分布を計算することもできます．この方法は第 3 章で解説した条件付き分布や周辺分布の考え方に基づきます．

まず，generate 関数によって記述したコインの生成過程に関するコードは，次のように確率分布からのサンプリングという形で書くことができます．ここで，記号 $\sim$ は，右辺で定義された確率分布から値をサンプリングするという意味です．

$$\mu \sim \mathrm{Uniform}(\mu|0,1) \tag{5.1}$$

$$x_1 \sim \mathrm{Bernoulli}(x_1|\mu) \tag{5.2}$$

$$x_2 \sim \mathrm{Bernoulli}(x_2|\mu) \tag{5.3}$$

$$\vdots$$

$$x_N \sim \mathrm{Bernoulli}(x_N|\mu) \tag{5.4}$$

これを同時分布の形式で書くと次のようになります．

注 5　ただし，あまりに凝った制約を入れすぎると，事後分布の計算が困難になります．実用上は，利用可能な計算リソースなども十分に考慮して試行錯誤をしながら適切なモデルを探索していきます．

$$
\begin{aligned}
p(x_1, x_2, \ldots, x_N, \mu) &= p(\mu) \prod_{n=1}^{N} p(x_n|\mu) \\
&= p(\mu) p(\mathbf{X}|\mu)
\end{aligned} \tag{5.5}
$$

ただし，

$$
p(\mu) = \text{Uniform}(\mu|0, 1) \tag{5.6}
$$

$$
p(x_n|\mu) = \text{Bernoulli}(x_n|\mu) \quad \text{for} \quad n = 1, 2, \ldots, N \tag{5.7}
$$

です．また，積の部分は $\prod_{n=1}^{N} p(x_n|\mu) = p(\mathbf{X}|\mu)$ のようにまとめて書いています．

ここで，条件付き分布の定義から，データの集合 $\mathbf{X}$ が与えられたときのパラメータの事後分布は次のようになります．

$$
p(\mu|\mathbf{X}) = \frac{p(\mathbf{X}|\mu)p(\mu)}{p(\mathbf{X})} \tag{5.8}
$$

式(5.8)の分子のほうは2つの確率密度関数 $p(\mathbf{X}|\mu)$ および $p(\mu)$ を計算する必要がありますが，$p(\mathbf{X}|\mu)$ はベルヌーイ分布の積として与えており，$p(\mu)$ は一様分布として与えているので簡単に計算できます．一方で，式(5.8)の分母の $p(\mathbf{X})$ は**周辺尤度**（marginal likelihood）と呼ばれており，次のように周辺化によって計算する必要があります．

$$
p(\mathbf{X}) = \int p(\mathbf{X}|\mu)p(\mu)\mathrm{d}\mu \tag{5.9}
$$

しかし，よほどシンプルなモデルを想定しない限り，この右辺の積分計算は困難になります[注6]．ほとんどの応用では，代わりに積分近似を行うことによって $p(\mathbf{X})$ の近似値を求めることになります．

2種類の異なるデータセット X_obs1 および X_obs2 に対して，周辺尤度や事後分布を近似計算してみます．

```
# 同時分布p(X, μ)の確率密度関数の定義
p_joint(X, μ) = prod(pdf.(Bernoulli(μ), X)) * pdf(Uniform(0,1), μ)

# 数値積分
function approx_integration(μ_range, p)
    Δ = μ_range[2] - μ_range[1]
    X -> sum([p(X, μ) * Δ for μ in μ_range]), Δ
end

# μの積分範囲
μ_range = range(0, 1, length=100)
```

注6　ちなみに今回のベルヌーイモデルでは事後分布や周辺尤度は解析的に簡単に計算できます．

```
# 数値積分の実行
p_marginal, Δ = approx_integration(μ_range, p_joint)

# データ（2種類）
X_obs1 = [0,0,0,1,1]
X_obs2 = [0,0,0,0,0,0,0,0,0,0,0,0,1,1,1,1,1,1,1,1]

# それぞれの周辺尤度の近似計算
println("$(p_marginal(X_obs1)), $(p_marginal(X_obs2))")
```

```
0.016666666493163274, 3.7801895387034807e-7
```

後は分子の同時分布 $p(\mathbf{X}|\mu)p(\mu)$ の値を計算し，今求めた分母の周辺尤度の値で割れば，近似的に事後分布が求まります．

```
# パラメータの可視化範囲
μs = range(0, 1, length=100)

fig, axes = subplots(1, 2, sharey=true, figsize=(10, 4))
for (i, X_obs) in enumerate([X_obs1, X_obs2])
    posterior(μ) = p_joint(X_obs, μ)/p_marginal(X_obs)
    axes[i].plot(μs, posterior.(μs))
    set_options(axes[i], "μ", "density",
                "approximate posterior (X_obs$(i))")
end
```

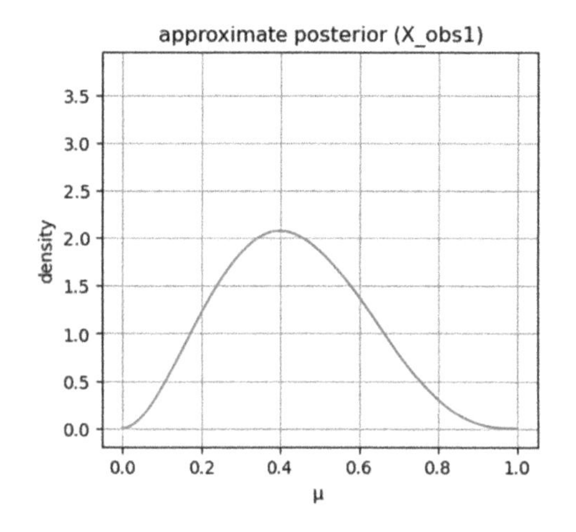

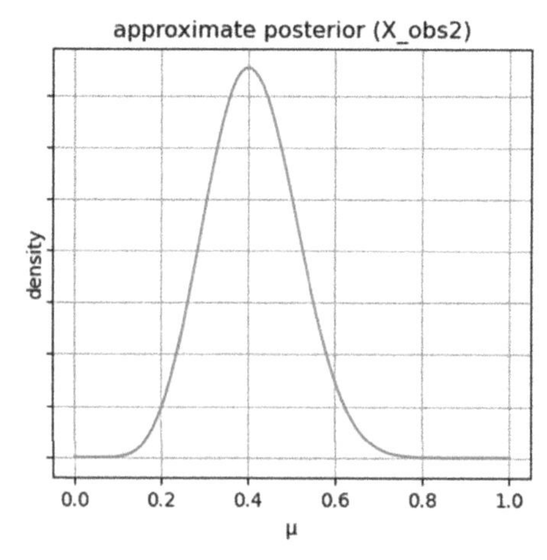

先ほどは伝承サンプリングを行い μ の事後分布を計算しましたが，今回の数値積分による結果も同じような形状の分布が推定結果として得られていることがわかります．ただし，サンプリングの場合は

サンプルのヒストグラムで事後分布を近似表現しているのに対して，今回は密度関数として事後分布を近似表現しています．

新しいデータ x_p に対する予測分布は次のようになります．事前分布を事後分布に置き換え，

$$p(x_p|\mathbf{X}) = \int p(x_p|\mu)p(\mu|\mathbf{X})\mathrm{d}\mu = \int \frac{p(x_p|\mu)p(\mathbf{X},\mu)}{p(\mathbf{X})}\mathrm{d}\mu \tag{5.10}$$

として確率分布を計算すれば，x_p に関する予測が得られます．

```
# 積分の中身の式
posterior1(μ) = p_joint(X_obs1, μ)/p_marginal(X_obs1)
posterior2(μ) = p_joint(X_obs2, μ)/p_marginal(X_obs2)
p_inner1(x, μ) = pdf.(Bernoulli(μ), x) * posterior1(μ)
p_inner2(x, μ) = pdf.(Bernoulli(μ), x) * posterior2(μ)

# パラメータμに関する積分
μ_range = range(0, 1, length=100)
pred1, Δ1 = approx_integration(μ_range, p_inner1)
pred2, Δ2 = approx_integration(μ_range, p_inner2)

println("$(pred1(1)), $(pred2(1))")
```

```
0.4285714434416308, 0.40909090909090784
```

5.1.6 厳密解法

このベルヌーイ・ベータモデルは**共役事前分布**（conjugate prior distribution）[注7] を用いたシンプルなモデルであり，近似を伴わない厳密な事後分布を数式として求められることが知られています．計算の詳細は省きますが，今回の場合では次のようなベータ分布が μ の事後分布になります．

$$\mathrm{Beta}(\alpha, \beta) \tag{5.11}$$

ここで，α および β は次のとおりです．

$$\alpha = 1.0 + N - \Sigma_{n=1}^{N} x_n \tag{5.12}$$

$$\beta = 1.0 + \Sigma_{n=1}^{N} x_n \tag{5.13}$$

これに基づき，事後分布の密度関数をプロットしてみましょう．

注 7　このモデルの場合，ベータ分布はベルヌーイ分布に対する共役事前分布と呼ばれています．これは，事後分布が事前分布と同じベータ分布として表されることを意味しています（須山敦志・杉山将 [2017]）．

```
fig, axes = subplots(1, 2, sharey=true, figsize=(10, 4))
μs = range(0, 1, length=100)
for (i, X_obs) in enumerate([X_obs1, X_obs2])
    # 厳密な事後分布はベータ分布
    α = 1.0 + sum(X_obs)
    β = 1.0 + length(X_obs) - sum(X_obs)
    d = Beta(α, β)

    # 事後分布を可視化
    axes[i].plot(μs, pdf.(d, μs))
    set_options(axes[i], "μ", "density", "exact posterior (X_obs$(i))")
end
```

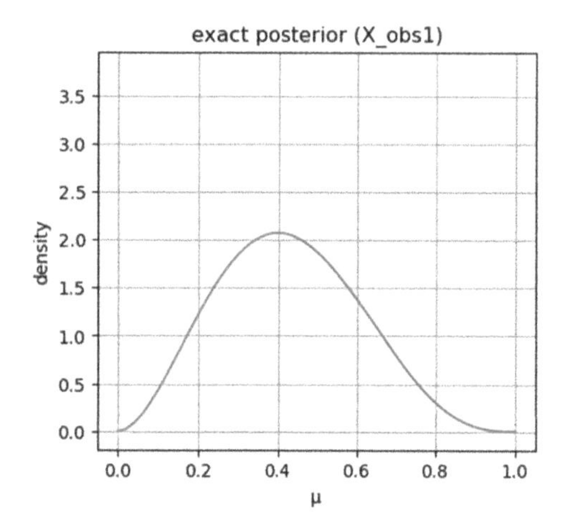

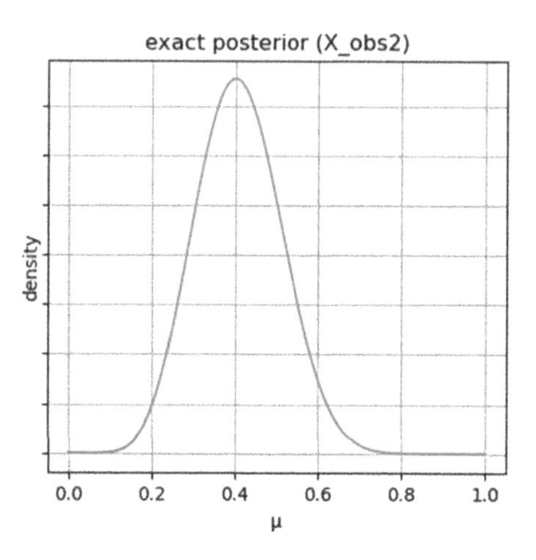

厳密解法による予測は次のようになります．

```
function prediction(X_obs)
    α = 1.0 + sum(X_obs)
    β = 1.0 + length(X_obs) - sum(X_obs)
    α/(α + β)
end

println("$(prediction(X_obs1)), $(prediction(X_obs2))")
```

```
0.42857142857142855, 0.4090909090909091
```

厳密計算した事後分布のプロットや，予測確率の数値からもわかるように，サンプリングや数値積分で行った場合でも，それほど遜色のない結果が得られていたことがわかります．

5.2 • 線形回帰

第 4 章でも簡単に解説した**線形回帰**（linear regression）は，いわゆる教師あり学習と呼ばれる，入力 x から出力 y を予測するモデルの中で最もシンプルなものです．単純な例としては，$y \approx w_1 x + w_2$ のような直線の関係性を x と y との間で仮定し，適切な傾き w_1 や切片 w_2 といったパラメータをデータから決定します．w_1 や w_2 のようなパラメータをまとめて重みベクトル $\mathbf{w}$ とし，$y \approx \mathbf{w}^\top \mathbf{x}$ のように書くこともできます[注8]．

第 4 章では，傾きパラメータ w_1 および切片パラメータ w_2 は正規分布 $\mathcal{N}(w_1|\mu_1, \sigma_1)$ および $\mathcal{N}(w_2|\mu_2, \sigma_2)$ に従って生成され，ある n 番目の出力 y_n は σ を誤差の大きさとした $\mathcal{N}(y_n|w_1 x_n + w_2, \sigma)$ に従って生成されると仮定してシミュレータを作りました．同時分布でモデルを書くと次のようになります．

$$
\begin{aligned}
p(\mathbf{Y}, \mathbf{w}|\mathbf{X}) &= p(\mathbf{w}) \prod_{n=1}^{N} p(y_n|\mathbf{x}_n, \mathbf{w}) \\
&= \mathcal{N}(w_1|\mu_1, \sigma_1)\mathcal{N}(w_2|\mu_2, \sigma_2) \prod_{n=1}^{N} \mathcal{N}(y_n|w_1 x_n + w_2, \sigma)
\end{aligned}
\tag{5.14}
$$

5.2.1 生成過程

さて，関数やデータの生成過程をコードとして書き，シミュレーションを行ってみましょう．次のように，線形回帰の場合はパラメータ $\sigma, \mu_1, \mu_2, \sigma_1, \sigma_2$ および入力集合 $\mathbf{X} = \{x_1, x_2, \ldots, x_N\}$ を与えたうえで，傾きパラメータ w_1，切片パラメータ w_2，またそれらによって生成される関数 f，出力集合 $\mathbf{Y} = \{y_1, y_2, \ldots, y_N\}$ を生成します．

```
function generate_linear(X, σ, μ₁, μ₂, σ₁, σ₂)
    w₁ = rand(Normal(μ₁, σ₁))
    w₂ = rand(Normal(μ₂, σ₂))
    f(x) = w₁*x + w₂
    Y = rand.(Normal.(f.(X), σ))
    Y, f, w₁, w₂
end
```

```
generate_linear (generic function with 1 method)
```

適当なパラメータと入力集合を与えてシミュレーションを行ってみましょう．ここでは，関数を 6 本ほど生成してみます．

注 8　この場合，$\mathbf{x} = [x, 1]$ など 2 次元のベクトルにすれば，$y \approx w_1 x + w_2$ となり，x に依存しない固定の切片パラメータも再現できます．

```
# あらかじめ与えるパラメータと入力集合X
σ = 1.0
μ₁ = 0.0
μ₂ = 0.0
σ₁ = 10.0
σ₂ = 10.0
X = [-1.0, -0.5, 0, 0.5, 1.0]

# 可視化する範囲
xs = range(-2, 2, length=100)

fig, axes = subplots(2, 3, sharey=true, figsize=(12, 6))
for ax in axes
    # 関数f,出力Y の生成
    Y, f, w₁, w₂ = generate_linear(X, σ, μ₁, μ₂, σ₁, σ₂)

    # 生成された直線とY のプロット
    ax.plot(xs, f.(xs), label="simulated function")
    ax.scatter(X, Y, label="simulated data")

    set_options(ax, "x", "y", "data (N = $(length(X)))", legend=true)
end
tight_layout()
```

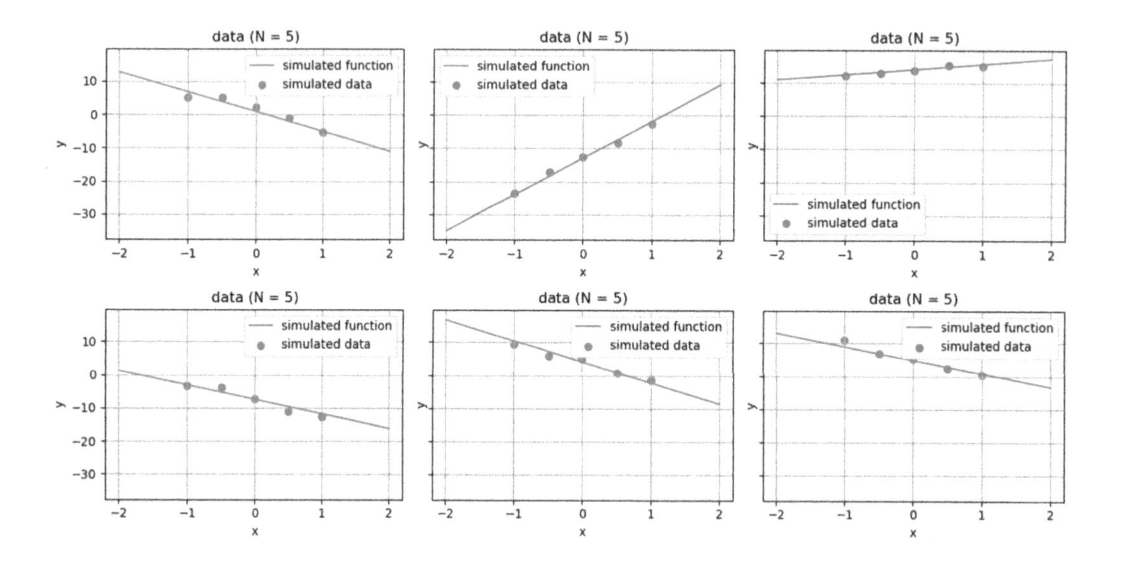

さまざまな傾きや切片を持つ直線が生成されました．各入力値 $\mathbf{X}$ に対応する出力値 $\mathbf{Y}$ も，直線上から σ で指定される分だけの正規分布のノイズが乗せられたうえで生成されています．

次に，事前分布 $\mathcal{N}(w_1|\mu_1, \sigma_1)$ および $\mathcal{N}(w_2|\mu_2, \sigma_2)$ を変えることによって，生成される関数がどの

ように変わるか見ていきましょう．まずは，それぞれの平均パラメータ μ_1 および μ_2 をいくつか試してみます．

```
# 平均パラメータのリスト
μ₁_list = [-20.0, 0.0, 20.0]
μ₂_list = [-20.0, 0.0, 20.0]

# 標準偏差パラメータは固定
σ₁ = 10.0
σ₂ = 10.0

fig, axes = subplots(length(μ₁_list), length(μ₂_list),
                     sharey=true, figsize=(12, 12))
for (i, μ₁) in enumerate(μ₁_list)
    for (j, μ₂) in enumerate(μ₂_list)
        # 関数を複数サンプル
        fs = [generate_linear(X, σ, μ₁, μ₂, σ₁, σ₂)[2] for _ in 1:100]

        # 生成された直線群のプロット
        for f in fs
            axes[i, j].plot(xs, f.(xs), "g", alpha=0.1)
        end

        axes[i, j].set_xlim(extrema(xs))
        set_options(axes[i, j], "x", "y", "μ₁=$(μ₁), μ₂=$(μ₂)")
    end
end
tight_layout()
```

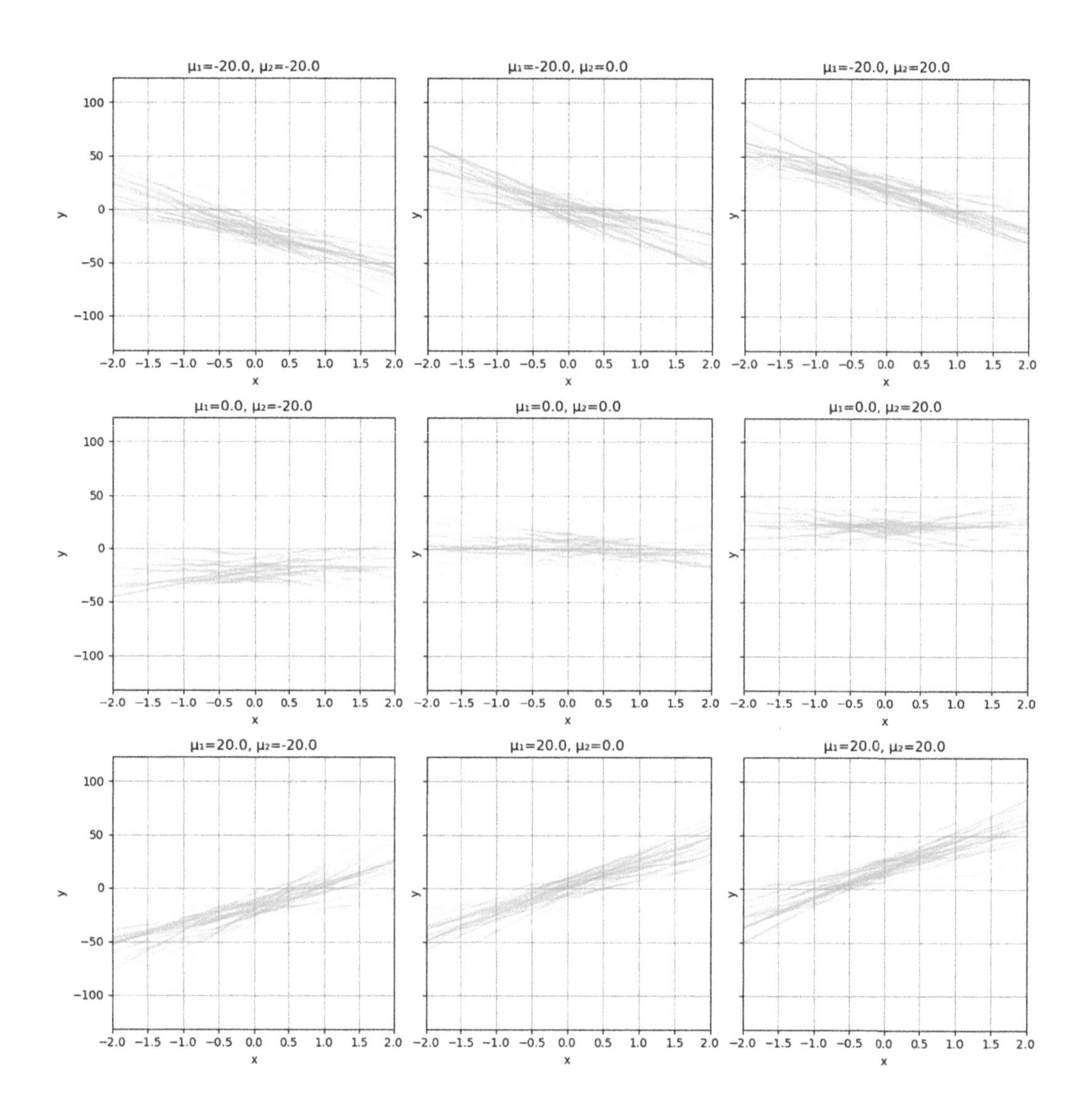

μ_1 が大きいほど右上がりの傾きに，また小さいほど左下がりの傾きが生成されやすくなることがわかります．μ_2 に関しては，大きいほど切片の値（直線の全体の高さ）が大きくなる傾向にあることがわかります．

同様に標準偏差のパラメータもいろいろと試してみましょう．

```
# 標準偏差パラメータのリスト
σ1_list = [1.0, 10.0, 20.0]
σ2_list = [1.0, 10.0, 20.0]

# 平均パラメータは固定
```

```
μ₁ = 0
μ₂ = 0

fig, axes = subplots(length(σ₁_list), length(σ₂_list),
                     sharey=true, figsize=(12, 12))
for (i, σ₁) in enumerate(σ₁_list)
    for (j, σ₂) in enumerate(σ₂_list)
        # 関数を複数サンプル
        fs = [generate_linear(X, σ, μ₁, μ₂, σ₁, σ₂)[2] for _ in 1:100]

        # 生成された直線群のプロット
        for f in fs
            axes[i, j].plot(xs, f.(xs), "g", alpha=0.1)
        end

        axes[i, j].set_xlim(extrema(xs))
        set_options(axes[i, j], "x", "y", "σ₁=$(σ₁), σ₂=$(σ₂)")
    end
end
tight_layout()
```

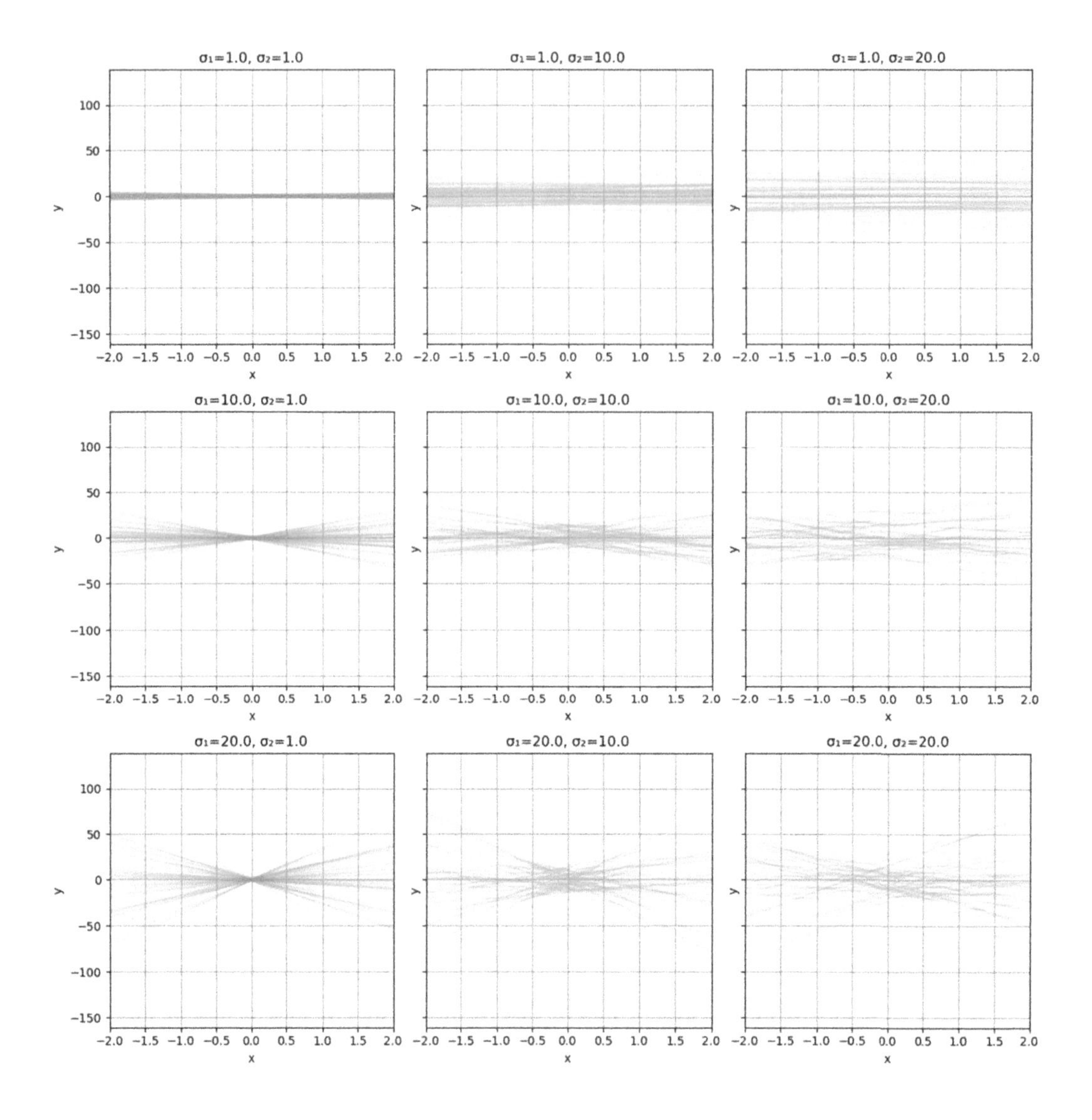

σ_1 の値が大きいほど，直線の傾きのバリエーションが大きくなることがわかります．また，σ_2 の値が大きいほど，直線がさまざまな高さを持つようになることがわかります．

現実のデータ解析における事前分布のパラメータに関しては，コイン投げの例で事前分布の修正を行った場合と同様に，データに関する知識（スケール感や制約など）に基づいて決めます．

5.2.2 数値積分

第 2 章で解説した近似的な積分計算を行うことによって，このモデルをデータに対して「学習」させてみましょう．まずは，非常にシンプルな 3 点のみの学習データセットを用意します．

```
# 入力データセット
X_obs = [-2, 1, 5]

# 出力データセット
Y_obs = [-2.2, -1.0, 1.5]

# 散布図で可視化
fig, ax = subplots()
ax.scatter(X_obs, Y_obs)
set_options(ax, "x", "y", "data (N = $(length(X_obs)))")
```

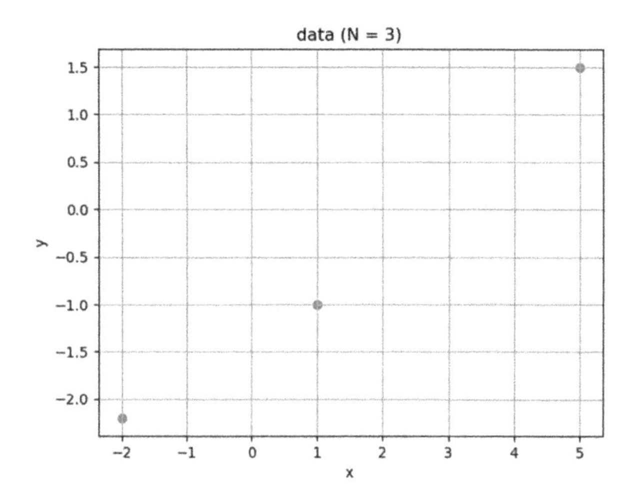

条件付き分布の定義を用いれば，学習用のデータセット $\mathbf{X}$ および $\mathbf{Y}$ が与えられた後のパラメータの事後分布は次のように形式的に書くことができます．

$$p(\mathbf{w}|\mathbf{X}, \mathbf{Y}) = \frac{p(\mathbf{Y}|\mathbf{w}, \mathbf{X})p(\mathbf{w})}{p(\mathbf{Y}|\mathbf{X})} \tag{5.15}$$

ただし，分母の周辺尤度は次のようになります．

$$p(\mathbf{Y}|\mathbf{X}) = \int p(\mathbf{Y}|\mathbf{w}, \mathbf{X})p(\mathbf{w})\mathrm{d}\mathbf{w} \tag{5.16}$$

したがって，コイン投げの例と同じように，上記の積分計算がうまくできれば，事後分布の密度関数が計算できることになります．同時分布の確率密度分布を定義し，適当な範囲と分解能で積分近似を行ってみましょう．

```
# 同時分布
p_joint(X, Y, w₁, w₂) = prod(pdf.(Normal.(w₁.*X .+ w₂, σ), Y)) *
                        pdf(Normal(μ₁, σ₁), w₁) * pdf(Normal(μ₂, σ₂), w₂)

# 数値積分
function approx_integration_2D(w_range, p)
    Δ = w_range[2] - w_range[1]
    (X, Y) -> sum([p(X, Y, w₁, w₂) * Δ^2 for w₁ in w_range, w₂ in w_range])
end

# w の積分範囲
w_range = range(-3, 3, length=100)

# 数値積分の実行
p_marginal = approx_integration_2D(w_range, p_joint)
p_marginal(X_obs, Y_obs)
```

```
6.924264340150274e-5
```

周辺尤度を近似的に求めることができました．さまざまな w_1 および w_2 の値に対して事後分布の値を計算した行列を作成し，事後分布の全体像を可視化してみましょう．ここでは等高線図と，補助的に色によって密度を表現（カラーメッシュという）して分布の様子を可視化します．

```
# 事後分布の計算
w_posterior = [p_joint(X_obs, Y_obs, w₁, w₂)
               for w₁ in w_range, w₂ in w_range] ./ p_marginal(X_obs, Y_obs)

fig, axes = subplots(1, 2, figsize=(8,4))

# 等高線図
cs = axes[1].contour(w_range, w_range, w_posterior', cmap="jet")
axes[1].clabel(cs, inline=true)
set_options(axes[1], "w₁", "w₂", "posterior density (contour)")

# カラーメッシュ
xgrid = repeat(w_range', length(w_range), 1)
ygrid = repeat(w_range, 1, length(w_range))
axes[2].pcolormesh(xgrid, ygrid, w_posterior', cmap="jet", shading="auto")
set_options(axes[2], "w₁", "w₂", "posterior density (colored)")

tight_layout()
```

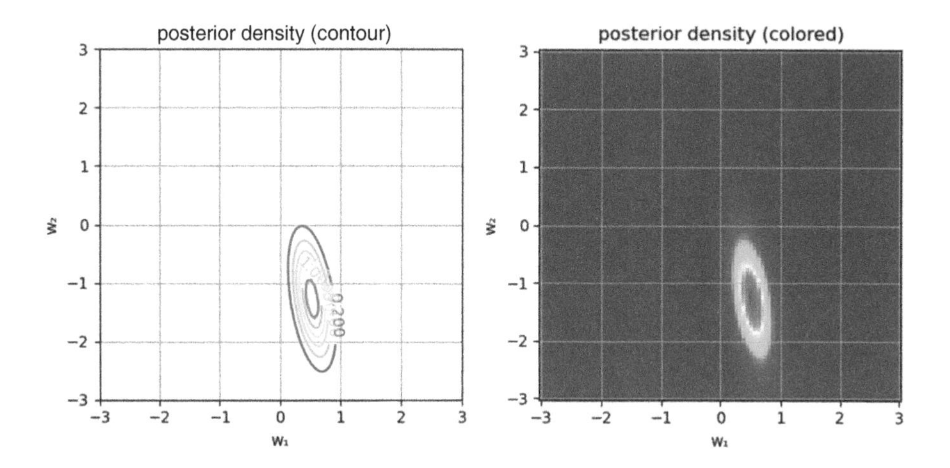

結果を見ると，おおよそ $(w_1, w_2) = (0.5, -1.3)$ あたりに分布のピークがあることがわかります．また，事後分布は縦方向に長く，w_1 と比べて w_2 のほうが推定の不確実性が高くなっていることがわかります．

次に，新しい入力 x_p が入ったときの，予測値 y_p の分布を計算してみましょう．次の積分計算を実行し，y_p の確率密度関数を得ることが目的になります．

$$p(y_p|x_p, \mathbf{X}, \mathbf{Y}) = \int p(y_p|x_p, \mathbf{w})p(\mathbf{w}|\mathbf{X}, \mathbf{Y})\mathrm{d}\mathbf{w} \tag{5.17}$$

ここでは先ほど計算した事後分布の行列を使います．

```
function approx_predictive(w_posterior, w_range, p)
    Δ = w_range[2] - w_range[1]
    (x, y) -> sum([p(x, y, w₁, w₂) * w_posterior[i, j] * Δ^2
                  for (i, w₁) in enumerate(w_range),
                      (j, w₂) in enumerate(w_range)])
end
p_likelihood(xₚ, yₚ, w₁, w₂) = pdf(Normal(w₁*xₚ + w₂, σ), yₚ)
p_predictive = approx_predictive(w_posterior, w_range, p_likelihood)
```

$x_p = 4.0$ だった場合の y_p の予測分布を可視化してみましょう．

```
xₚ = 4.0
fig, ax = subplots()
ys = range(-5, 5, length=100)
ax.plot(ys, p_predictive.(xₚ, ys))
set_options(ax, "y_p", "density",
            "predictive distribution p(y_p\vert x_p=$(xₚ), X=X_obs, Y=Y_obs)")
```

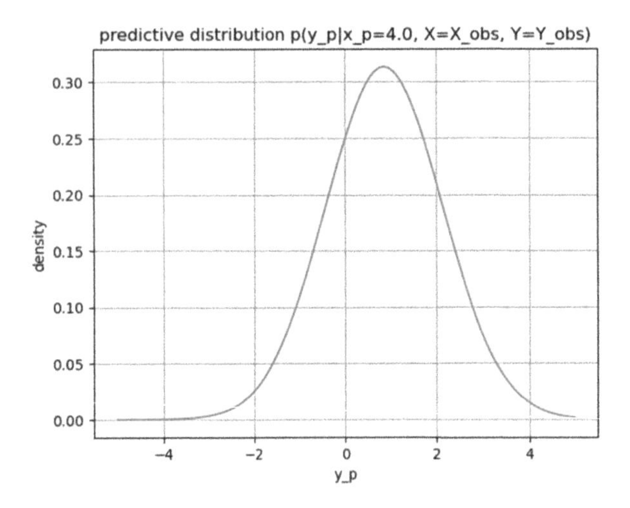

予測値としてはおおよそ $y_p = 0.9$ あたりをピークにしていますが，予測の不確実性（分布の広がり）はかなり大きいようです．

同様にして，さまざまな x_p を代入して，予測傾向全体を可視化しましょう．

```
# 描画範囲
xs = range(-10, 10, length=100)
ys = range(-5, 5, length=100)

# 密度の計算
density_y = p_predictive.(xs, ys')

fig, axes = subplots(1, 2, sharey=true, figsize=(8,4))

# 等高線図
cs = axes[1].contour(xs, ys, density_y', cmap="jet")
axes[1].clabel(cs, inline=true)
axes[1].scatter(X_obs, Y_obs)
set_options(axes[1], "x", "y", "predictive distribution (contour)")

# カラーメッシュ
xgrid = repeat(xs', length(ys), 1)
ygrid = repeat(ys, 1, length(xs))
axes[2].pcolormesh(xgrid, ygrid, density_y', cmap="jet", shading="auto")
axes[2].plot(X_obs, Y_obs, "ko", label="data")
set_options(axes[2], "x", "y", "predictive distribution (colored)")

tight_layout()
```

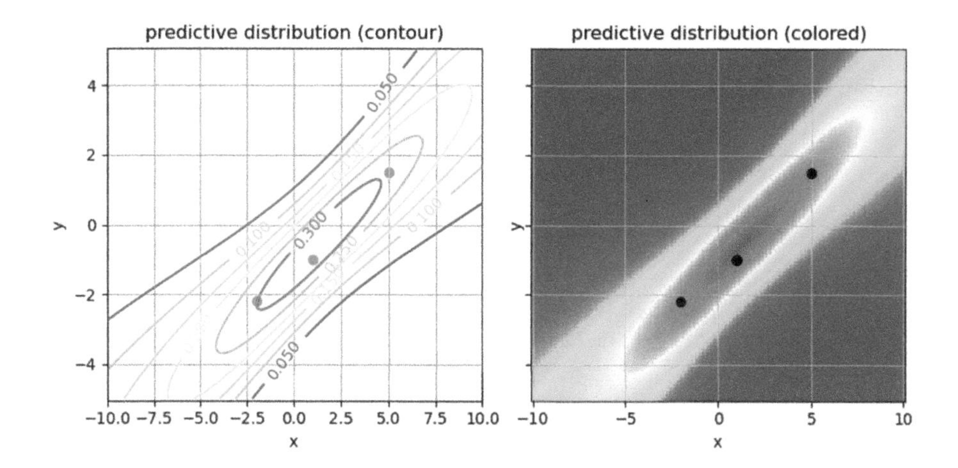

結果からわかるように，データの集中する真ん中あたりでは密度が濃くなっており，このあたりでの予測には高い自信を持っていることがわかります．注意点として，ここでの「自信」とは，あくまで現在仮定している線形回帰モデルに基づいた不確実性に関する見積もりになります．つまり，モデルがあまりにも現実から乖離していた場合，「自信」が高い領域でも予測は外れることになります[注9]．

5.2.3 厳密解法

ここは発展的な話題になりますが，コイン投げの例と同じように，線形回帰の事後分布や予測分布にも厳密的な解法が知られています．予測分布を求める式は次のようにかなり複雑になります（須山敦志・杉山将 [2017]）．

$$p(y_p|\mathbf{x}_p, \mathbf{X}, \mathbf{Y}) = \mathcal{N}(y_p|\mu_p(\mathbf{x}_p), \sigma_p(\mathbf{x}_p)) \tag{5.18}$$

$$\mu_p(\mathbf{x}_p) = \hat{\boldsymbol{\mu}}^\top \mathbf{x}_p \tag{5.19}$$

$$\sigma_p(\mathbf{x}_p) = \sqrt{\sigma^2 + \mathbf{x}_p^\top \hat{\boldsymbol{\Sigma}} \mathbf{x}_p} \tag{5.20}$$

$$\hat{\boldsymbol{\Sigma}}^{-1} = \sigma^{-2} \sum_{n=1}^{N} \mathbf{x}_n \mathbf{x}_n^\top + \boldsymbol{\Sigma}^{-1} \tag{5.21}$$

$$\hat{\boldsymbol{\mu}} = \hat{\boldsymbol{\Sigma}} \left(\sigma^{-2} \sum_{n=1}^{N} \mathbf{x}_n y_n + \boldsymbol{\Sigma}^{-1} \boldsymbol{\mu} \right) \tag{5.22}$$

上記の式を使って各 $\mathbf{x}_p$ に対して y_p の予測分布を計算します．

注 9　このあたりは間違った理解をされている方が多いように思います．例えば，予測分布を使い 95% の密度をカバーする領域を計算したとしても，まだ見ぬ将来の値が「95% の割合でその領域に入る」ということは意味しませんし，現実のデータ解析ではそのようなことは不可能です．

```
# 切片用の疑似データ
X_extended = hcat(X_obs, ones(size(X_obs)))'

# 事前分布のパラメータ
Σ = [σ₁^2 0;
     0  σ₂^2]
μ = [μ₁, μ₂]

# 事後分布のパラメータ
Σ_hat = inv(σ^(-2) * X_extended*X_extended' + inv(Σ))
μ_hat = Σ_hat*(σ^(-2) * X_extended*Y_obs + inv(Σ)*μ)

# 予測分布のパラメータ
μₚ(xₚ) = (μ_hat' * xₚ)[1]
σₚ(xₚ) = sqrt(σ^2 + (xₚ' * Σ_hat * xₚ)[1])

# 予測分布の確率密度関数
p_predictive_exact(xₚ, yₚ) = pdf(Normal(μₚ(xₚ), σₚ(xₚ)), yₚ)

# 描画範囲
xs = range(-10, 10, length=100)
ys = range(-5, 5, length=100)
density_y = [p_predictive_exact([x, 1.0], y) for x in xs, y in ys]

fig, axes = subplots(1, 2, sharey=true, figsize=(8,4))

# 等高線図
cs = axes[1].contour(xs, ys, density_y', cmap="jet")
axes[1].clabel(cs, inline=true)
axes[1].scatter(X_obs, Y_obs)
set_options(axes[1], "x", "y", "predictive distribution (contour)")

# カラーメッシュ
xgrid = repeat(xs', length(ys), 1)
ygrid = repeat(ys, 1, length(xs))
axes[2].pcolormesh(xgrid, ygrid, density_y', cmap="jet", shading="auto")
axes[2].plot(X_obs, Y_obs, "ko", label="data")
set_options(axes[2], "x", "y", "predictive distribution (colored)")

tight_layout()
```

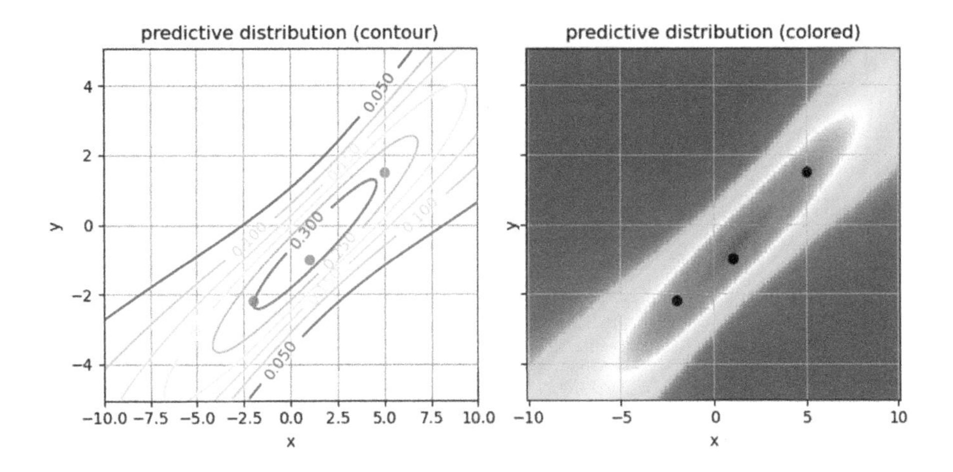

一般的に，厳密計算できる場合はその解を使って予測分布を計算したほうが効率もよく確実です．ただし，例外として**ガウス過程回帰**（Gaussian process regression）など，予測分布の厳密計算ができるものの計算時間が非常にかかるようなモデルも存在しており，その場合は近似計算を行うほうが賢明であることもあります（持橋大地・大羽成征 [2019]）．

5.3 ・ ロジスティック回帰モデル

次にデータの分類などによく用いられる**ロジスティック回帰**（logistic regression）の学習と予測を考えてみます．

5.3.1 生成過程

ロジスティック回帰は 2 値変数 y を予測するためのモデルです．したがって，モデルの生成過程としては，入力 x から最終的にどのようにして出力 y が生成されるのかを記述する必要があります．根本的なアイデアは線形回帰の場合と一緒です．しかし，ロジスティック回帰の場合は y を 2 値（0 または 1）に制限する必要があるので，追加の工夫が必要になります．まず，2 値を生成する確率分布はベルヌーイ分布で表現できることを思い出しましょう．したがって，y は何らかの確率パラメータ $0 < f < 1$ を持つベルヌーイ分布から生成されると仮定できます．f 自体は，入力 x やパラメータに依存した形で決定される必要があります．ここでも，線形モデル $w_1 x + w_2$ を利用しますが，このままでは値域が実数全体となってしまうため f の範囲の制約が守れません．したがって，ここでは実数値をむりやり 0 から 1 の範囲に変換するシグモイド関数 sig を使います．以上の考え方をもとに関数やデータの生成過程を書き下すと，次のようになります．

$$w_1 \sim \mathcal{N}(w_1|\mu_1, \sigma_1) \tag{5.23}$$

$$w_2 \sim \mathcal{N}(w_2|\mu_2, \sigma_2) \tag{5.24}$$

$$f(x_n) = \mathrm{sig}(w_1 x_n + w_2) \tag{5.25}$$

$$y_n \sim \mathrm{Bernoulli}(y_n | f(x_n)) \quad \text{for} \quad n = 1, 2, \dots, N \tag{5.26}$$

回帰モデルは関数のシミュレータであるといえます．したがって，今回もロジスティック回帰用の関数を生成するための関数 generate_logistic を定義し，返り値として出力集合 $\mathbf{Y}$，関数 $f(x) = \mathrm{sig}(w_1 x + w_2)$，パラメータ w_1 および w_2 を出すことにします．

```
# シグモイド関数を定義
sig(x) = 1/(1+exp(-x))

# パラメータ，関数，出力集合Y を生成
function generate_logistic(X, μ₁, μ₂, σ₁, σ₂)
    w₁ = rand(Normal(μ₁, σ₁))
    w₂ = rand(Normal(μ₂, σ₂))
    f(x) = sig(w₁*x + w₂)
    Y = rand.(Bernoulli.(f.(X)))
    Y, f, w₁, w₂
end
```

```
generate_logistic (generic function with 1 method)
```

さて，先ほどと同様に関数をいくつか生成し，2 値に限定された出力集合 $\mathbf{Y}$ も併せて生成してみましょう．

```
# あらかじめ与えるパラメータと入力X
μ₁ = 0
μ₂ = 0
σ₁ = 10.0
σ₂ = 10.0
X = [-1.0, -0.5, 0, 0.5, 1.0]

# 可視化する範囲
xs = range(-2, 2, length=100)

fig, axes = subplots(2, 3, sharey=true, figsize=(12, 6))
for i in axes
    # 関数f,出力Y の生成
    Y, f, w₁, w₂ = generate_logistic(X, μ₁, μ₂, σ₁, σ₂)

    # 生成された直線とY のプロット
    ax.plot(xs, f.(xs), label="simulated function")
    ax.scatter(X, Y, label="simulated data")

    set_options(ax, "x", "y", "data (N = $(length(X)))", legend=true)
end
tight_layout()
```

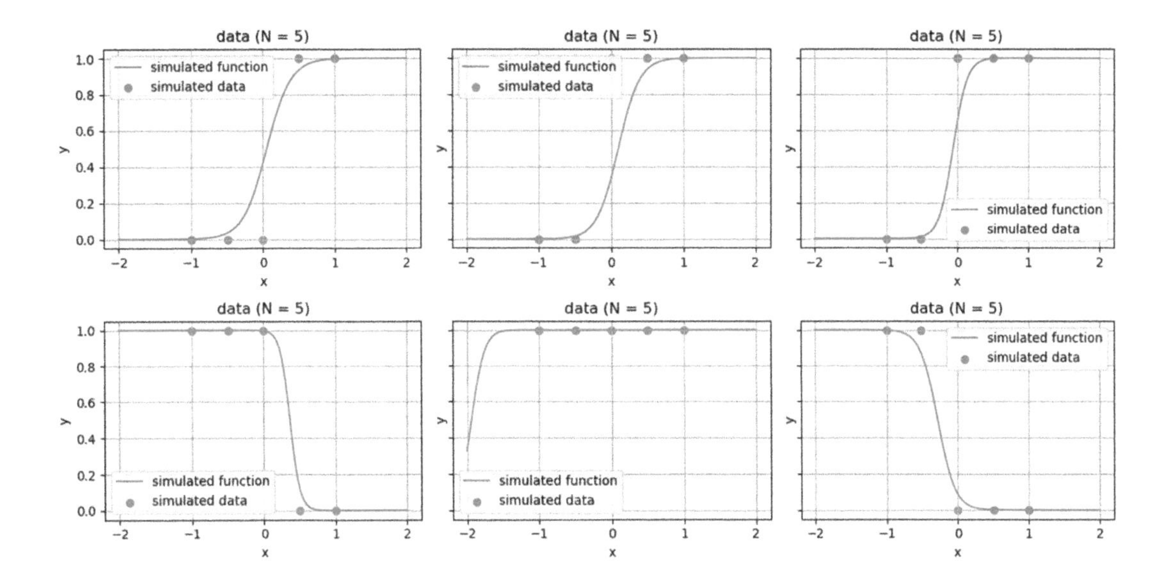

ベルヌーイ分布の確率パラメータはシグモイド関数の出力値によって決まります．したがって，確率値が大きい入力ほど，出力 y が 1 をとる可能性が高くなります．

5.3.2 伝承サンプリング

さて，ここでやりたいことはベルヌーイ分布を使ったコイン投げの課題と同じです．データ X_obs および Y_obs の組が与えられたもとで，パラメータ w_1 および w_2 の事後分布を求めます．これらの事後分布がわかれば，新しい入力 x_p に対する y_p の予測が得られます．ここでは伝承サンプリングを使って w_1 および w_2 の値を推定してみましょう．

ここでは次のような観測データを手に入れたとします．

```
# 入力データセット
X_obs = [-2, 1, 2]

# 出力データセット
Y_obs = Bool.([0, 1, 1])

# 散布図で可視化
fig, ax = subplots()
ax.scatter(X_obs, Y_obs)
ax.set_xlim([-3,3])
set_options(ax, "x", "y", "data (N = $(length(X_obs)))")
```

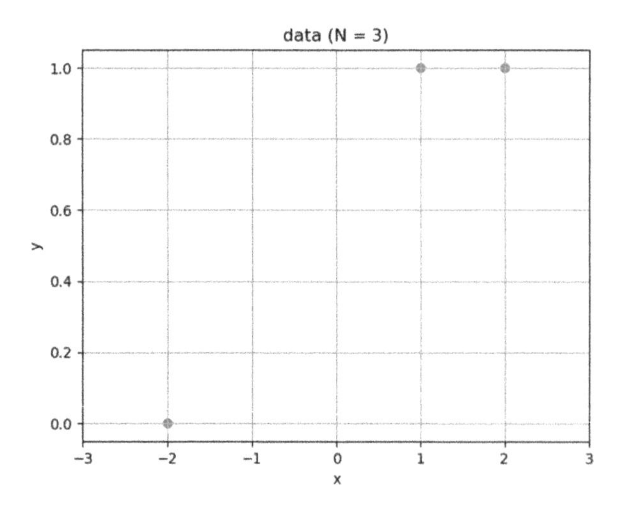

伝承サンプリングのアイデアを使って，このデータにマッチするようなパラメータ $\mathbf{w} = \{w_1, w_2\}$ の候補を調べてみましょう．コイン投げで行った例とまったく同様で，設計した生成過程に従ってランダムに観測データ Y_obs を生成し，一致した場合のみそのときの $\mathbf{w}$ を保存します．この $\mathbf{w}$ の集まりが，データ X_obs および Y_obs で条件付けされた場合の $\mathbf{w}$ の条件付き分布に従ったサンプルとみなすことができます．

```
# 最大サンプリング数
maxiter = 10_000

# パラメータ保存用
param_posterior = Vector{Tuple{Float64, Float64}}()

for i in 1:maxiter
    # 関数f,出力Y の生成
    Y, f, w₁, w₂ = generate_logistic(X_obs, μ₁, μ₂, σ₁, σ₂)

    # 観測データと一致していれば，そのときのパラメータw を保存
    Y == Y_obs && push!(param_posterior, (w₁, w₂))
end

# サンプル受容率
acceptance_rate = length(param_posterior) / maxiter
println("acceptance rate = $(acceptance_rate)")
```

```
acceptance rate = 0.2966
```

ここでパラメータ w_1，w_2 の事前分布と事後分布を比較してみましょう．事前分布と事後分布のそれぞれからいくつかサンプルを抽出し，散布図によって可視化します．

```
# パラメータ抽出用の関数
unzip(a) = map(x->getfield.(a, x), fieldnames(eltype(a)))

# 事前分布からのサンプル（10,000組）
param_prior = [generate_logistic(X, μ₁, μ₂, σ₁, σ₂)[3:4] for i in 1:10_000]
w₁_prior, w₂_prior = unzip(param_prior)

# 事後分布からのサンプル
w₁_posterior, w₂_posterior = unzip(param_posterior)

fig, axes = subplots(1, 2, sharex=true, sharey=true, figsize=(8, 4))

# 事前分布
axes[1].scatter(w₁_prior, w₂_prior, alpha=0.01)
set_options(axes[1], "w₁", "w₂", "samples from prior")

# 事後分布
axes[2].scatter(w₁_posterior, w₂_posterior, alpha=0.01)
set_options(axes[2], "w₁", "w₂", "samples from posterior")

tight_layout()
```

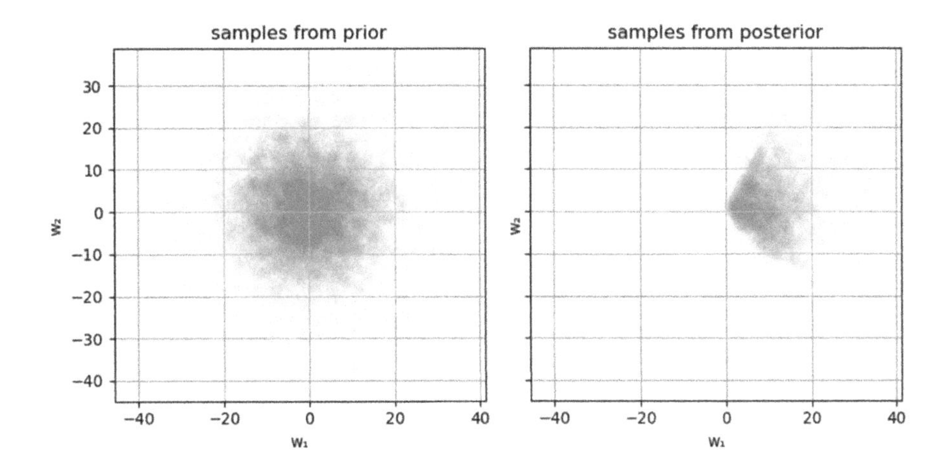

事前分布における $\mathbf{w}$ の傾向（左）と，データ X_obs，Y_obs に合致するように選ばれた $\mathbf{w}$ の傾向（右）が異なっていることがわかります．これは，赤玉白玉の例で，玉の色が観測された後は袋の選ばれる確率が 1/2 から 1/4 に変化したこととまったく同じです [注10]．

事後分布から得られるサンプルをいくつかランダムに選出し，対応するシグモイド関数を可視化してみましょう．

注 10　これを「分布が更新された」と説明することもありますが，理解のためにはミスリーディングでしょう．事前分布と事後分布は条件付けする変数の異なったまったく別の分布と考えたほうがよいでしょう．

```
# 関数を可視化する範囲
xs = range(-3, 3, length=100)

# サンプリングで得られたパラメータ全体のプロット
fig, ax = subplots()
ax.scatter(w₁_posterior, w₂_posterior, alpha=0.1)
set_options(ax, "w₁", "w₂", "samples from posterior")

fig, axes = subplots(2, 3, figsize=(12, 8))
for i in eachindex(axes)
    # 関数を可視化するためのw を 1 つ適当に選択
    j = round(Int, length(param_posterior)*rand()) + 1
    w₁, w₂ = param_posterior[j]

    # 選択されたw
    ax.scatter(w₁, w₂, color="r")
    ax.text(w₁, w₂, i)

    # 対応する関数のプロット
    f(x) = sig(w₁*x + w₂)
    axes[i].plot(xs, f.(xs), "r")

    # 観測データのプロット
    axes[i].scatter(X_obs, Y_obs)

    axes[i].set_ylim([-0.1, 1.1])
    set_options(axes[i], "x", "y (prob.)",
                "($(i)) w₁=$(round(w₁, digits=3)),
                        w₂=$(round(w₂, digits=3))")
end
tight_layout()
```

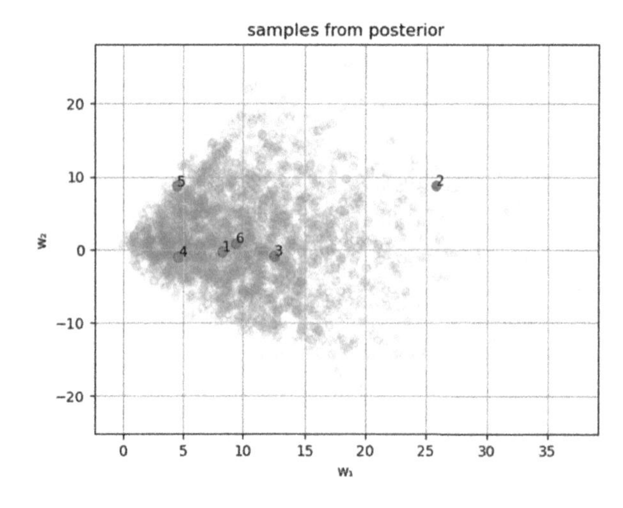

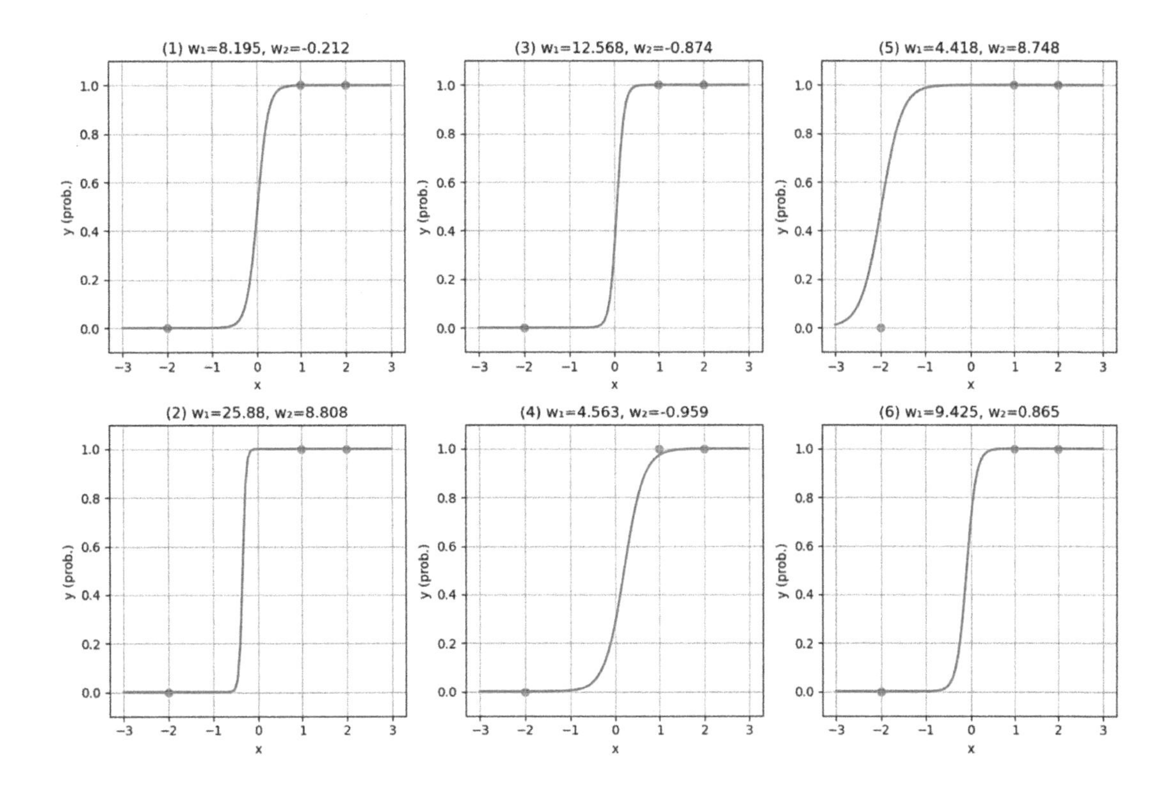

このように，適当に選んできたそれぞれのパラメータに対して，データセット X_obs および Y_obs を「うまく表現している」ような関数が背後に存在していることがわかります．

次は伝承サンプリングによって抽出されたすべてのパラメータ集合を使って，予測の分布をプロットしてみましょう．

```
fig, axes = subplots(1, 2, sharey=true, figsize=(12, 4))

fs = []
for (i, param) in enumerate(param_posterior)
    # 1サンプル分のパラメータ
    w₁, w₂ = param

    # 1サンプル分の予測関数
    f(x) = sig(w₁*x + w₂)
    axes[1].plot(xs, f.(xs), "g", alpha=0.01)

    push!(fs, f.(xs))
end
axes[1].scatter(X_obs, Y_obs)
set_options(axes[1], "x", "y (prob.)", "function samples")
```

```
# 予測確率
axes[2].plot(xs, mean(fs), label="prediction")
axes[2].scatter(X_obs, Y_obs, label="data")
set_options(axes[2], "x", "y (prob.)", "prediction", legend=true)

tight_layout()
```

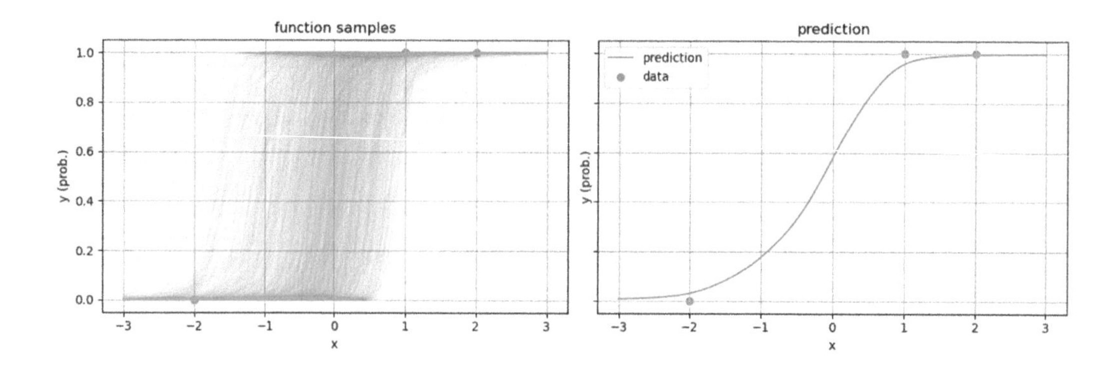

ここで，ある特定の点 x_p に対する予測はどうなるでしょうか．例えば x_p の候補として，次のような x_list を考え，それぞれの予測値 y_p を分布（ヒストグラム）として表現してみます．

```
# 予測対象の点候補
x_list = [-1.0, 0.0, 1.5]

fig_num = length(x_list)
fig, axes = subplots(fig_num, 2, sharey=true, figsize=(12,4*fig_num))
for (j, x) in enumerate(x_list)
    # パラメータごとに関数を可視化
    for (i, param) in enumerate(param_posterior)
        w₁, w₂ = param
        f(x) = sig(w₁*x + w₂)
        axes[j].plot(xs, f.(xs), "g", alpha=0.01)
    end

    # 観測データ
    axes[j].scatter(X_obs, Y_obs, label="data")

    # 候補点のx 座標
    axes[j].plot([x, x],[0,1], "r--", label="x_p=$(x)")

    axes[j].set_xlim(extrema(xs))
    set_options(axes[j], "x", "y (prob.)", "function samples")
    axes[j].legend(loc="lower right")
```

```
    # 点x における関数値（確率値）をヒストグラムとして可視化
    probs = [sig(param[1]*x+param[2]) for param in param_posterior]
    axes[j+fig_num].hist(probs, orientation="horizontal")
    set_options(axes[j+fig_num], "y", "frequency", "function samples";
                grid=false)
    axes[j+fig_num].grid(axis="x")
end

tight_layout()
```

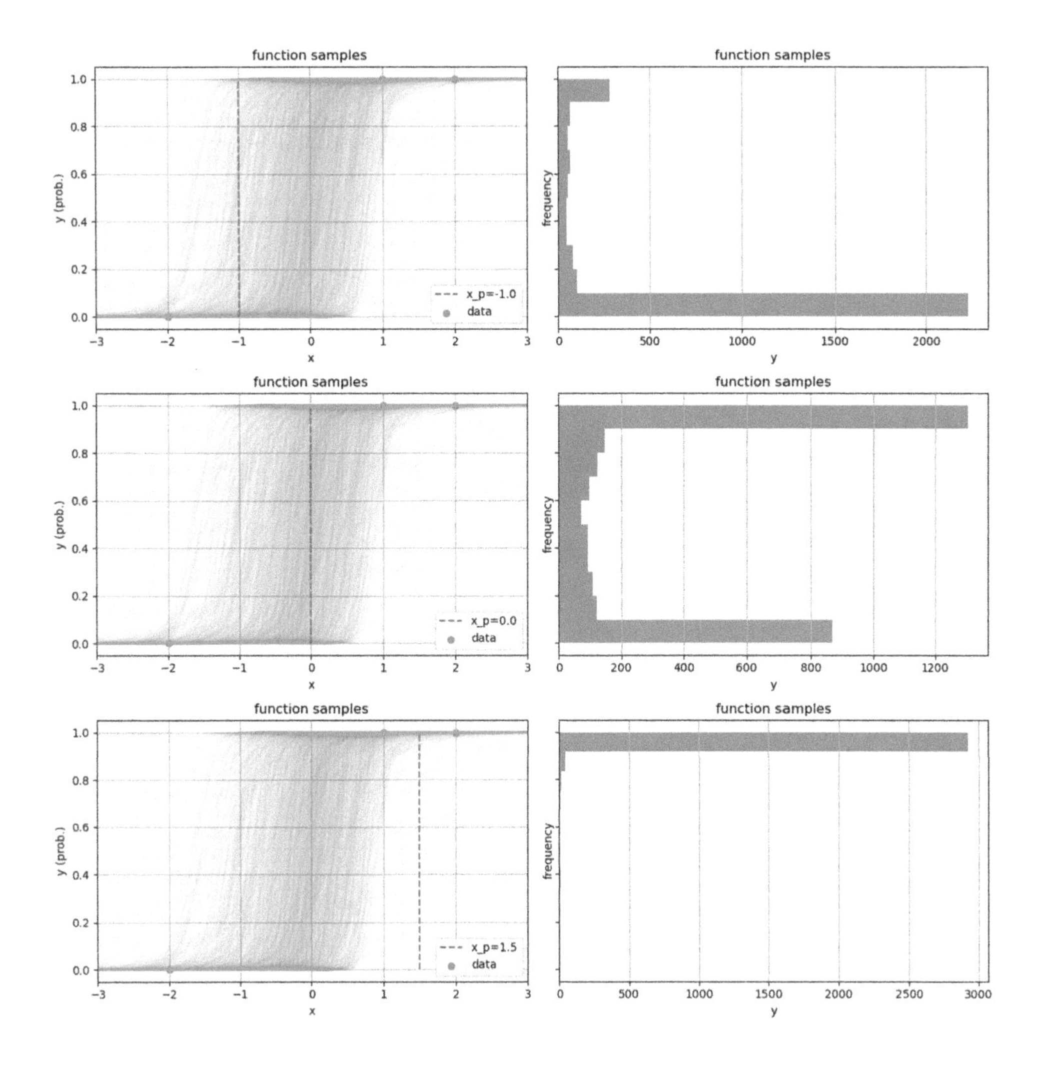

結果からわかるように，x_p が 0 付近の分類の難しい領域ではシグモイド関数のとる値は 2 つの異なるピークを持つことがわかります．一方で，$x_p = -1.0$ や $x_p = 1.5$ のあたりではシグモイド関数のとる

値の不確実性が減り，かなり強い自信を持って確率値の推定を行っていることがわかります．

5.3.3 数値積分

線形回帰の例のように，数値積分によっても事後分布や予測分布が近似計算できます．形式的には線形回帰と同じで，次のような確率密度関数を積分近似によって得ることが目的です．

$$p(\mathbf{w}|\mathbf{X},\mathbf{Y}) = \frac{p(\mathbf{Y}|\mathbf{w},\mathbf{X})p(\mathbf{w})}{p(\mathbf{Y}|\mathbf{X})} \tag{5.27}$$

$$p(\mathbf{Y}|\mathbf{X}) = \int p(\mathbf{Y}|\mathbf{w},\mathbf{X})p(\mathbf{w})\mathrm{d}\mathbf{w} \tag{5.28}$$

ただし，ロジスティック回帰の場合は同時分布を構成する各確率分布は次のように定義されます．

$$p(\mathbf{w}) = \mathcal{N}(w_1|\mu_1,\sigma_1)\mathcal{N}(w_2|\mu_2,\sigma_2) \tag{5.29}$$

$$p(y_n|\mathbf{w},x_n) = \mathrm{Bernoulli}(y_n|f(x_n)) \tag{5.30}$$

$$f(x_n) = \mathrm{sig}(w_1 x_n + w_2) \quad \text{for} \quad n=1,2,\dots,N \tag{5.31}$$

同時分布を定義し，数値積分によって周辺尤度を求めましょう．

```
# 同時分布p(Y, w|X)
p_joint(X, Y, w₁, w₂) = prod(pdf.(Bernoulli.(sig.(w₁.*X .+ w₂)), Y))
                        pdf(Normal(μ₁, σ₁), w₁) * pdf(Normal(μ₂, σ₂), w₂)

# μの積分範囲
w_range = range(-30, 30, length=100)

# 数値積分の実行
p_marginal = approx_integration_2D(w_range, p_joint)
p_marginal(X_obs, Y_obs)
```

```
0.2966829565005522
```

続いて，パラメータの事後分布を行列に保存し，可視化します．

```
w_posterior = [p_joint(X_obs, Y_obs, w₁, w₂)
               for w₁ in w_range, w₂ in w_range]./p_marginal(X_obs, Y_obs)

# 事後分布の描画
fig, axes = subplots(1, 2, figsize=(8,4))
cs = axes[1].contour(w_range, w_range, w_posterior' .+ eps(), cmap="jet")
axes[1].clabel(cs, inline=true)
set_options(axes[1], "w₁", "w₂", "posterior density (contour)")

xgrid = repeat(w_range', length(w_range), 1)
```

```
ygrid = repeat(w_range, 1, length(w_range))
axes[2].pcolormesh(xgrid, ygrid, w_posterior', cmap="jet", shading="auto")
set_options(axes[2], "w₁", "w₂", "posterior density (colored)")

tight_layout()
```

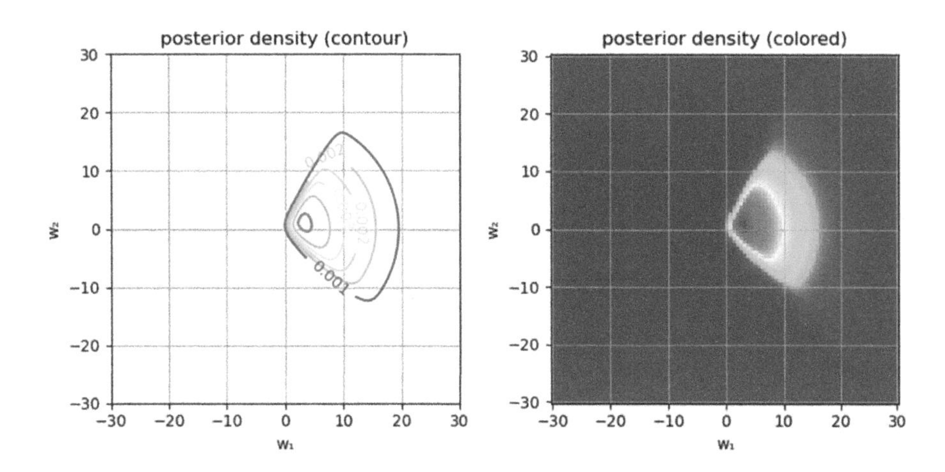

予測分布に関しても，線形回帰の場合とまったく同様に計算できます．さまざまな x_p に関して，y_p に対する予測確率を計算してみましょう．

```
p_likelihood(xₚ, yₚ, w₁, w₂) = pdf(Bernoulli(sig(w₁*xₚ + w₂)), yₚ)
p_predictive = approx_predictive(w_posterior, w_range, p_likelihood)

# 関数を可視化する範囲
xs = range(-3, 3, length=50)

fig, ax = subplots()
ax.scatter(X_obs, Y_obs, label="data")
ax.plot(xs, p_predictive.(xs, 1), label="probability")
ax.set_xlim([-3,3])
set_options(ax, "x", "y", "prediction", legend=true)
```

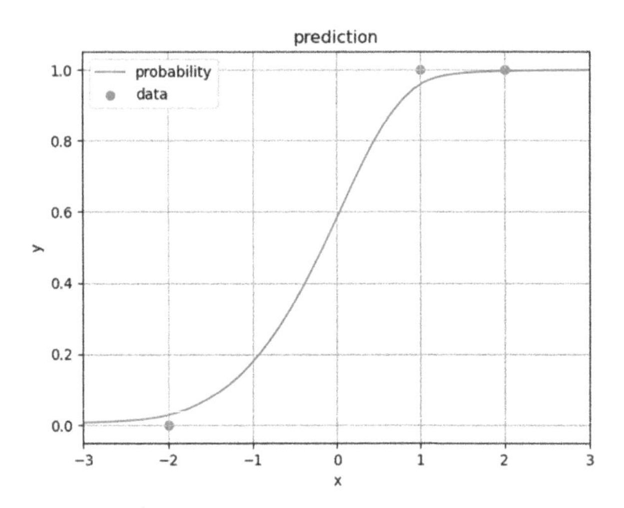

なお，ロジスティック回帰のような一般化線形モデルの場合は線形回帰と異なり，事後分布や予測分布の厳密な解は得られません．したがって，今回紹介した伝承サンプリングや数値積分を用いる必要があるほか，実用上もっと効率のよいハミルトニアンモンテカルロ法やラプラス近似が使えます．続く第 6 章ではこれらの近似推論手法を実装し，再びロジスティック回帰などに適用していきます．

第 6 章

勾配を利用した近似推論手法

ここでは統計モデリングの実用でよく用いられる**近似推論**（approximate inference）の手法に関して解説します．例題として，まず線形回帰やロジスティック回帰といった簡単なモデルに適用し，その動作を確認していきます．

6.1 • なぜ勾配を利用するのか

ここで紹介する手法は，事後分布の対数の勾配を計算することが基本的なアプローチになっていきます．まず，なぜ勾配を活用する必要があるのかを簡単に解説します．

6.1.1 単純な手法の問題点

これまでに伝承サンプリングや数値積分などの方法を使って，設計した統計モデルの事後分布を解析する仕組みを見てきました．これらの手法はシンプルですが，実際には推論すべきモデルのパラメータ数が多くなると必要な計算量が膨大になり，多くの場合で実用的ではないことが知られています．先ほどの線形回帰に数値積分を適用した例では，パラメータは傾きと切片の 2 つのみであったため，それぞれ 100 点ほど細かく和をとっていけばループ全体の計算量は 100^2 でした．しかし，これが 8 個の説明変数が存在したとすると，$100^8 = 10,000,000,000,000,000$ 回のループを計算することになります．さらに，積分計算に使う 100 個の点はあらかじめ開始地点と終了地点を与える必要があり，これが適切に設定できる保証もありません[注1]．

伝承サンプリングに関しても別の問題が発生します．理論的には，伝承サンプリングによって得られるサンプルは，目的の事後分布から抽出されたとみなしてよいのですが，パラメータ数やデータ数が増えてくると，そもそも観測データにうまく一致するようなサンプルの候補が出にくくなります．例えば，先ほどのロジスティック回帰の例でいえば，3 つの出力 y_1, y_2, y_3 にぴったり一致するランダムなサンプルが得られる可能性は，単純計算で見積もると $1/2^3 = 0.125$ ほどになります[注2]．データ数が 10 個になると，$1/2^{10} = 0.0009765625$ となります．これは，1000 回ランダムサンプルを行って

注 1　そもそも線形回帰は事後分布が手計算によって厳密に求まるので，積分近似を行う必要性は基本的にはありませんが，ここでの議論はロジスティック回帰やニューラルネットワークなど厳密な事後分布が得られないモデルにも適用できます．

注 2　厳密には各値の出現は独立ではないため，これはかなり粗っぽい概算です．

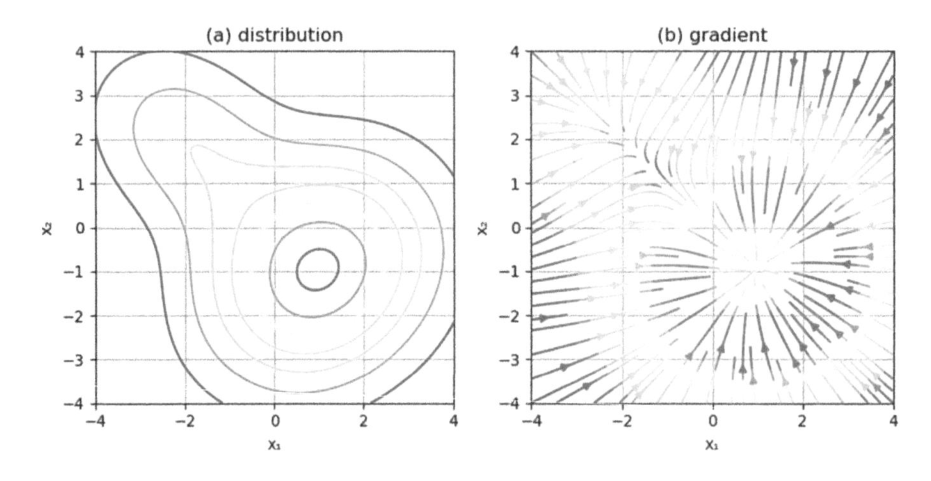

図 6.1　事後分布と勾配情報

も，1 回受容されるかどうかの確率ですので，計算効率はよくありません．実際のデータ解析では少なくとも数百程度のデータを使うことになるので，このようなアプローチは現実的ではありません．

6.1.2　勾配を利用した計算の効率化

歴史上で，ベイズ統計が実践で応用されるまでに計算機やアルゴリズムの発展を待つ必要があったのは，このような計算効率の課題が存在したためです．近年では，**マルコフ連鎖モンテカルロ**（Markov chain Monte Carlo, **MCMC**），**ラプラス近似**（Laplace approximation），**逐次モンテカルロ**（sequential Monte Carlo），**変分推論**（variational inference）といった計算手法が登場し，多くの統計モデルに対して現実的な推論計算手段を与えるようになってきました．これらの手法の根本的なアイデアは実は共通しています．それは，「無駄な計算を省き，重要な計算だけ重点的に行うこと」です．

例えば仮に図 6.1(a) のような事後分布があったとしましょう．第 4 章で触れたように，一般的にある確率分布の特性を理解したい場合は，次のようなやり方が考えられます．

1. 確率分布から変数を生成（サンプリング）してみる．
2. 確率分布の形状をグラフにしてみる．
3. 確率分布の平均や分散などの代表的な統計量を計算してみる．

ここで，目的の事後分布の勾配を計算し，その方向をプロットすると図 6.1(b) のようになります．このような矢印は，各地点で事後分布の密度が高い場所の向きを指しており，「サンプルが発生しやすい方向への羅針盤」となっています．

はじめに，事後分布の勾配を利用することによって，効率よくサンプルを生成させる方法を考えてみましょう．直感的には，「矢印が向いている先の領域においてより多くのサンプルを発生させ，逆に

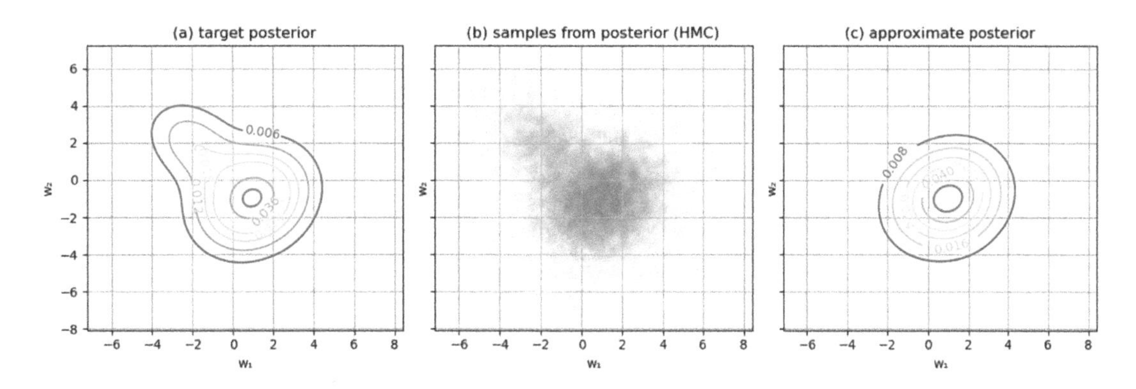

図 6.2　事後分布の近似

向いていない領域に関してはそれほど多くのサンプルを発生させない」という指針に従ってサンプルを生成させれば，この分布に従うサンプル群が生成できそうです．勾配を活用したサンプリング手法は，このようなアイデアをもとにしています．ただし，単純に山の高いところばかりを集中してサンプリングしてしまうと，それはそれでバランスが悪くなり，真の事後分布からサンプルを得たとはいえなくなります．**ハミルトニアンモンテカルロ**（Hamiltonian Monte Carlo，**HMC**）**法**は，後で説明するように，このバランスをうまくとるようなテクニックを採用しています．実際に，ハミルトニアンモンテカルロ法でサンプリングされた点を図 6.2(b) に示します．

もう 1 つの方法は，複雑な事後分布を，よりシンプルで扱いやすい近似分布（正規分布など）を使って簡略化して表現することです．例えば，ラプラス近似ではまず事後分布のあるピークを最適化手法によって見つけ出し，その位置を近似用の正規分布の中心位置（平均）とします．さらに，その位置から正規分布の分散（多変量の場合は共分散）を調整することによって，事後分布の形状を粗く近似します．このような最適化計算に基づく近似手法としては，ラプラス近似のほかに変分推論などがあります．これらの手法は，サンプリングに基づく手法と比べて多くの場合で高速であるのが利点ですが，正規分布などの極端にシンプルな仮定をおいてしまうために，事後分布に対する高い近似能力は期待できません．実際，図 6.2(c) はラプラス近似を使った結果ですが，楕円状の多変量正規分布を近似に使用しているため，事後分布の細かい形状を表現しきれていません．

さて，本章では以上のように勾配情報を使ったアルゴリズムを構築するので，`ForwardDiff.jl` による自動微分を活用します．また，単位行列の作成を簡易化する関数や，事後分布のサンプルからパラメータを抽出するための関数も定義しておきます．なお，再掲はしませんが，グラフにラベルなどのオプションを与えるための set_option 関数は今回も使います．

```
using Distributions, PyPlot, ForwardDiff, LinearAlgebra

# n 次元単位行列
eye(n) = Diagonal{Float64}(I, n)
```

```
# パラメータ抽出用の関数
unzip(a) = map(x->getfield.(a, x), fieldnames(eltype(a)))
```

6.2 ・ ラプラス近似

ラプラス近似（Laplace approximation）は事後分布をよりシンプルな分布でざっくり近似する手法です．次のようなステップで計算を行います．

1. 勾配法によって，事後分布の極大値を 1 つ求め，近似用の正規分布の平均とする．
2. 求めた極大値において，2 階微分が一致するように近似用の正規分布の分散を求める．

ここでは線形回帰を例として，ラプラス近似がどのように動作するのかを確認してみましょう．今回例題に使う学習用のデータを可視化します．

```
# 入力データセット
X_obs = [-2, 1, 5]

# 出力データセット
Y_obs = [-2.2, -1.0, 1.5]

# 散布図で可視化
fig, ax = subplots()
ax.scatter(X_obs, Y_obs)
set_options(ax, "x", "y", "data (N = $(length(X_obs)))")
```

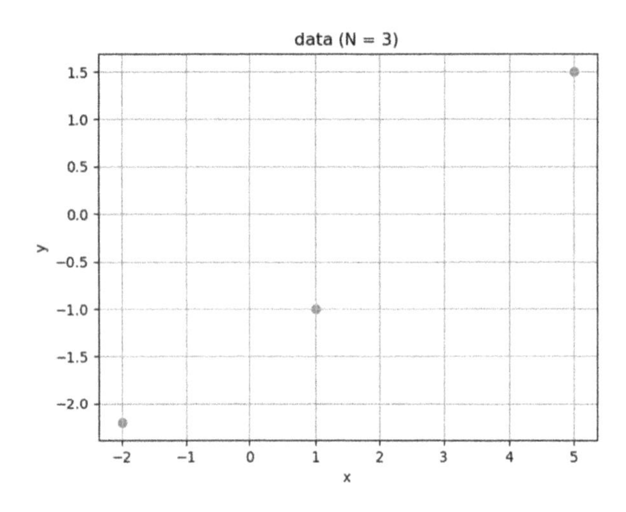

6.2.1 線形回帰（単一パラメータ）

まずは話をシンプルにするために，1つのパラメータのみデータから学習する例から始めてみましょう．ここでは第5章と同様に，線形回帰に使う直線を $f(x) = w_1 x + w_2$ とします．ただし，切片パラメータは $w_2 = 0$ として固定されているものとします．つまり，この値は学習しません．傾きパラメータ w_1 に対しては事前分布を仮定し，事後分布を計算することによってデータからの学習を行います．また，出力値 y に仮定するノイズや，w_1 に対する事前分布のパラメータはあらかじめ次のように適当な値を設定しておきます．

```
# 切片はゼロで固定
w₂ = 0

# y に付加されるノイズの標準偏差
σ = 1.0

# 事前分布の平均値と標準偏差
μ₁ = 0.0
σ₁ = 10.0
```

さて，w_1 の事後分布の推定を考えてみます．やや数理的な側面から解説します．条件付き確率の定義から，w_1 の事後分布は次のように書けます．

$$p(w_1|\mathbf{Y}, \mathbf{X}, w_2) = \frac{p(\mathbf{Y}, w_1|\mathbf{X}, w_2)}{p(\mathbf{Y}|\mathbf{X}, w_2)} \tag{6.1}$$

これを w_1 の関数として考えたいのですが，問題は分母 $p(\mathbf{Y}|\mathbf{X}, w_2)$ の計算に

$$p(\mathbf{Y}|\mathbf{X}, w_2) = \int p(\mathbf{Y}, w_1|\mathbf{X}, w_2)\mathrm{d}w_1 \tag{6.2}$$

のような積分が必要となることです．実のところ，この積分はそんなに難しくはありません．しかし，よりモデルが複雑になり，この積分計算が難しくなったときにラプラス近似は実用上有用になっていきます．ラプラス近似のアイデアでは，この分母の周辺尤度を直接扱うことなく，計算が実行できます．周辺尤度の値自体は不明ですが，実質 w_1 に依存しないただの定数なので，事後分布の確率密度関数が w_1 の関数であることを考慮すれば，次のように事後分布は分子のみに比例すると考えることができます．

$$p(w_1|\mathbf{Y}, \mathbf{X}, w_2) \propto p(\mathbf{Y}, w_1|\mathbf{X}, w_2) \tag{6.3}$$

この式の右辺は w_1 の関数であり，モデルの同時分布そのものです．対数をとると積が和として表せるため，

$$\log p(w_1|\mathbf{Y}, \mathbf{X}, w_2) = \log p(\mathbf{Y}|\mathbf{X}, w_1, w_2) + \log p(w_1) + \text{定数}$$
$$= \sum_{n=1}^{N} \log p(y_n|x_n, w_1, w_2) + \log p(w_1) + \text{定数} \tag{6.4}$$

となります．これは**非正規化対数事後分布**（unnormalized log-posterior distribution）と呼ばれています．以降，近似推論手法の適用には事後分布の対数を考えていくことにします．対数をとる理由は主に計算上の扱いやすさからくるもので，対数をとることによって計算機がアンダーフロー[注3]を起こすような小さな値を直接取り扱うことを避けることができるためです．また，計算上対数をとってから最適化を行っても問題がないのは，事後分布の最大値を求める問題と，事後分布に対数をとったものの最大値を求める問題が同じであるためです．

ここで，非正規化対数事後分布と非正規化事後分布を可視化します．

```
# 非正規化対数事後分布
ulp(w₁) =
    sum(logpdf.(Normal.(w₁*X_obs .+ w₂, σ), Y_obs)) +
    logpdf(Normal(μ₁, σ₁), w₁)

# 分布を表示する範囲
w₁s = range(-5, 5, length=100)

fig, axes = subplots(1, 2, figsize=(8, 4))

# 非正規化対数事後分布の可視化
axes[1].plot(w₁s, ulp.(w₁s))
set_options(axes[1], "w₁", "log density (unnormalized)",
            "unnormalized log posterior distribution")

# 非正規化事後分布の可視化
axes[2].plot(w₁s, exp.(ulp.(w₁s)))
set_options(axes[2], "w₁", "density (unnormalized)",
            "unnormalized posterior distribution")

tight_layout()
```

注 3　実数の値が小さくなりすぎて表現ができなくなる現象のこと．

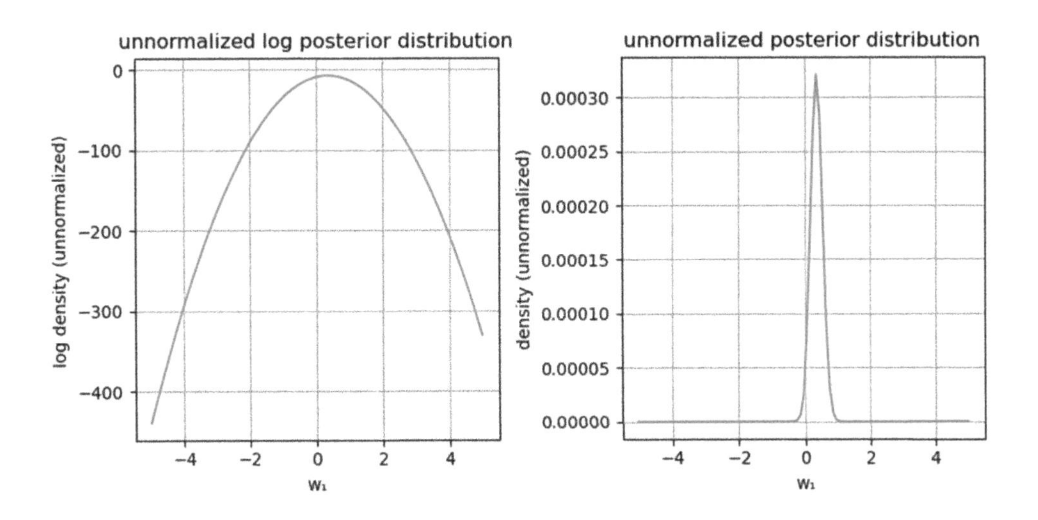

グラフからも読み取れるように，非正規化事後分布は総面積が 1 になっておらず，確率分布とはみなせません．面積がぴったり 1 になるように調整するのが周辺尤度の役割であり，第 5 章では数値的な積分近似を行うことによって周辺尤度を計算し，事後分布を計算していました．しかし，ラプラス近似ではこのようなアプローチとは異なり，近似用の正規分布を用います．ラプラス近似の第 1 ステップは次のようなものでした．

1. 勾配法によって，事後分布の極大値を 1 つ求め，近似用の正規分布の平均とする．

（w_1 の関数と考えたときの）事後分布の極大値は，非正規化対数事後分布の極大値を求めることと同じであるため，ここでは 1 次元の勾配法を使って，非正規化対数事後分布の極大値を求めます．

```
# 勾配法（1dim）
function gradient_method_1dim(f, x_init, η, maxiter)
    f'(x) = ForwardDiff.derivative(f, x)
    x_seq = Array{typeof(x_init), 1}(undef, maxiter)
    x_seq[1] = x_init
    for i in 2:maxiter
        x_seq[i] = x_seq[i-1] + η*f'(x_seq[i-1])
    end
    x_seq
end

# 最適化パラメータ
w₁_init = 0.0
maxiter = 100
η = 0.01
```

```
# 最適化の実施
w₁_seq = gradient_method_1dim(ulp, w₁_init, η, maxiter)

# 勾配法の過程を可視化
fig, ax = subplots(figsize=(8, 4))
ax.plot(w₁_seq)
set_options(ax, "iteration", "w₁", "w₁ sequence")
```

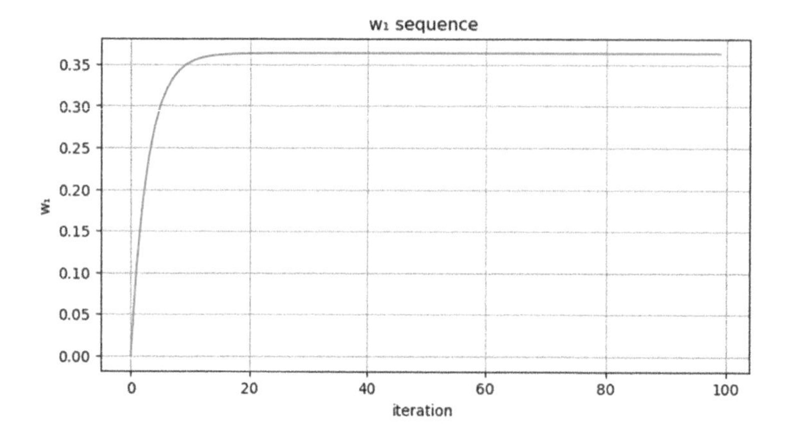

なお，上記のコードでは非正規化対数事後分布を表すulp関数が，X_obsなどの関数の外の変数（グローバル変数）を直接参照しています．このような参照がある場合，Juliaの計算速度は著しく低下します．ここではラッパー関数を一度挟むことにより，計算に必要なデータやパラメータがすべて関数の引数として与えられるように書き直します．こうすることによって，最適化アルゴリズムはグローバル変数を参照する必要がなくなり，メモリ効率や計算速度が向上します．

```
# 最適化パラメータ
w₁_init = 0.0
maxiter = 100
η = 0.01

# 最適化のラッパー関数の定義
function inference_wrapper_gd_1dim(log_joint, params, w₁_init, η, maxiter)
    ulp(w₁) = log_joint(w₁, params...)
    w₁_seq = gradient_method_1dim(ulp, w₁_init, η, maxiter)
    w₁_seq
end

# 対数同時分布
log_joint(w₁, X, Y, w₁, σ, μ₁, σ₁) =
    sum(logpdf.(Normal.(w₁*X .+ w₁, σ), Y)) +
    logpdf(Normal(μ₁, σ₁), w₁)
```

```
params = (X_obs, Y_obs, w₁, σ, μ₁, σ₁)

# 最適化の実施
w₁_seq = inference_wrapper_gd_1dim(log_joint, params, w₁_init, η, maxiter)
```

念のため@timeマクロを使って速度比較を行ってみましょう．繰り返し数maxiterを大きめにして実験すると，明らかに計算速度に差が出ることが確認できます．

```
# 最適化パラメータ
w₁_init = 0.0
maxiter = 1_000_000
η = 0.01

# グローバル変数を参照する場合
@time gradient_method_1dim(ulp, w₁_init, η, maxiter)

# ラッパーを使う場合
@time inference_wrapper_gd_1dim(log_joint, params, w₁_init, η, maxiter)
```

```
  1.949502 seconds (21.00 M allocations: 770.560 MiB, 6.57% gc time)
  0.354845 seconds (9.00 M allocations: 358.574 MiB, 18.71% gc time)
```

このように，今後は対数同時分布の関数定義とパラメータをラッパー関数に与えることによって，内部で非正規化対数事後分布を計算し，計算アルゴリズムを適用していくことにします．

さて，結果のグラフを見ると，勾配法は十分に収束しているように見えます．最終的に得られた解の位置を可視化してみましょう．

```
# 近似分布用の平均を求める
μ_approx = w₁_seq[end]

# 分布を表示する範囲
w₁s = range(-5, 5, length=100)

fig, axes = subplots(1, 2, figsize=(8, 4))

# 非正規化対数事後分布と最適値
axes[1].plot(w₁s, ulp.(w₁s))
axes[1].plot(μ_approx, ulp(μ_approx),
             "rx", label="optimal")
set_options(axes[1], "w₁", "log density (unnormalized)",
            "unnormalized log posterior distribution")

# 非正規化事後分布と最適値
axes[2].plot(w₁s, exp.(ulp.(w₁s)))
axes[2].plot(μ_approx, exp.(ulp(μ_approx)),
             "rx", label="optimal")
```

```
set_options(axes[2], "w₁", "density (unnormalized)",
            "unnormalized posterior distribution")

tight_layout()
```

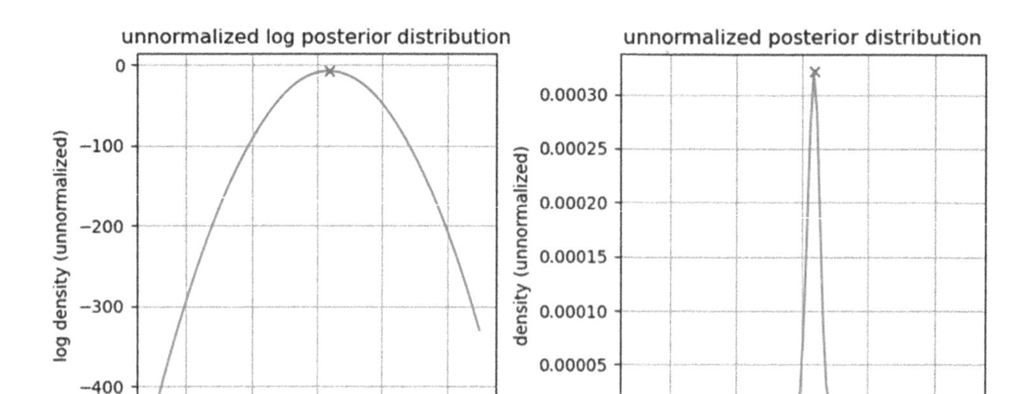

最適化によって，うまく事後分布の極大値が得られていることがわかります．
　ラプラス近似の次のステップに進みます．

2. 求めた極大値において，2 階微分が一致するように近似用の正規分布の分散を求める．

　今求めた極大値 μ_{approx} における 2 階微分を計算し，近似用の正規分布の分散（ルートをとれば標準偏差）とします[注4]．これも自動微分のパッケージを活用すれば次のように簡単に計算できます．

```
# 2階微分から分散を求める
grad(x) = ForwardDiff.derivative(ulp, x)
hessian(x) = ForwardDiff.derivative(grad, x)
σ_approx = sqrt(inv(-hessian(μ_approx)))
```

```
0.1825437644092281
```

　これで正規分布を使った近似に必要な平均 μ_{approx} および標準偏差 σ_{approx} が求まりました．早速，近似分布 $\mathcal{N}(w_1|\mu_{\mathrm{approx}}, \sigma_{\mathrm{approx}})$ を可視化してみましょう．

注 4　対数事後分布をテイラー展開で 2 次近似することに由来します（須山敦志 [2019]）．

```
# 可視化する範囲
w₁s = range(-0.5, 1.0, length=100)

# 非正規化事後分布の可視化
fig, axes = subplots(1,2,figsize=(8,4))
axes[1].plot(w₁s, exp.(ulp.(w₁s)))
set_options(axes[1], "w₁", "density (unnormalized)",
            "unnormalized posterior distribution")

# 得られた近似分布の可視化
axes[2].plot(w₁s, pdf.(Normal.(μ_approx, σ_approx), w₁s))
set_options(axes[2], "w₁", "density", "approximate distribution")

tight_layout()
```

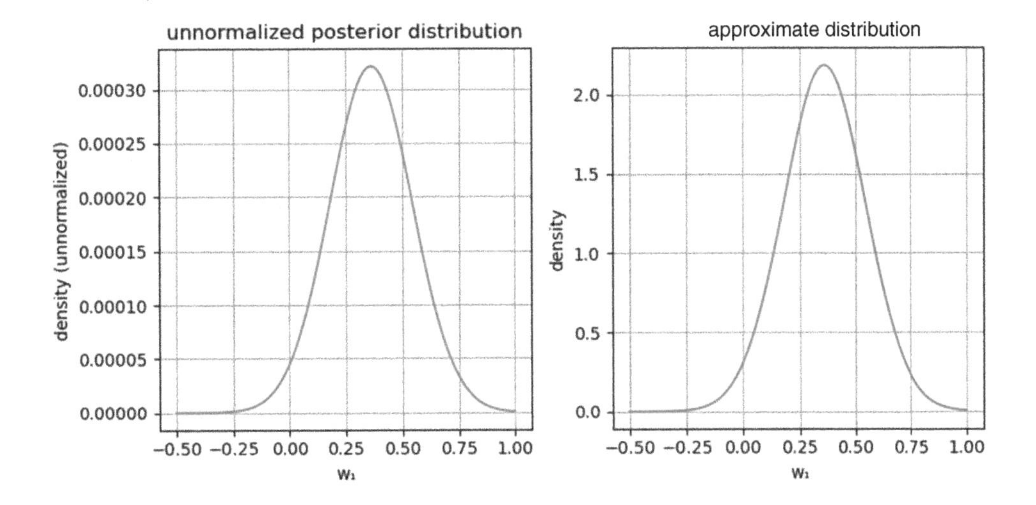

近似分布が，元の非正規化事後分布の形状をよく表現できていることがわかります[注5]．すなわち，きちんと正規化された分布を事後分布の近似として得ることができています．この結果を用いれば，新しい入力値 x_p に対する出力値 y_p の予測分布を出力できます．これに関しては，次の複数パラメータを学習する場合の例で見ていきましょう．

6.2.2 線形回帰（複数パラメータ）

次は傾き w_1 だけではなく，切片 w_2 の事後分布も同時に求めてみましょう．この場合の事後分布は 2 つの変数が絡む同時分布となります．したがって，結果は 2 次元の等高線図などを使って可視化する必要があります．

注 5　実はこれは当然で，理論的には線形回帰の係数パラメータの事後分布は正規分布になることが知られています．

モデルに関しては先ほどとほとんど同じですが，w_2 が固定値ではないため，事前分布を設定する必要があります[注6]．非正規化対数事後分布も $\mathbf{w} = \{w_1, w_2\}$ を入力とした2変数関数として表します．

```
# 事前分布の設定
σ = 1.0
μ₁ = 0.0
μ₂ = 0.0
σ₁ = 10.0
σ₂ = 10.0

# 対数同時分布
log_joint(w, X, Y, σ, μ₁, σ₁, μ₂, σ₂) =
    sum(logpdf.(Normal.(w[1]*X .+ w[2], σ), Y)) +
    logpdf(Normal(μ₁, σ₁), w[1]) +
    logpdf(Normal(μ₂, σ₂), w[2])

# 非正規化対数事後分布
params = (X_obs, Y_obs, σ, μ₁, σ₁, μ₂, σ₂)
ulp(w) = log_joint(w, params...)

# 分布を可視化する範囲
w₁s = range(-5, 5, length=100)
w₂s = range(-5, 5, length=100)

fig, axes = subplots(1, 2, figsize=(12, 4))

# 非正規化対数事後分布の可視化
cs = axes[1].contour(w₁s, w₂s, [ulp([w₁, w₂])
                                for w₁ in w₁s, w₂ in w₂s]', cmap="jet")
axes[1].clabel(cs, inline=true)
set_options(axes[1], "w₁", "w₂", "unnormalized log posterior")

# 非正規化事後分布の可視化
cs = axes[2].contour(w₁s, w₂s, [exp(ulp([w₁, w₂]))
                                for w₁ in w₁s, w₂ in w₂s]', cmap="jet")
axes[2].clabel(cs, inline=true)
set_options(axes[2], "w₁", "w₂", "unnormalized posterior")

tight_layout()
```

注6　なお，σ などの固定値に関しても事前分布をおいてデータから学習させることも可能です．

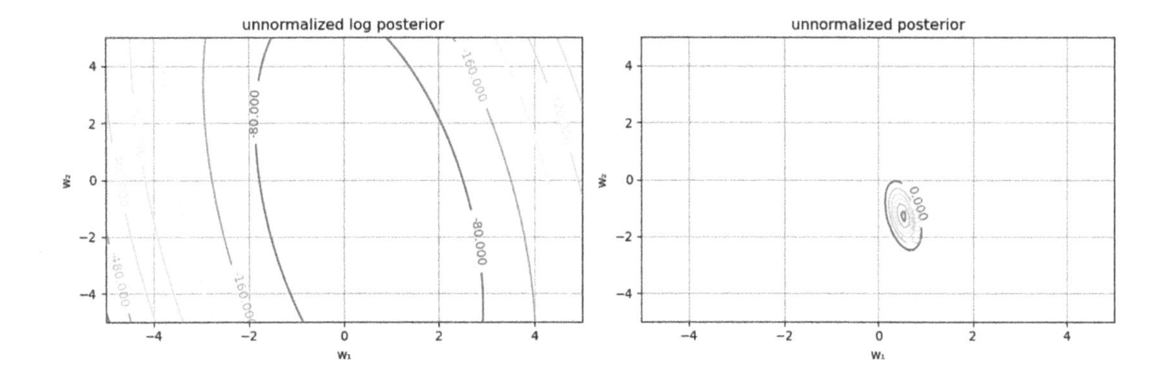

今度は 2 変数の勾配法を実行する必要があります．先ほどと同様に，対数事後分布の最大値を求めます．

```
# 多次元の勾配法
function gradient_method(f, x_init, η, maxiter)
    x_seq = Array{typeof(x_init[1]), 2}(undef, length(x_init), maxiter)
    g(x) = ForwardDiff.gradient(f, x)
    x_seq[:, 1] = x_init
    for i in 2:maxiter
        x_seq[:, i] = x_seq[:, i-1] + η*g(x_seq[:, i-1])
    end
    x_seq
end

# 最適化パラメータ
w_init = [0.0, 0.0]
maxiter = 1000
η = 0.01

# 最適化の実行
w_seq = inference_wrapper_gd(log_joint, params, w_init, η, maxiter)

# 勾配法の過程を可視化
fig, axes = subplots(2, 1, figsize=(8,8))
axes[1].plot(w_seq[1,:])
set_options(axes[1], "iteration", "w₁", "w₁ sequence")
axes[2].plot(w_seq[2,:])
set_options(axes[2], "iteration", "w₂", "w₂ sequence")

tight_layout()
```

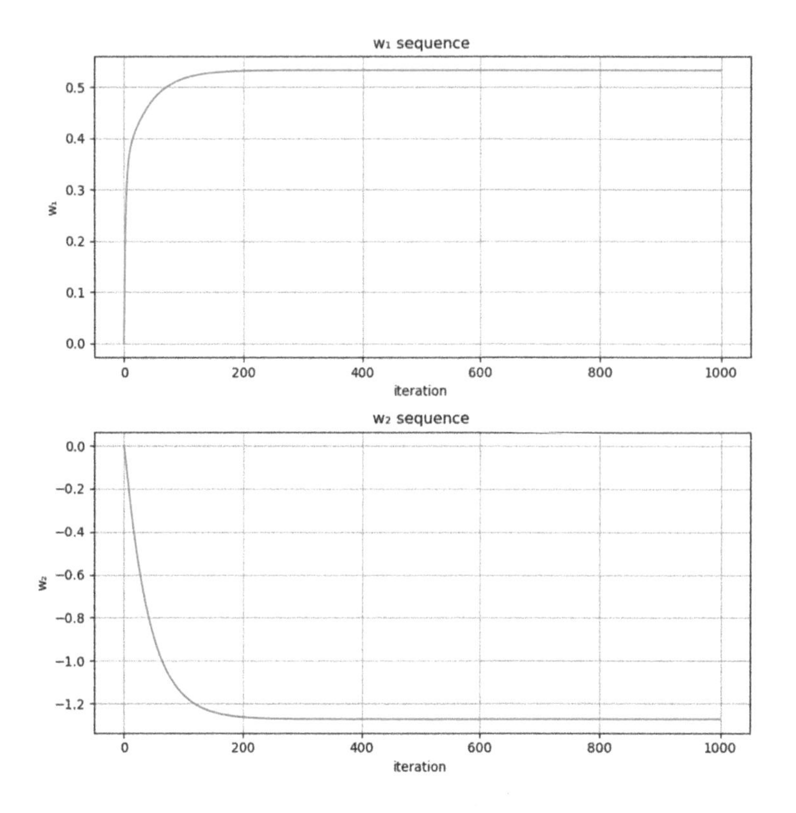

かなり十分な繰り返し回数で最適化を行ったので，最適値は w_1，w_2 ともに十分に収束しているように見えます．見つかった極大値を近似用の多変量正規分布の平均値とします．さらに，その点での**ヘッセ行列**（Hessian matrix）を計算し，それを近似分布の共分散行列とします注7．

```
# 平均
μ_approx = w_seq[:, end]

# 共分散
hessian(w) = ForwardDiff.hessian(ulp, w)
Σ_approx  = inv(-hessian(μ_approx))

fig, axes = subplots(1, 2, figsize=(8,4))

# 非正規化事後分布の可視化
cs = axes[1].contour(w₁s, w₂s, [exp(ulp([w₁, w₂]))
                                for w₁ in w₁s, w₂ in w₂s]', cmap="jet")
axes[1].clabel(cs, inline=true)
set_options(axes[1], "w₁", "w₂", "unnormalized posterior")
```

注 7　こちらの理論に関しても詳細は文献（須山敦志 [2019]）をご参考ください．

```
# 近似正規分布の可視化
cs = axes[2].contour(w₁s, w₂s, [pdf(MvNormal(μ_approx, Σ_approx), [w₁, w₂])
                     for w₁ in w₁s, w₂ in w₂s]', cmap="jet")
axes[2].clabel(cs, inline=true)
set_options(axes[2], "w₁", "w₂", "approximate posterior")

tight_layout()
```

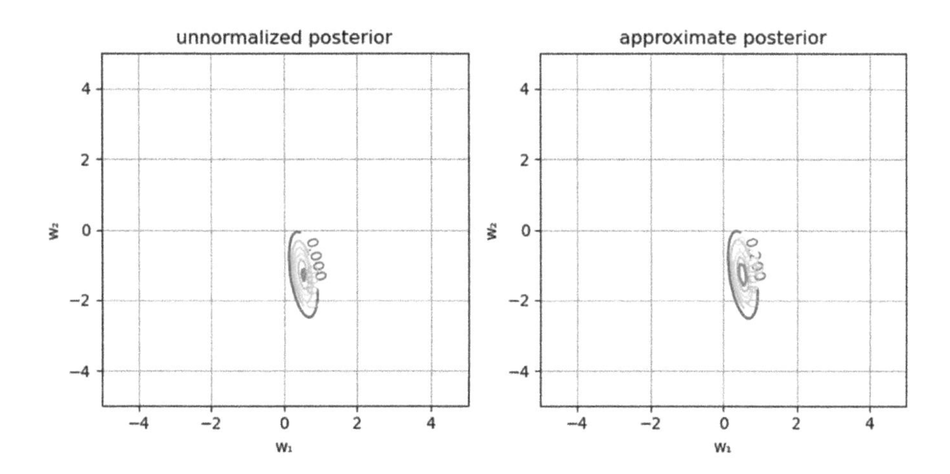

傾きだけを学習した場合と同様，傾きと切片の同時事後分布に関してもよく近似できているように見えます．この場合でも，実は事後分布が多変量の正規分布で厳密に表されるので，結果は当然といえます．

次に，パラメータの事後分布を使って予測分布を可視化してみましょう．こちらに関しても厳密解を出すことは可能ですが，ここでは積分近似を用いて予測分布を可視化することにします．一般的に，予測分布の計算はパラメータの事後分布の計算よりはるかに低次元であり，計算量が少ないため，応用上でも多くの場合単純な積分近似を用いることは可能です．

```
# 長方形の幅
Δ₁ = w₁s[2] - w₁s[1]
Δ₂ = w₂s[2] - w₂s[1]

# 積分近似による予測分布
p_predictive(x, y) = sum([pdf(Normal(w₁*x + w₂, σ), y) *
                          pdf(MvNormal(μ_approx, Σ_approx), [w₁, w₂]) *
                          Δ₁ * Δ₂ for w₁ in w₁s, w₂ in w₂s])
```

作成した予測関数を使い，さまざまな x に対して予測分布を可視化します．

```
# 描画範囲
xs = range(-10, 10, length=100)
ys = range(-5, 5, length=100)

# 密度の計算
density_y = p_predictive.(xs, ys')

fig, axes = subplots(1, 2, sharey=true, figsize=(8,4))

# 等高線図
cs = axes[1].contour(xs, ys, density_y', cmap="jet")
axes[1].clabel(cs, inline=true)
axes[1].scatter(X_obs, Y_obs)
set_options(axes[1], "x", "y", "predictive distribution (contour)")

# カラーメッシュ
xgrid = repeat(xs', length(ys), 1)
ygrid = repeat(ys, 1, length(xs))
axes[2].pcolormesh(xgrid, ygrid, density_y', cmap="jet", shading="auto")
axes[2].plot(X_obs, Y_obs, "ko", label="data")
set_options(axes[2], "x", "y", "predictive distribution (colored)")

tight_layout()
```

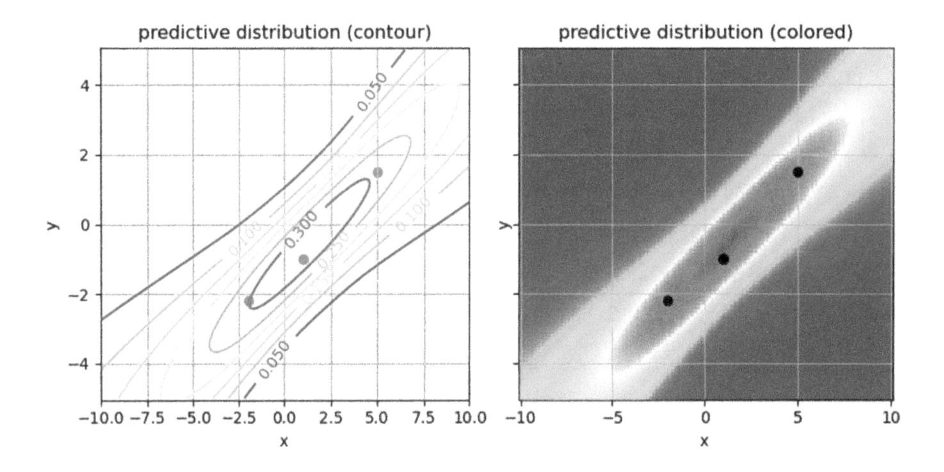

結果を見ると，第 5 章で厳密計算した場合とほぼ同じ結果になっていることが確認できます．

6.2.3 ロジスティック回帰

次に，ラプラス近似をロジスティック回帰に適用します．流れは線形回帰の場合とまったく同様で，まずロジスティック回帰の場合の非正規化対数事後分布を関数として書き，勾配法によって最大値を求め，近似用の正規分布を求めます．なお，ロジスティック回帰の場合は線形回帰と異なり，事後分布が厳密に求められないので，現実の応用でもラプラス近似が活用されることはあります．

まずは，今回利用するデータを可視化します．

```
# 入力データ集合
X_obs = [-2, 1, 2]

# 出力データ集合
Y_obs = Bool.([0, 1, 1])

# 散布図で可視化
fig, ax = subplots()
ax.scatter(X_obs, Y_obs)
ax.set_xlim([-3,3])
set_options(ax, "x", "y", "data (N = $(length(X_obs)))")
```

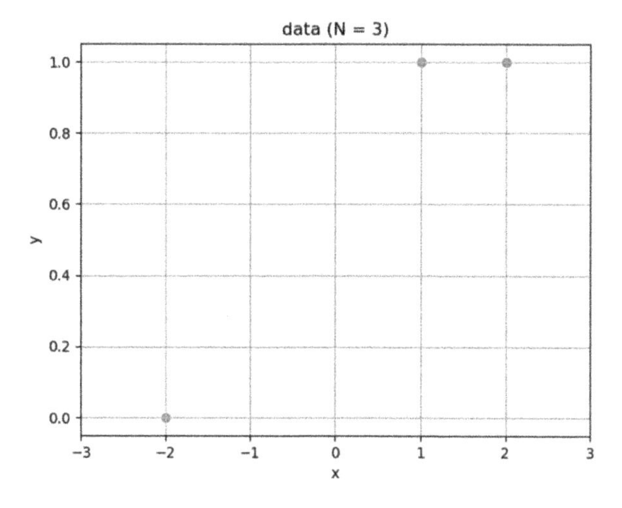

ここでは第 5 章と同じモデル設定にします．対数同時分布は次のようにコーディングします．

```
# シグモイド関数
sig(x) = 1/(1 + exp(-x))

# 事前分布の設定
μ₁ = 0
μ₂ = 0
σ₁ = 10.0
σ₂ = 10.0

# 対数同時分布
```

```
log_joint(w, X, Y, μ₁, σ₁, μ₂, σ₂) =
    logpdf(Normal(μ₁, σ₁), w[1]) +
    logpdf(Normal(μ₂, σ₂), w[2]) +
    sum(logpdf.(Bernoulli.(sig.(w[1]*X_obs .+ w[2])), Y_obs))
params = (X_obs, Y_obs, μ₁, σ₁, μ₂, σ₂)

# 非正規化対数事後分布
ulp(w) = log_joint(w, params...)
```

```
ulp (generic function with 1 method)
```

勾配法による重みパラメータの最適化を実行し，最適化の過程を可視化します．

```
# 最適化パラメータ
w_init = [0.0, 0.0]
maxiter = 2000
η = 0.1

# 最適化の実行
w_seq = inference_wrapper_gd(log_joint, params, w_init, η, maxiter)

# 勾配法の過程を可視化
fig, axes = subplots(2, 1, figsize=(8,8))
axes[1].plot(w_seq[1,:])
set_options(axes[1], "iteration", "w₁", "w₁ sequence")
axes[2].plot(w_seq[2,:])
set_options(axes[2], "iteration", "w₂", "w₂ sequence")

tight_layout()
```

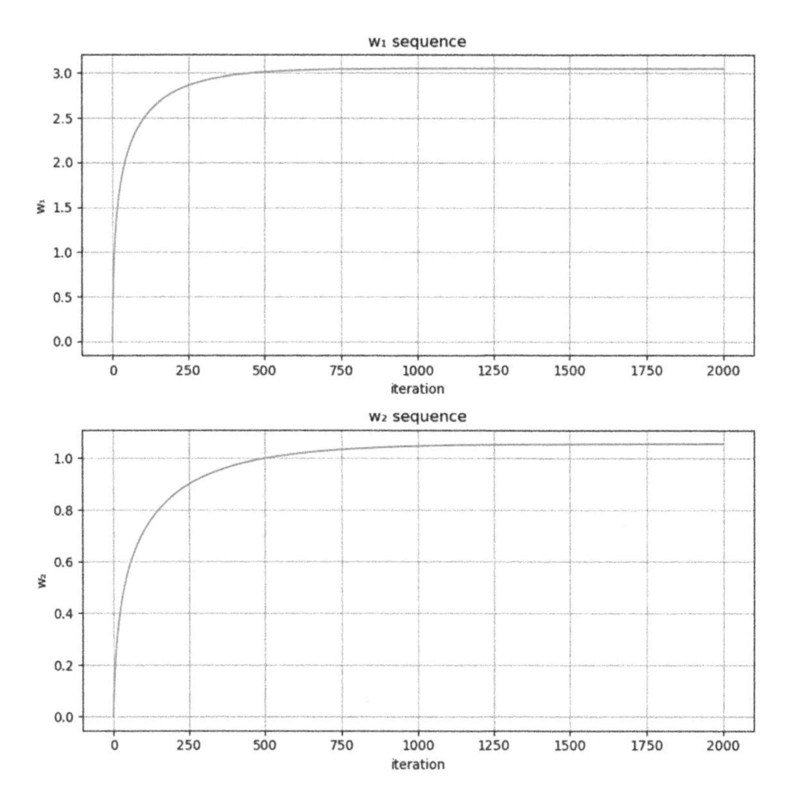

最適化で最終的に得られた値を近似分布の平均とします．また，近似分布の共分散に関してはヘッセ行列を計算することによって求めます．

```
# 平均
μ_approx = w_seq[:, end]

# 共分散
hessian(w) = ForwardDiff.hessian(ulp, w)
Σ_approx  = inv(-hessian(μ_approx))
```

非正規化事後分布と，近似で得られた分布の等高線を比較します．

```
w₁s = range(-10, 30, length=100)
w₂s = range(-20, 20, length=100)

fig, axes = subplots(1, 2, figsize=(8,4))
cs = axes[1].contour(w₁s, w₂s, [exp(ulp([w₁, w₂])) + eps()
                                for w₁ in w₁s, w₂ in w₂s]', cmap="jet")
axes[1].clabel(cs, inline=true)
set_options(axes[1], "w₁", "w₂", "unnormalized posterior")
```

```
cs = axes[2].contour(w₁s, w₂s, [pdf(MvNormal(μ_approx, Σ_approx), [w₁, w₂])
                                for w₁ in w₁s, w₂ in w₂s]', cmap="jet")
axes[2].clabel(cs, inline=true)
set_options(axes[2], "w₁", "w₂", "approximate posterior")

tight_layout()
```

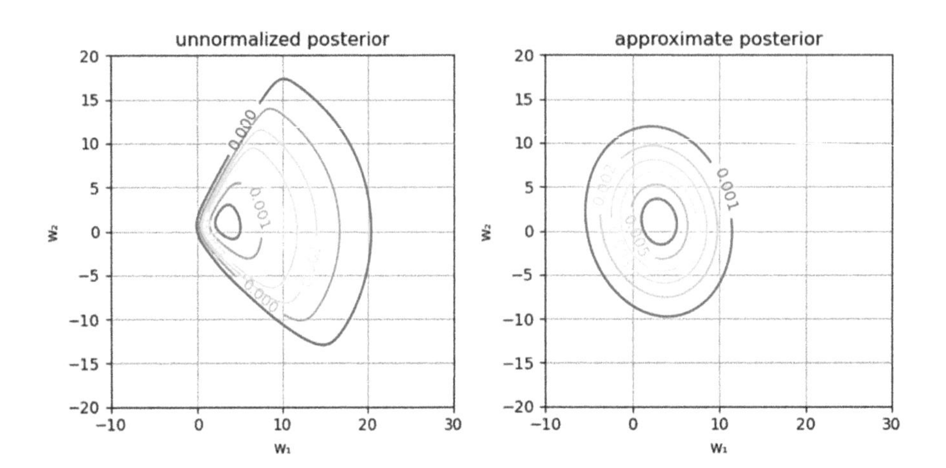

線形回帰の場合と異なり，ロジスティック回帰の場合は事後分布が多変量正規分布になりません．今回のデータとモデルの場合は，事後分布の等高線は扇型のような複雑な形になっており，多変量正規分布のように等高線が楕円形になるような分布ではうまく近似できません．ラプラス近似によってむりやり多変量正規分布で表現しようとした結果，事後分布の近似は正確ではなくなってしまっています．特に，w_1 がマイナスになるようなエリアまで比較的大きな密度を持ってしまっているのは問題でしょう．そこで，近似分布から 100 個ほど具体的なパラメータをサンプリングし，それぞれのパラメータがどんな予測関数（この場合はシグモイド関数）を表現しているか確認してみます．

```
# 近似分布から候補のサンプルを 100個抽出
W = rand(MvNormal(μ_approx, Σ_approx), 100)

fig, ax = subplots()
for i in 1:size(W,2)
    w₁, w₂ = W[:, i]
    f(x) = sig(w₁*x + w₂)
    ax.plot(xs, f.(xs), "g", alpha=0.1)
end
ax.scatter(X_obs, Y_obs)
ax.set_xlim(extrema(xs))
set_options(ax, "x", "y", "prediction samples from approximate posterior")
```

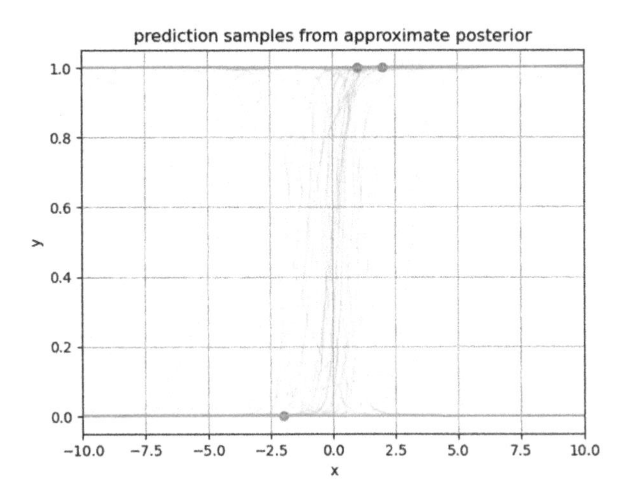

結果を見ればわかるように，w_1 がプラスで右上がりになっている関数が少し多く存在しているものの，w_1 がマイナスのサンプルも多く含まれており，予測はかなり一貫性のないものになっています．

次に，近似分布を使って予測分布を積分近似によって求めます．

```
# 長方形の幅
Δ₁ = w₁s[2] - w₁s[1]
Δ₂ = w₂s[2] - w₂s[1]

# 積分近似による予測分布
p_predictive(x, y) = sum([pdf(Bernoulli(sig(w₁*x + w₂)), y) *
                          pdf(MvNormal(μ_approx, Σ_approx), [w₁, w₂]) *
                          Δ₁ * Δ₂ for w₁ in w₁s, w₂ in w₂s])

# 関数を可視化する範囲
xs = range(-3, 3, length=50)

fig, ax = subplots()
ax.scatter(X_obs, Y_obs, label="data")
ax.plot(xs, p_predictive.(xs, 1), label="probability")
ax.set_xlim([-3,3])
set_options(ax, "x", "y", "prediction", legend=true)
```

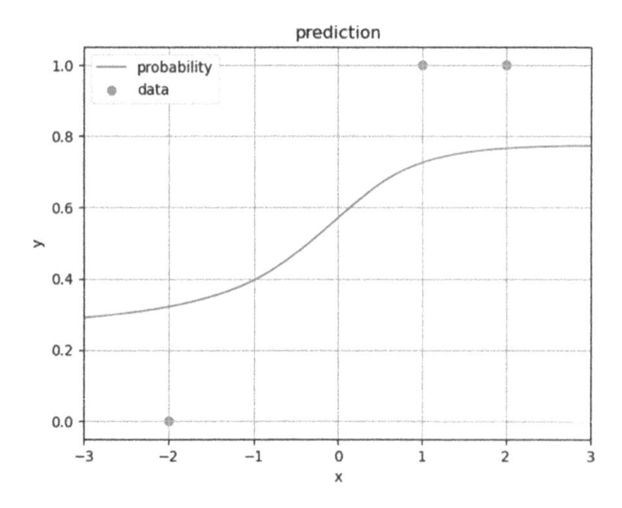

パラメータの事後分布と同様，予測確率に関しても第５章で積分近似によって得られた結果と異なっており，負の傾きを持つサンプルの影響もあり少し平坦になっています．

次に紹介するマルコフ連鎖モンテカルロに基づく手法では，伝承サンプリングと同様に事後分布に従うサンプルを抽出できるため，このような問題は理論上では起きにくくなっています．

6.3 • ハミルトニアンモンテカルロ法

ハミルトニアンモンテカルロ（Hamiltonian Monte Carlo, **HMC**）**法**はマルコフ連鎖モンテカルロの１つで，Stan や PyMC3 といった確率的プログラミング言語でもデファクトスタンダードとなっている近似推論手法です．ラプラス近似や変分推論と異なり，近似のための分布を仮定する必要がなく，計算資源を投入すれば理論上では厳密な事後分布からのサンプルを得ることができます．ここでは MCMC やハミルトニアンモンテカルロ法の詳細な理論までには入り込まず，あくまで直感的な原理と実装方法だけを示します．ここで紹介するメトロポリスヘイスティングス法やハミルトニアンモンテカルロ法の詳しい原理に関しては文献（須山敦志 [2019]）をご参考ください．

6.3.1 マルコフ連鎖モンテカルロ

ここ数十年で，ベイズ統計によるデータ解析が実用化に至った最大の理由は**マルコフ連鎖モンテカルロ**（Markov chain Monte Carlo, **MCMC**）が発明されたことです．

第３章や第５章で利用した伝承サンプリングによる事後分布からのサンプル抽出が非効率である理由は，「ランダムなシミュレーション結果がデータと一致するケースを集める」という極めて運任せのやり方であったためです．伝承サンプリングの場合，データを活用する機会はシミュレーション結果とデータとの照合時のみです．したがって，サンプル候補の生成の仕方に関して，与えられたデータの情報を加味できれば，より効率的にサンプル候補が生成できる可能性があります．また，伝承サンプリングは１つ１つのシミュレーションが完全に独立であることも効率性を下げる理由の１つです．

1つ前のシミュレーションの結果を次のシミュレーションに引き継ぐことによって，事後分布に関してこれまでに探索された情報を活用できるかもしれません．

このようなアイデアを実現するのがMCMCです．MCMCでは，まず初期サンプル $\boldsymbol{\mu}_0$ を適当に設定します．初期サンプルの値を用いて，次の2つ目のサンプル $\boldsymbol{\mu}_1$ を確率的に選定します．同様に，3つ目 $\boldsymbol{\mu}_2$，4つ目 $\boldsymbol{\mu}_3$ とサンプリングを続け，あらかじめ設定された規定回数で停止させます．あるサンプル $\boldsymbol{\mu}_i$ から次のサンプル $\boldsymbol{\mu}_{i+1}$ を選び出す方法は**遷移カーネル**（transition kernel）と呼ばれています．一般的に遷移カーネルでは，$\boldsymbol{\mu}_i$ と「それほど遠くない」ような値が確率的に選択されます．遷移カーネルを変更すると，アルゴリズムの特性が変わっていきます．

6.3.2 メトロポリスヘイスティングス法

最新のサンプル $\boldsymbol{\mu}_i$ から次のサンプル $\boldsymbol{\mu}_{i+1}$ を選択し，数珠つなぎに大量のサンプルを抽出するのがMCMCのアイデアですが，やみくもにサンプルを生成してしまうと当然ですが事後分布からのサンプルとはみなせません．すなわち，理論的に事後分布からのサンプルが得られるような遷移カーネルを設計しなければなりません．

遷移カーネルの設計を容易にする方法が**メトロポリスヘイスティングス法**（Metropolis-Hastings method）です．メトロポリスヘイスティングス法では，まず多変量正規分布などの何らかの確率分布 $q(\boldsymbol{\mu}_{\mathrm{tmp}}|\boldsymbol{\mu}_i)$ を使って $\boldsymbol{\mu}_i$ から次の候補 $\boldsymbol{\mu}_{\mathrm{tmp}}$ を確率的に生成します．なお，q は**提案分布**（proposal distribution）と呼ばれています．そして，次のステップに従って $\boldsymbol{\mu}_{\mathrm{tmp}}$ を新しいサンプルとして**受容**（accept）するか，あるいは**棄却**（reject）して $\boldsymbol{\mu}_{i+1} = \boldsymbol{\mu}_i$ とするかを決定します．

1. 次の比率 r を計算します．

$$r = \frac{\tilde{p}(\boldsymbol{\mu}_{\mathrm{tmp}})q(\boldsymbol{\mu}_i|\boldsymbol{\mu}_{\mathrm{tmp}})}{\tilde{p}(\boldsymbol{\mu}_i)q(\boldsymbol{\mu}_{\mathrm{tmp}}|\boldsymbol{\mu}_i)} \tag{6.5}$$

2. 提案された点 $\boldsymbol{\mu}_{\mathrm{tmp}}$ を確率 $\min(1, r)$ によって $\boldsymbol{\mu}_{i+1} \longleftarrow \boldsymbol{\mu}_{\mathrm{tmp}}$ として受容し，そうでない場合は $\boldsymbol{\mu}_{\mathrm{tmp}}$ は棄却され，$\boldsymbol{\mu}_{i+1} \longleftarrow \boldsymbol{\mu}_i$ とします．

ここで，$\tilde{p}$ は解析対象となる非正規化事後分布です．上記のステップによって次のサンプル $\boldsymbol{\mu}_{i+1}$ を決定することによって，理論的にサンプル系列 $\boldsymbol{\mu}_0, \boldsymbol{\mu}_1, \boldsymbol{\mu}_2, \ldots$ が事後分布から抽出されたものであることを保証します[注8]．

以上から，メトロポリスヘイスティングス法を実装するためには

1. 提案分布 q を決める．
2. 非正規化事後分布 $\tilde{p}$ を関数として記述する．

注8　補足として，保証されているのはサンプルサイズが十分大量にある場合（理論的には無限）のみです．

の2点を指定できればよいことになります．

次のコードは，提案分布を1つ前のサンプルを平均とした正規分布 $\mathcal{N}(\boldsymbol{\mu}_{\mathrm{tmp}}|\boldsymbol{\mu}_i, \sigma\mathbf{I})$ にした場合のメトロポリスヘイスティングス法の実装です．

```
# ガウス提案分布によるメトロポリスヘイスティングス法
function GaussianMH(log_p_tilde, μ₀; maxiter::Int=100_000, σ::Float64=1.0)
    # サンプルを格納する配列
    D = length(μ₀)
    μ_samples = Array{typeof(μ₀[1]), 2}(undef, D, maxiter)

    # 初期サンプル
    μ_samples[:, 1] = μ₀

    # 受容されたサンプルの数
    num_accepted = 1

    for i in 2:maxiter
        # 提案分布q（多変量正規分布）に従い，次のサンプル候補を抽出
        μ_tmp = rand(MvNormal(μ_samples[:, i-1], σ*eye(D)))

        # 比率r（の対数）を計算
        log_r = (log_p_tilde(μ_tmp) +
                  logpdf(MvNormal(μ_tmp, σ), μ_samples[:, i-1])) -
                (log_p_tilde(μ_samples[:, i-1]) +
                  logpdf(MvNormal(μ_samples[:,i-1], σ), μ_tmp))

        # 確率r でサンプルを受容する
        is_accepted = min(1, exp(log_r)) > rand()
        new_sample = is_accepted ? μ_tmp : μ_samples[:, i-1]

        # 新しいサンプルを格納
        μ_samples[:, i] = new_sample

        # 受容された場合，合計をプラスする
        num_accepted += is_accepted
    end

    μ_samples, num_accepted
end
```

6.3.3 ハミルトニアンモンテカルロ法の手続き

ハミルトニアンモンテカルロ（Hamiltonian Monte Carlo）**法**はメトロポリスヘイスティングス法に基づいた手法で，提案分布 $q(\boldsymbol{\mu}_{\mathrm{tmp}}|\boldsymbol{\mu}_i)$ に小球の運動から発想を得た計算手法を取り入れています．具体的には，位置 $\boldsymbol{\mu}_i$ においてある小球に対して，ランダムに運動量 $\mathbf{p}$ を与えて小球をはじき，一定の時刻 ϵL 後に小球を止めてその位置を $\boldsymbol{\mu}_{\mathrm{tmp}}$ として記録するという流れになります．ここで $\epsilon > 0$ は力学的なシミュレーションを行う際の単位時間で，$L > 0$ はその計算を行う回数に対応します．対数事

後分布は極大値を持つような山の形をしていますが，これにマイナスをつけてひっくり返すと，今度は極小値を持つような谷になります．ハミルトニアンモンテカルロ法では，小球をはじくような力学的なシミュレーションを行うことによって，重力の影響によって谷の部分のサンプルが集まりやすくなるようになっています．ハミルトニアンモンテカルロ法で用いられる**リープフロッグ法**（leapfrog method）と呼ばれる方法では，次のような手続きで $\boldsymbol{\mu}_i$ から $\boldsymbol{\mu}_{\mathrm{tmp}}$ を得ます．

1. 運動量を多変量正規分布からサンプリング $\mathbf{p}^{(0)} \sim \mathcal{N}(\mathbf{p}^{(0)}|\mathbf{0}, \mathbf{I})$ する．
2. $\boldsymbol{\mu}^{(0)} = \boldsymbol{\mu}_{i-1}$ とし，運動量を次のように更新する．

$$\mathbf{p}^{(1)} = \mathbf{p}^{(0)} + \frac{1}{2}\epsilon\nabla \log \tilde{p}(\boldsymbol{\mu}^{(0)}) \tag{6.6}$$

3. 下記の更新式を $j = 1, 2, 3, \ldots, L-1$ に関して計算する．

$$\boldsymbol{\mu}^{(j)} = \boldsymbol{\mu}^{(j-1)} + \epsilon\mathbf{p}^{(j)} \tag{6.7}$$

$$\mathbf{p}^{(j+1)} = \mathbf{p}^{(j)} + \epsilon\nabla \log \tilde{p}(\boldsymbol{\mu}^{(j)}) \tag{6.8}$$

4. 下記 $\boldsymbol{\mu}_{\mathrm{tmp}}$，$\mathbf{p}_{\mathrm{tmp}}$ を最終的な候補とする．

$$\boldsymbol{\mu}_{\mathrm{tmp}} = \boldsymbol{\mu}^{(L-1)} + \epsilon\mathbf{p}^{(L)} \tag{6.9}$$

$$\mathbf{p}_{\mathrm{tmp}} = \mathbf{p}^{(L)} + \epsilon\nabla \log \tilde{p}(\boldsymbol{\mu}_{\mathrm{tmp}}) \tag{6.10}$$

得られた $\boldsymbol{\mu}_{\mathrm{tmp}}$ と運動量 $\mathbf{p}_{\mathrm{tmp}}$ に関しては，前述のメトロポリスヘイスティングス法の考え方によって，受容あるいは棄却が決定されます．ハミルトニアンモンテカルロ法は，対数事後分布の勾配情報 $\nabla \log \tilde{p}$ を利用して積極的に事後分布のピーク周辺を探索していくので，より効率よくサンプルを収集できます．なお，勾配の計算方法はこれまでの最適化やラプラス近似と同様，`ForwardDiff.jl` による自動微分が使えます．少し長いですが，ハミルトニアンモンテカルロ法の実装は次のようになります．

```
# ハミルトニアンモンテカルロ法
function HMC(log_p_tilde, μ₀;
             maxiter::Int=100_000, L::Int=100, ϵ::Float64=1e-1)
    # leapfrog による値の更新
    function leapflog(grad, p_in, μ_in, L, ϵ)
        μ = μ_in
        p = p_in + 0.5*ϵ*grad(μ)
        for l in 1 : L-1
            μ += ϵ*p
            p += ϵ*grad(μ)
```

```
        end
        μ += ϵ*p
        p += 0.5*ϵ*grad(μ)
        p, μ
    end

    # 非正規化対数事後分布の勾配関数を計算
    grad(μ) = ForwardDiff.gradient(log_p_tilde, μ)

    # サンプルを格納する配列
    D = length(μ₀)
    μ_samples = Array{typeof(μ₀[1]), 2}(undef, D, maxiter)

    # 初期サンプル
    μ_samples[:, 1] = μ₀

    # 受容されたサンプルの数
    num_accepted = 1

    for i in 2:maxiter
        # 運動量p の生成
        p_in = randn(size(μ₀))

        # リープフロッグ法
        p_out, μ_out = leapflog(grad, p_in, μ_samples[:, i-1], L, ϵ)

        # 比率r (の対数) を計算
        μ_in = μ_samples[:, i-1]
        log_r = (log_p_tilde(μ_out) +
                  logpdf(MvNormal(zeros(D),eye(D)), vec(p_out))) -
                 (log_p_tilde(μ_in) +
                  logpdf(MvNormal(zeros(D),eye(D)), vec(p_in)))

        # 確率r でサンプルを受容する
        is_accepted = min(1, exp(log_r)) > rand()
        new_sample = is_accepted ? μ_out : μ_in

        # 新しいサンプルを格納
        μ_samples[:, i] = new_sample

        # 受容された場合, 合計をプラスする
        num_accepted += is_accepted
    end

    μ_samples, num_accepted
end
```

メトロポリスヘイスティングス法とハミルトニアンモンテカルロ法にも，次のようにラッパー関数を用意します．

```
function inference_wrapper_GMH(log_joint, params, w_init;
                               maxiter::Int=100000, σ::Float64=1.0)
    ulp(w) = log_joint(w, params...)
    GaussianMH(ulp, w_init; maxiter=maxiter, σ=σ)
end

function inference_wrapper_HMC(log_joint, params, w_init;
                               maxiter::Int=100000, L::Int=100, ϵ::Float64=1e-1)
    ulp(w) = log_joint(w, params...)
    HMC(ulp, w_init, maxiter=maxiter, L=L, ϵ=ϵ)
end
```

6.3.4 線形回帰

まずは線形回帰にサンプリング手法を適用してみましょう．ここでもラプラス近似と同様に，観測データとモデルから，非正規化対数事後分布の関数を作る必要があります．

```
# 入力データセット
X_obs = [-2, 1, 5]

# 出力データセット
Y_obs = [-2.2, -1.0, 1.5]

# 散布図で可視化
fig, ax = subplots()
ax.scatter(X_obs, Y_obs)
set_options(ax, "x", "y", "data (N = $(length(X_obs)))")
```

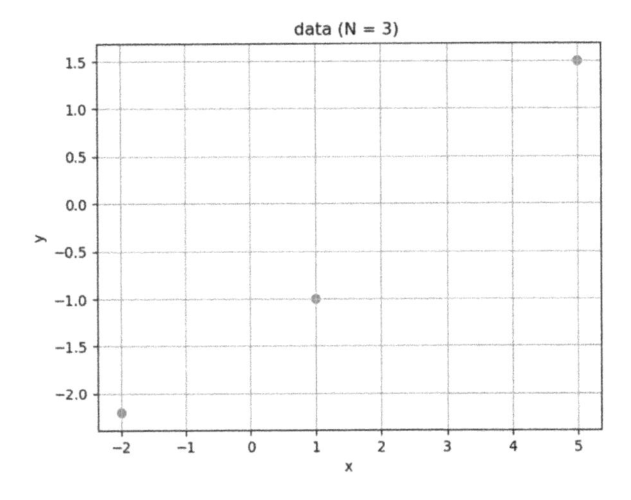

非正規化対数事後分布を関数として用意します．

```
# 対数同時分布
log_joint(w, X, Y, σ, μ₁, σ₁, μ₂, σ₂) =
    sum(logpdf.(Normal.(w[1]*X .+ w[2], σ), Y)) +
    logpdf(Normal(μ₁, σ₁), w[1]) +
    logpdf(Normal(μ₂, σ₂), w[2])
params = (X_obs, Y_obs, σ, μ₁, σ₁, μ₂, σ₂)

# 非正規化対数事後分布
ulp(w) = log_joint(w, params...)
```

```
ulp (generic function with 1 method)
```

正規分布に基づくメトロポリスヘイスティングス法と，ハミルトニアンモンテカルロ法を実行します[注9]．サンプリングの過程で得られるサンプルを折れ線グラフとしてプロットしています．このようなグラフはMCMCの**トレースプロット**（trace plot）と呼ばれています．

```
# 初期値
w_init = randn(2)

# サンプリング
maxiter = 300
param_posterior_GMH, num_accepted_GMH =
    inference_wrapper_GMH(log_joint, params, w_init,
                          maxiter=maxiter, σ=1.0)
param_posterior_HMC, num_accepted_HMC =
    inference_wrapper_HMC(log_joint, params, w_init,
                          maxiter=maxiter, L=10, ϵ=1e-1)

# サンプリングの過程を可視化（Gaussian MH）
fig, axes = subplots(2, 1, figsize=(8,4))
axes[1].plot(param_posterior_GMH[1,:])
set_options(axes[1], "iteration", "w₁", "w₁ sequence (GMH)")
axes[2].plot(param_posterior_GMH[2,:])
set_options(axes[2], "iteration", "w₂", "w₂ sequence (GMH)")
tight_layout()
println("acceptance rate (GMH) = $(num_accepted_GMH/maxiter)")

# サンプリングの過程を可視化（HMC）
fig, axes = subplots(2, 1, figsize=(8,4))
axes[1].plot(param_posterior_HMC[1,:])
set_options(axes[1], "iteration", "w₁", "w₁ sequence (HMC)")
axes[2].plot(param_posterior_HMC[2,:])
set_options(axes[2], "iteration", "w₂", "w₂ sequence (HMC)")
tight_layout()
println("acceptance rate (HMC) = $(num_accepted_HMC/maxiter)")
```

注9　ここのコードでは初期値はrandn関数で生成しています．初期値のとるべき値に関して事前に何か見識があるのであれば，その値を設定するほうが効率化のためにはよいでしょう．

```
acceptance rate (GMH) = 0.15333333333333332
acceptance rate (HMC) = 0.9833333333333333
```

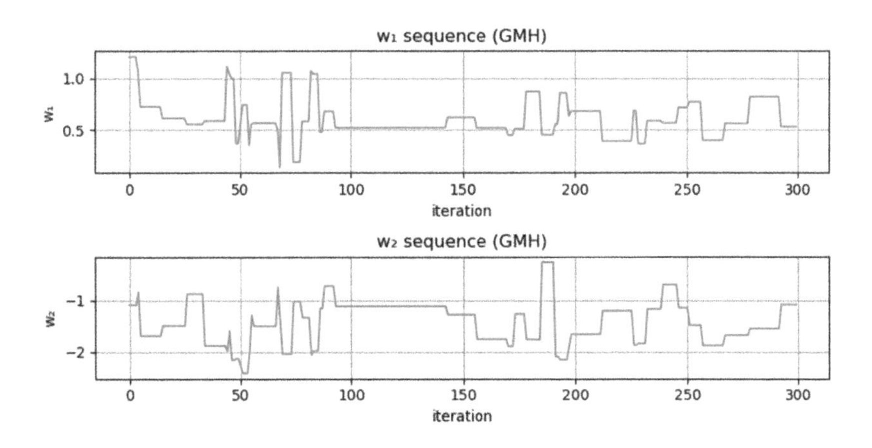

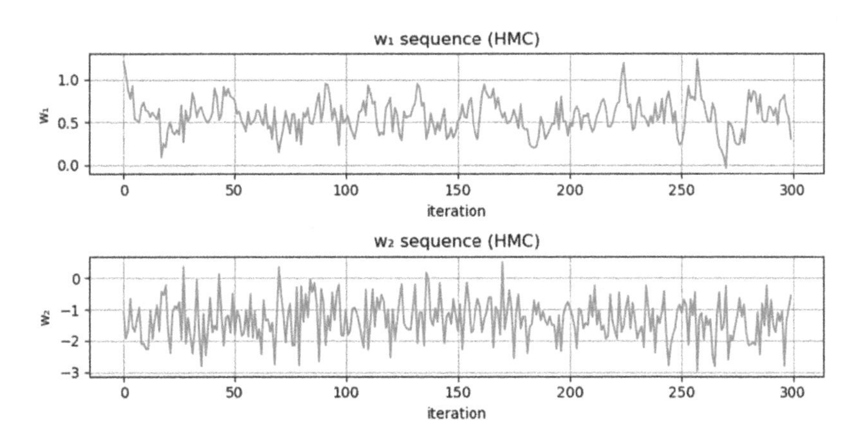

結果では，ハミルトニアンモンテカルロ法のほうがはるかに高い受容率を示しており，サンプリングの効率が高いことがわかります．

次に，得られたサンプルを2次元で可視化し，非正規化事後分布と視覚的に比較してみましょう．

```
# 事後分布を可視化する範囲
w₁s = range(-5, 5, length=100)
w₂s = range(-5, 5, length=100)

fig, axes = subplots(1, 3, sharex=true, sharey=true, figsize=(12,4))
cs = axes[1].contour(w₁s, w₂s, [exp(ulp([w₁, w₂])) + eps()
```

```
                                for w₁ in w₁s, w₂ in w₂s]', cmap="jet")

# 非正規化事後分布
axes[1].clabel(cs, inline=true)
set_options(axes[1], "w₁", "w₂", "unnormalized posterior")

# Gaussian MH で得られた事後分布からのサンプル
axes[2].scatter(param_posterior_GMH[1,:], param_posterior_GMH[2,:],
                alpha=10/maxiter)
set_options(axes[2], "w₁", "w₂", "samples from posterior (GMH)")

# HMC で得られた事後分布からのサンプル
axes[3].scatter(param_posterior_HMC[1,:], param_posterior_HMC[2,:],
                alpha=10/maxiter)
set_options(axes[3], "w₁", "w₂", "samples from posterior (HMC)")

tight_layout()
```

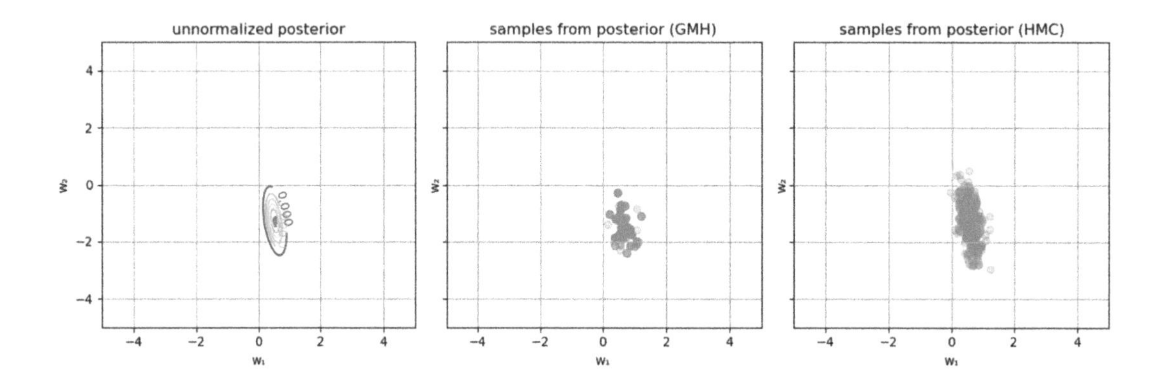

グラフを見ると，ハミルトニアンモンテカルロ法で得られたサンプルは，事後分布の形状（非正規化事後分布）をよく表しているように見えます．一方でメトロポリスヘイスティングス法は，受容されたサンプルが少なく，事後分布を十分表現しきれていないように見えます．

次に，得られたサンプルをもとに予測分布を可視化します．

```
xs = range(-10, 10, length=100)

fig, axes = subplots(1, 2, figsize=(8,4))

# Gaussian MH
for i in 1:size(param_posterior_GMH, 2)
    w₁, w₂ = param_posterior_GMH[:, i]
    f(x) = w₁*x + w₂
    axes[1].plot(xs, f.(xs), "g", alpha=10/maxiter)
```

```
end
axes[1].scatter(X_obs, Y_obs)
axes[1].set_xlim(extrema(xs))
set_options(axes[1], "x", "y", "predictive distribution (GMH)")

# HMC
for i in 1:size(param_posterior_HMC, 2)
    w₁, w₂ = param_posterior_HMC[:, i]
    f(x) = w₁*x + w₂
    axes[2].plot(xs, f.(xs), "g", alpha=10/maxiter)
end
axes[2].scatter(X_obs, Y_obs)
axes[2].set_xlim(extrema(xs))
set_options(axes[2], "x", "y", "predictive distribution (HMC)")

tight_layout()
```

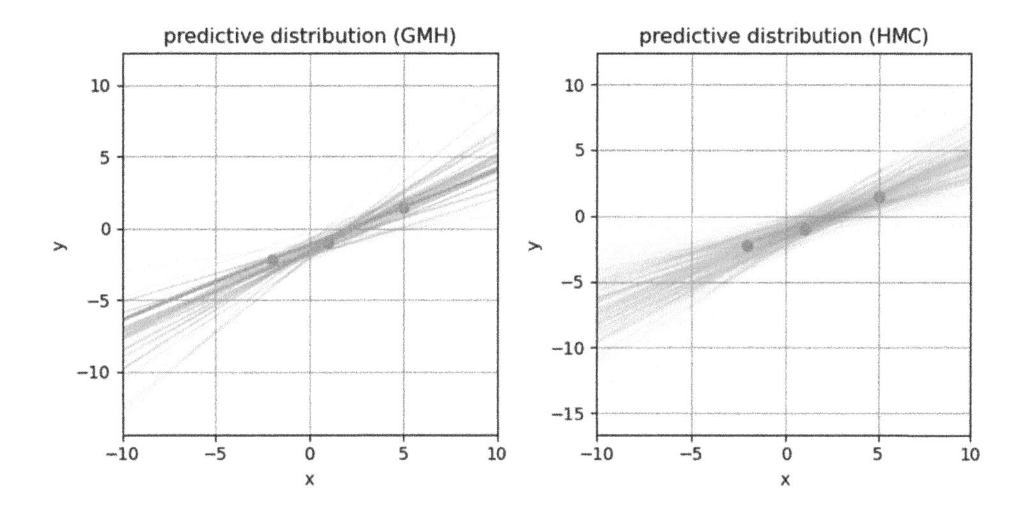

事後分布の結果と同様に，ハミルトニアンモンテカルロ法のほうがメトロポリスヘイスティングス法よりサンプルの数が稼げていることがわかりますが，予測の傾向としては実質的にはどちらもそれほど変わらなくなっています．

6.3.5 ロジスティック回帰

ロジスティック回帰のように，事後分布が正規分布にならないようなモデルは，ハミルトニアンモンテカルロ法の絶好のターゲットです．まずは，ここで使用するデータを可視化します．

```
# 入力データセット
X_obs = [-2, 1, 2]

# 出力データセット
Y_obs = Bool.([0, 1, 1])

# 散布図で可視化
fig, ax = subplots()
ax.scatter(X_obs, Y_obs)
ax.set_xlim([-3,3])
set_options(ax, "x", "y", "data (N = $(length(X_obs)))")
```

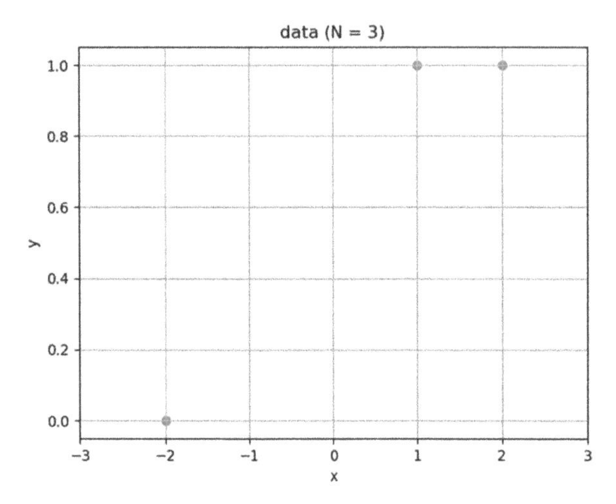

ラプラス近似の場合と同様，非正規化対数事後分布を関数として用意します.

```
# シグモイド関数
sig(x) = 1/(1 + exp(-x))

# 事前分布の設定
μ₁ = 0
μ₂ = 0
σ₁ = 10.0
σ₂ = 10.0

# 対数同時分布
log_joint(w, X, Y, σ, μ₁, σ₁, μ₂, σ₂) =
    logpdf(Normal(μ₁, σ₁), w[1]) +
    logpdf(Normal(μ₂, σ₂), w[2]) +
    sum(logpdf.(Bernoulli.(sig.(w[1]*X .+ w[2])), Y))
params = (X_obs, Y_obs, σ, μ₁, σ₁, μ₂, σ₂)
```

```
# 非正規化対数事後分布
ulp(w) = log_joint(w, params...)
```

```
ulp (generic function with 1 method)
```

適当な設定値を与え，メトロポリスヘイスティングス法とハミルトニアンモンテカルロ法を実行します．

```
# 初期値
w_init = randn(2)

# サンプリング
maxiter = 300
param_posterior_GMH, num_accepted_GMH =
    inference_wrapper_GMH(log_joint, params, w_init,
                          maxiter=maxiter, σ=1.0)
param_posterior_HMC, num_accepted_HMC =
    inference_wrapper_HMC(log_joint, params, w_init,
                          maxiter=maxiter, L=10, ϵ=1e-1)

# サンプリングの過程を可視化（Gaussian MH）
fig, axes = subplots(2, 1, figsize=(8,4))
axes[1].plot(param_posterior_GMH[1,:])
set_options(axes[1], "iteration", "w₁", "w₁ sequence (GMH)")
axes[2].plot(param_posterior_GMH[2,:])
set_options(axes[2], "iteration", "w₂", "w₂ sequence (GMH)")
tight_layout()
println("acceptance rate (GMH) = $(num_accepted_GMH/maxiter)")

# サンプリングの過程を可視化（HMC）
fig, axes = subplots(2, 1, figsize=(8,4))
axes[1].plot(param_posterior_HMC[1,:])
set_options(axes[1], "iteration", "w₁", "w₁ sequence (HMC)")
axes[2].plot(param_posterior_HMC[2,:])
set_options(axes[2], "iteration", "w₂", "w₂ sequence (HMC)")
tight_layout()
println("acceptance rate (HMC) = $(num_accepted_HMC/maxiter)")
```

```
acceptance rate (GMH) = 0.8766666666666667
acceptance rate (HMC) = 1.0
```

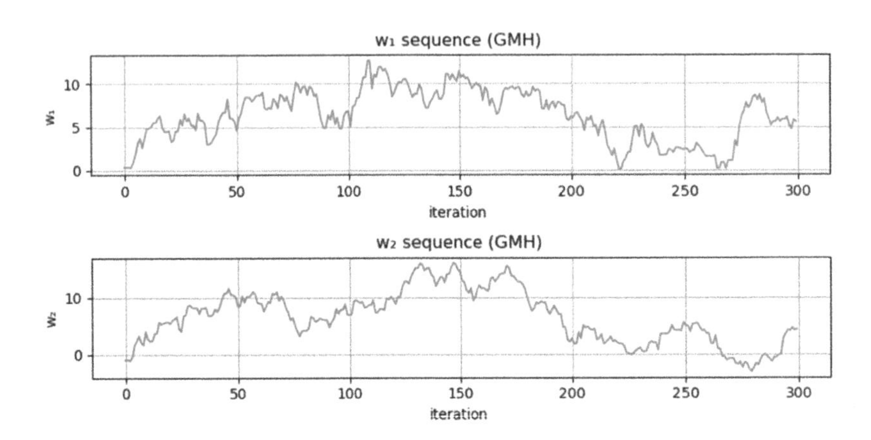

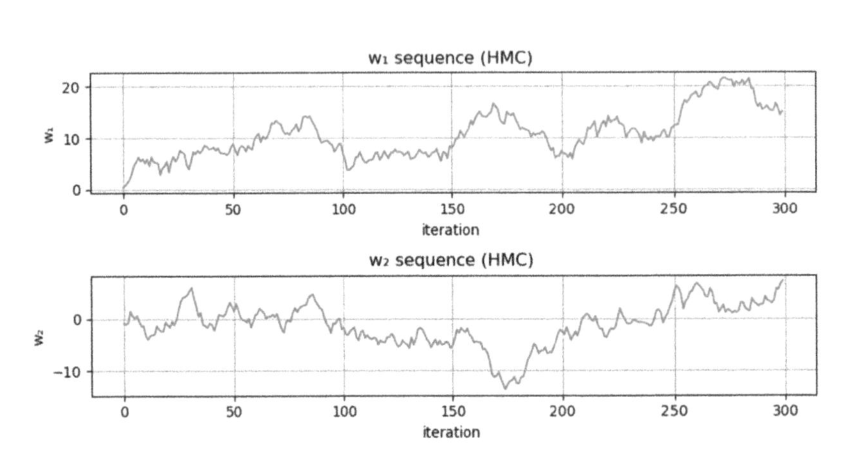

対数事後分布と得られたサンプルを比較します．

```
# 事後分布を可視化する範囲
w₁s = range(-10, 30, length=100)
w₂s = range(-20, 20, length=100)

fig, axes = subplots(1, 3, sharex=true, sharey=true, figsize=(12,4))
cs = axes[1].contour(w₁s, w₂s, [exp(ulp([w₁, w₂])) + eps()
                                for w₁ in w₁s, w₂ in w₂s]', cmap="jet")

# 非正規化事後分布
axes[1].clabel(cs, inline=true)
set_options(axes[1], "w₁", "w₂", "unnormalized posterior")

# Gaussian MH で得られた事後分布からのサンプル
axes[2].scatter(param_posterior_GMH[1,:], param_posterior_GMH[2,:],
                alpha=10/maxiter)
```

```
set_options(axes[2], "w₁", "w₂", "samples from posterior (GMH)")

# HMC で得られた事後分布からのサンプル
axes[3].scatter(param_posterior_HMC[1,:], param_posterior_HMC[2,:],
                alpha=10/maxiter)
set_options(axes[3], "w₁", "w₂", "samples from posterior (HMC)")

tight_layout()
```

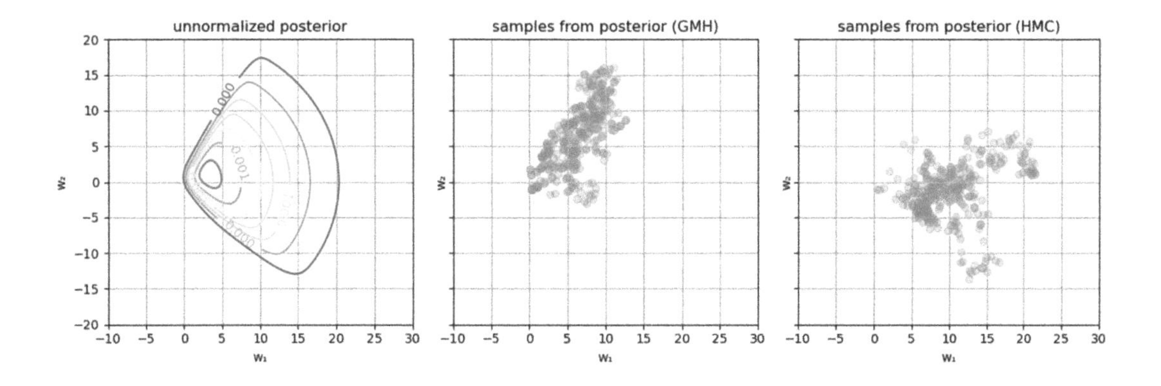

結果を見ると，どちらのアルゴリズムも受容率は高いのですが，事後分布を幅広く探索しきれていないことがわかります．ここではアルゴリズムの設定値を次のように修正します．

```
param_posterior_GMH, num_accepted_GMH =
    GaussianMH(ulp, w_init, maxiter=maxiter, σ=10.0)
param_posterior_HMC, num_accepted_HMC =
    HMC(ulp, w_init, maxiter=maxiter, L=10, ϵ=1e-0)
```

ここでは，事後分布をより広い範囲で探索できるように，メトロポリスヘイスティングス法に関しては提案分布のパラメータ σ を大きくしました．また，ハミルトニアンモンテカルロ法に関しては，ステップサイズ ϵ を 0.1 から 1.0 に変え，より積極的に小球が移動できるようにしています．このような設定値を修正した後の結果は次のようになります．

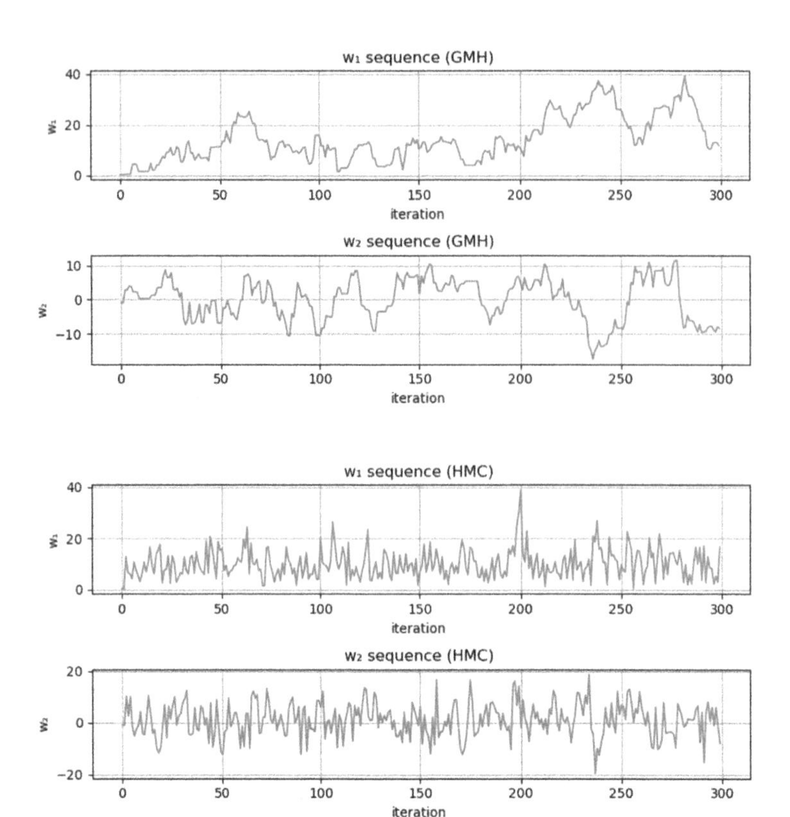

得られたサンプルを可視化します．

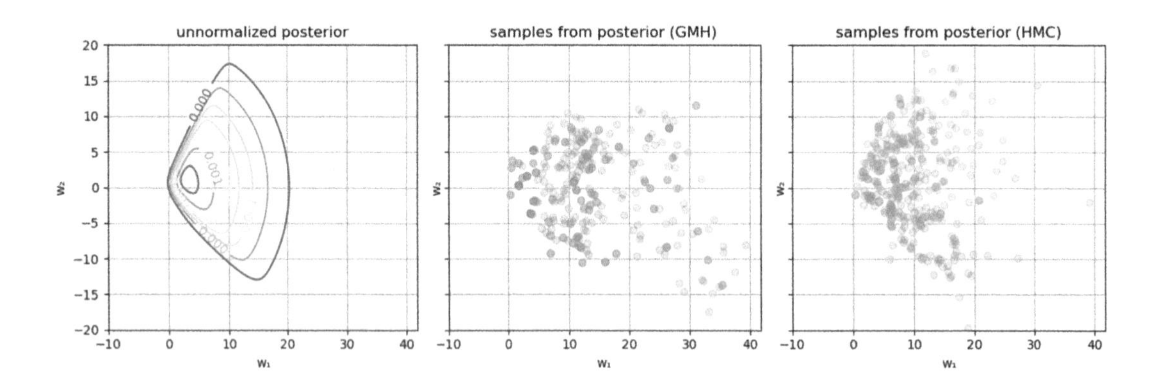

最初の結果より，事後分布のより広範囲な領域を探索できています．なお，どちらの方法に関しても サンプルサイズ maxiter を大きくするのが一番シンプルな修正方法でしょう．しかし，このやり方は 単純に計算時間の増大を招くので，利用可能な計算資源と相談して適切な値を設定するべきでしょう．

最後に，得られたサンプルに基づいて予測結果を可視化します．

```
# 関数を可視化する範囲
xs = range(-3, 3, length=100)

fig, axes = subplots(2, 2, figsize=(12,8))

# Gaussian MH によるサンプル
fs = []
for i in 1:size(param_posterior_GMH, 2)
    w₁, w₂ = param_posterior_GMH[:, i]
    f(x) = sig(w₁*x + w₂)
    push!(fs, f.(xs))
    axes[1,1].plot(xs, f.(xs), "g", alpha=10/maxiter)
end
axes[1,1].scatter(X_obs, Y_obs)
axes[1,1].set_xlim(extrema(xs))
set_options(axes[1,1], "x", "y", "predictive distribution (GMH)")

# GMH による予測の平均
axes[1,2].plot(xs, mean(fs), label="prediction")
axes[1,2].scatter(X_obs, Y_obs, label="data")
set_options(axes[1,2], "x", "y (prob.)", "prediction (GMH)", legend=true)

# HMC によるサンプル
fs = []
for i in 1:size(param_posterior_HMC, 2)
    w₁, w₂ = param_posterior_HMC[:, i]
    f(x) = sig(w₁*x + w₂)
    push!(fs, f.(xs))
    axes[2,1].plot(xs, f.(xs), "g", alpha=10/maxiter)
end
axes[2,1].scatter(X_obs, Y_obs)
axes[2,1].set_xlim(extrema(xs))
set_options(axes[2,1], "x", "y", "predictive distribution (HMC)")

# HMC による予測の平均
axes[2,2].plot(xs, mean(fs), label="prediction")
axes[2,2].scatter(X_obs, Y_obs, label="data")
set_options(axes[2,2], "x", "y (prob.)", "prediction (HMC)", legend=true)

tight_layout()
```

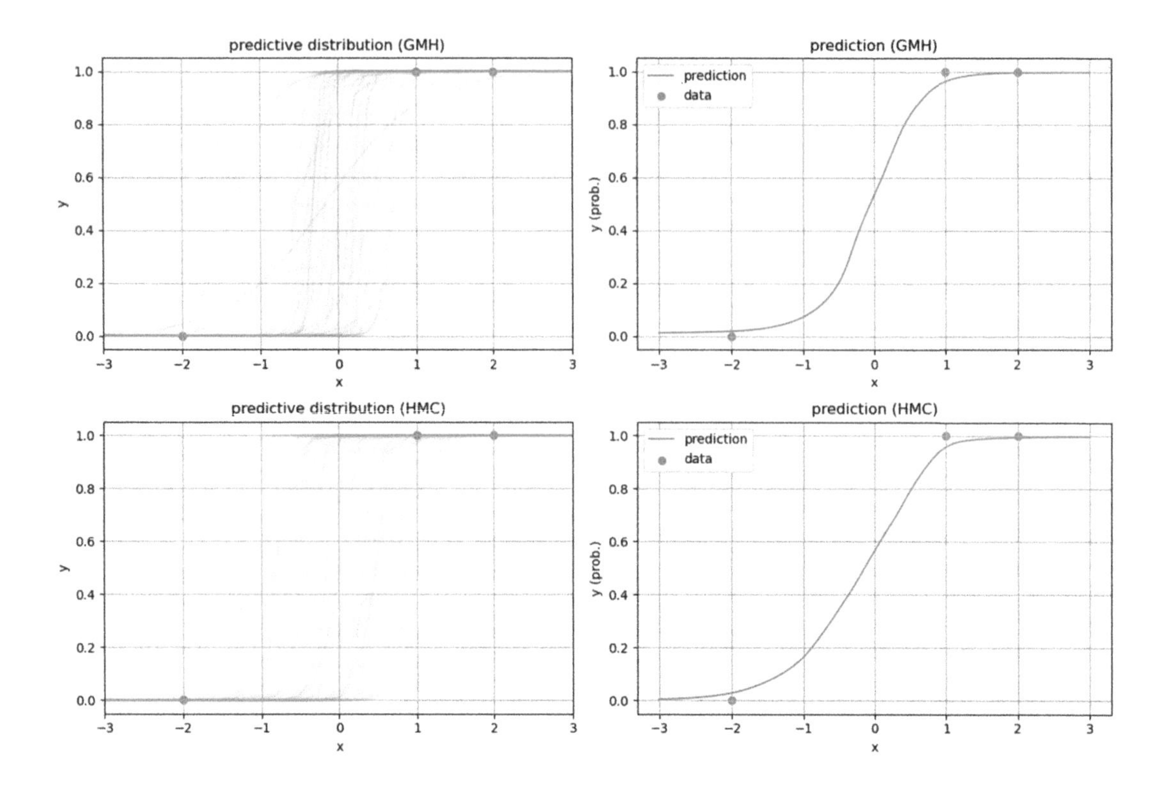

どちらの方法でも，ラプラス近似の場合と比較して，一貫性のある予測ができていることが確認できます．

第 7 章

発展的な統計モデル

第 6 章で紹介した各種近似推論手法は汎用性の高いアルゴリズムです．これらの手法を活用すれば，線形回帰やロジスティック回帰などの単純なモデルにとどまらず，用途に応じたさまざまなモデルに対してデータ解析ができるようになります．

ここでは，一般的な確率的プログラミング言語においても定番となっているハミルトニアンモンテカルロ法を用いて，応用上特に重要なモデルをいくつかピックアップして紹介していきます．ここで登場するモデルはそれほど数が多くありませんが，応用上では使用頻度が高いため，基本的なアイデアは確実に押さえておきたい手法になります．

7.1 ・ ポアソン回帰

第 6 章で解説した線形回帰やロジスティック回帰は，一般化線形モデルと呼ばれるモデル群の一例となっています．ここでは一般化線形モデルのもう 1 つの例として**ポアソン回帰**（Poisson regression）を紹介します．ポアソン分布に関しては第 4 章で解説したように，低頻度で起こるようなイベントなどをモデル化するために使います．線形回帰は出力 y が実数全体をとりますが，ポアソン回帰を使えば，出力 y を 0 を含む自然数に制約できます．

ポアソン回帰のモデル式は同時分布で書くと次のようになっています．ポアソン分布に与えるパラメータは非負の実数であるため，線形の式 $w_1x + w_2$ の後に指数関数 exp で変換することによって非負にしているところがポイントです．

$$
\begin{aligned}
p(\mathbf{Y}, \mathbf{w}|\mathbf{X}) &= p(\mathbf{w}) \prod_{n=1}^{N} p(y_n|\mathbf{x}_n, \mathbf{w}) \\
&= \mathcal{N}(\mathbf{w}|\mathbf{0}, \sigma_w^2 \mathbf{I}) \prod_{n=1}^{N} \mathrm{Poisson}(y_n|\exp(\mathbf{w}^\top \mathbf{x}_n))
\end{aligned} \tag{7.1}
$$

ここでは，入力変数は実数値 x，出力変数 y は 0 を含む自然数であるようなデータを考え，x から y を予測することを目標とします．

```
# 入力データセット
X_obs = [-2, -1.5, 0.5, 0.7, 1.2]

# 出力データセット
Y_obs = [0, 0, 2, 1, 8]

# 散布図で可視化
fig, ax = subplots()
ax.scatter(X_obs, Y_obs)
ax.set_xlim([-2,2])
set_options(ax, "x", "y", "data (N = $(length(X_obs)))")
```

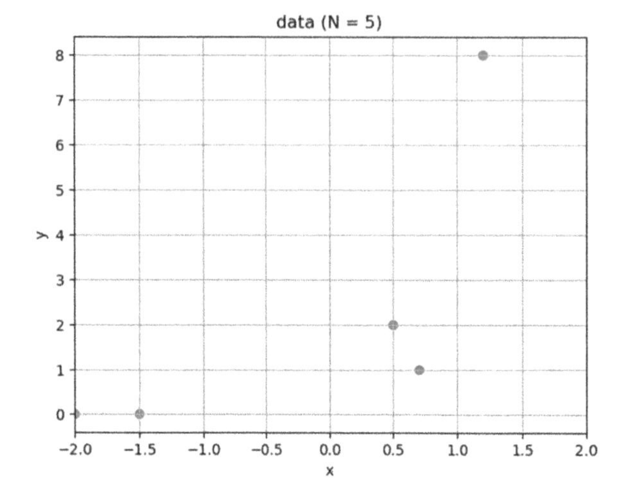

このモデルの対数同時分布をコーディングし，ハミルトニアンモンテカルロ法によるサンプリングを実施します．

```
# 対数同時分布
log_joint(w, X, Y) =
    sum(logpdf.(Poisson.(exp.(w[1].*X_obs .+ w[2])), Y_obs)) +
    logpdf(Normal(0, 1.0), w[1]) + logpdf(Normal(0, 1.0), w[2])
params = (X_obs, Y_obs)

# 非正規化対数事後分布
ulp(w) = log_joint(w, params...)

# 初期値
w_init = randn(2)

# サンプルサイズ
```

```
maxiter = 300

# ハミルトニアンモンテカルロ法によるサンプリング
param_posterior, num_accepted =
    inference_wrapper_HMC(log_joint, params, w_init,
                          maxiter=maxiter)

# トレースプロット
fig, axes = subplots(2, 1, figsize=(8,4))
axes[1].plot(param_posterior[1,:])
set_options(axes[1], "iteration", "w₁", "w₁ sequence")
axes[2].plot(param_posterior[2,:])
set_options(axes[2], "iteration", "w₂", "w₂ sequence")
tight_layout()
println("acceptance rate = $(num_accepted/maxiter)")

# HMCで得られた事後分布からのサンプル
fig, ax = subplots()
ax.scatter(param_posterior[1,:], param_posterior[2,:], alpha=0.1)
set_options(ax, "w₁", "w₂", "samples from posterior")
tight_layout()
```

```
acceptance rate = 0.9933333333333333
```

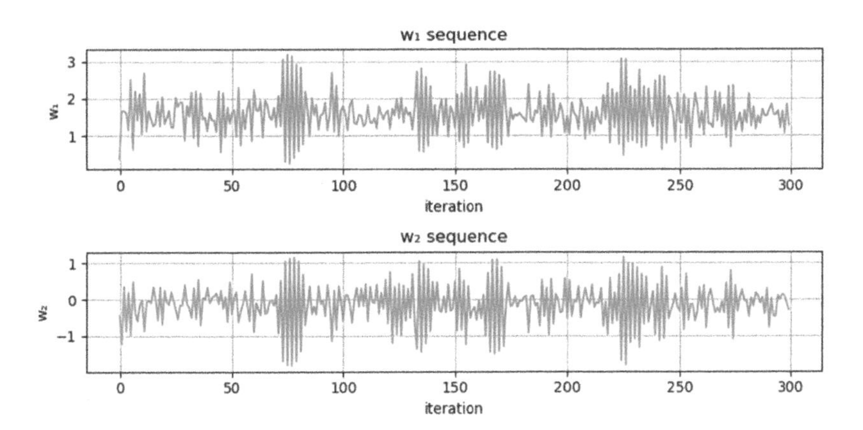

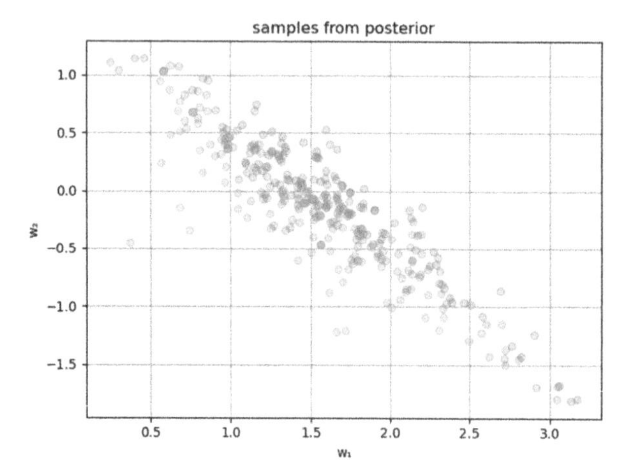

得られた事後分布からのサンプルを使って，予測関数の分布を可視化してみます.

```
# 関数を可視化する範囲
xs = range(-2, 2, length=100)

fig, ax = subplots()
for i in 1:size(param_posterior, 2)
    w₁, w₂ = param_posterior[:, i]

    # 指数関数を可視化
    f(x) = exp.(w₁*x + w₂)
    ax.plot(xs, f.(xs), "g", alpha=0.1)
end
ax.plot(X_obs, Y_obs, "ko")
ax.set_xlim(extrema(xs))
ax.set_ylim([-1, 15])
set_options(ax, "x", "y", "predictive distribution")

tight_layout()
```

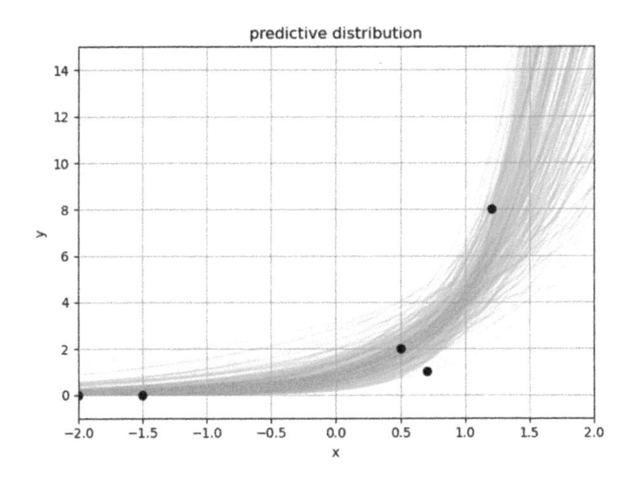

7.2 ・ 階層ベイズモデル

階層ベイズモデル（hierarchical Bayesian model）は，パラメータに対して階層的な構造を与えたモデルの総称です．したがって，「階層ベイズモデル」という名前の特定の統計モデルが存在するわけではなく，あくまで既存の線形回帰やポアソン回帰などのモデルを拡張させるための考え方と捉えたほうがよいでしょう．

階層化は，主にデータ全体の傾向と個体の違いを考慮して解析を行うときに便利なアイデアです．例えば，ある学年の生徒の成績データを解析したいとしましょう．その際に，クラスごとに独立にモデルを適用して解析すると，データが細かく分割されてしまうので，データ量を活かした解析ができません．また，少ないデータに対して複雑なモデルを適用してしまうと，**過剰適合**（overfitting）と呼ばれる現象の原因になることもあり，データから妥当な情報を抽出できません．一方で，すべての生徒に関して単一のモデルを適用してしまうと，クラス間の違いを考慮できなくなってしまい，「大雑把な」解析になってしまいます．こちらの場合は，モデルが細かい部分を無視してしまっているという意味で，**過少適合**（underfitting）であるといえます．

階層化のアイデアは，この2つの間をとるようなアプローチになります．すなわち，クラス間の違いは考慮するが，完全に独立ではなく，それぞれが似通った傾向を持つことを仮定できます．また，このような「両どり」のアプローチは，データ数に応じて自然に解析結果が変わっていくのが特徴です．各クラスのデータが少ない場合は，個別に解析することが難しいので，単一のモデルを全クラスに適用した場合に近い結果が得られます．一方で，各クラスのデータが多くなった場合は，個別のクラスでも情報をたくさん持つことになるので，独立にモデルを適用した場合に近い結果が得られます．

このように，全体傾向から個別適応していく考え方は，統計や機械学習を用いたさまざまなサービス開発でも活用できます．例えば，顧客データを大量に持つようなECサイトにおける商品の推薦などにも有用です．このような事例においては，顧客数に関してはデータが大量に存在するものの，個別の顧客の購買履歴に関してはデータ量がまちまちであるという状況があります．まだ購入履歴が少ない顧客に対しては全体傾向を考慮した典型的な推薦を行い，購入履歴が多い顧客に関してはその購買傾向データを活かして個別化・詳細化された推薦を行うことができます．

さて，例として3クラスのデータを考えてみます．各クラスには2つないし3つのデータが含まれています．目的は回帰で，入力 x から出力 y を予測するモデルを構築することです．各個人の勉強時間 x から成績 y を予測するようなイメージでよいでしょう．

```
# 学習データ
X_obs = []
Y_obs = []

push!(X_obs, [0.3, 0.4])
push!(Y_obs, [4.0, 3.7])

push!(X_obs, [0.2, 0.4, 0.9])
push!(Y_obs, [6.0, 7.2, 9.4])

push!(X_obs, [0.6, 0.8, 0.9])
push!(Y_obs, [6.0, 6.9, 7.8])

# 散布図で可視化
fig, ax = subplots()
ax.plot(X_obs[1], Y_obs[1], "or", label="class1")
ax.plot(X_obs[2], Y_obs[2], "xg", label="class2")
ax.plot(X_obs[3], Y_obs[3], "^b", label="class3")
set_options(ax, "x", "y", "data", legend=true)
```

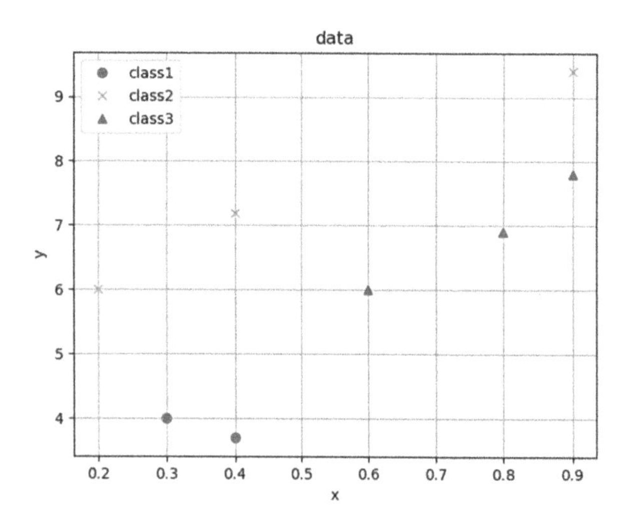

全体として，右肩上がりに上昇する傾向があるように見られます．

はじめに，このデータに対して，まとめて単一の線形回帰を行った場合と，個別に 3 本の線形回帰を行った場合とで予測を比較してみます．学習には，第 2 章で紹介した線形回帰の厳密解を用います．

```
function linear_fit(Y, X)
    N = length(Y)
    w₁ = sum((Y .- mean(Y)) .* X) / sum((X .- mean(X)).*X)
    w₂ = mean(Y) - w₁*mean(X)
    w₁, w₂
end

# まとめて回帰
w₁, w₂ = linear_fit(vcat(Y_obs...), vcat(X_obs...))

# 個別に回帰
w₁s = []
w₂s = []
for i in 1:3
    w₁_tmp, w₂_tmp = linear_fit(Y_obs[i], X_obs[i])
    push!(w₁s, w₁_tmp)
    push!(w₂s, w₂_tmp)
end

# 関数を可視化する範囲
xs = range(0, 1, length=100)

fig, axes = subplots(1, 2, figsize=(8, 4))

# 単一の回帰
axes[1].plot(xs, w₁.*xs .+ w₂, "-k")

# 個別の回帰
axes[2].plot(xs, w₁s[1].*xs .+ w₂s[1], "-r")
axes[2].plot(xs, w₁s[2].*xs .+ w₂s[2], "-g")
axes[2].plot(xs, w₁s[3].*xs .+ w₂s[3], "-b")

# データの可視化
for ax in axes
    ax.plot(X_obs[1], Y_obs[1], "or", label="class1")
    ax.plot(X_obs[2], Y_obs[2], "xg", label="class2")
    ax.plot(X_obs[3], Y_obs[3], "^b", label="class3")
end

set_options(axes[1], "x", "y", "(a) single regression", legend=true)
set_options(axes[2], "x", "y", "(b) multiple regressions", legend=true)

tight_layout()
```

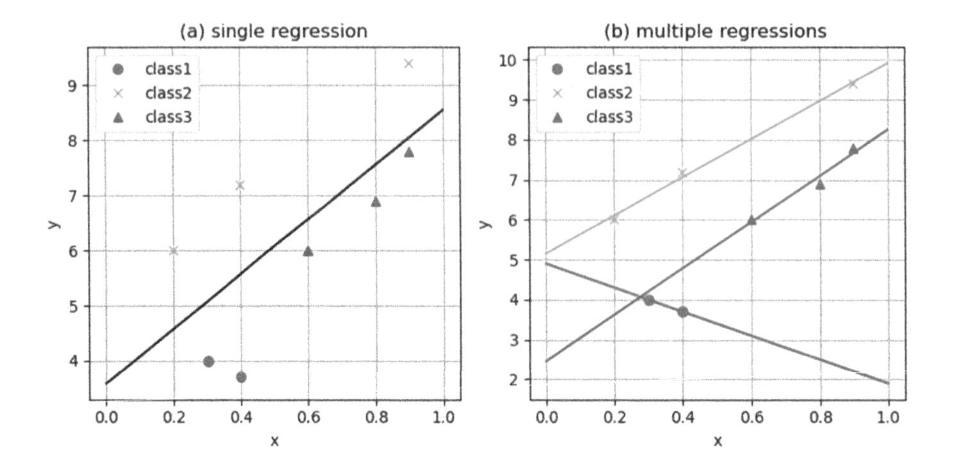

左図の (a) の結果は単一の線形回帰をデータ全体に適用した場合です．予測としては悪くなさそうですが，一部のクラスは予測の直線を大きく外れており，クラスごとの細かい特性はうまく捉えられていないように見えます．右図の (b) の結果は複数の線形回帰をクラスごとに別々に適用した場合です．各データ点に対する直線の当てはまり具合はよくなっていますが，予測線が明らかに暴れすぎており，妥当な予測が行えていないように読み取れます．特に，class1 に関しては右下がりの予測になっていますが，これは class1 における 2 つのデータ点の x の距離が近すぎるため，y 方向に乗るノイズの影響を大きく受けてしまったと考えることができるかもしれません．

次に，線形回帰を階層ベイズモデルとして書き直します．N_i をクラス i におけるデータ数とし，同時分布でモデルを書くと次のようになります．

$$p(\mathbf{Y}, \mathbf{w}|\mathbf{X}) = p(w_1)p(w_2)\prod_{i=1}^{3}\left\{p(w_1^{(i)}|w_1)p(w_2^{(i)}|w_2)\prod_{n=1}^{N_i}p(y_n^{(i)}|x_n^{(i)}, w_1^{(i)}, w_2^{(i)})\right\} \tag{7.2}$$

ここで，各構成分布は次のように設定します．w_1 および w_2 は，今回はそれぞれ傾き・切片に対する**ハイパーパラメータ** (hyper parameter) [注1] であり，次のような正規分布に従って決まるとします．

$$p(w_1) = \mathcal{N}(w_1|0, 10.0) \tag{7.3}$$

$$p(w_2) = \mathcal{N}(w_2|0, 10.0) \tag{7.4}$$

ハイパーパラメータが生成されると，それに基づいて各クラス i の傾きパラメータ $w_1^{(i)}$ および切片パラメータ $w_2^{(i)}$ が次のように別々に生成されます．

$$p(w_1^{(i)}|w_1) = \mathcal{N}(w_1^{(i)}|w_1, 1.0) \tag{7.5}$$

注 1　本書においてハイパーパラメータは，モデル内の確率分布を決めるためのパラメータのみを指します．広義では，計算アルゴリズムや実験方法の設定値なども含めて呼ぶ場合もあります．

$$p(w_2^{(i)}|w_2) = \mathcal{N}(w_2^{(i)}|w_2, 1.0) \tag{7.6}$$

最後は尤度の部分です．次のように，各クラス i において，生成された傾き・切片パラメータを使って平均値 $w_1^{(i)}x_n^{(i)} + w_2^{(i)}$ が決まり，ノイズが乗ったうえで出力値 $y_n^{(i)}$ が生成されます．

$$p(y_n^{(i)}|x_n^{(i)}, w_1^{(i)}, w_2^{(i)}) = \mathcal{N}(y_n^{(i)}|w_1^{(i)}x_n^{(i)} + w_2^{(i)}, 1.0) \tag{7.7}$$

用途によってはパラメータの事前分布を変更したり，最後の尤度の部分を変えてロジスティック回帰やポアソン回帰などに変更したりしてもかまいません．これらの数式を対数にしてコードで実装します．式が長いため，部分に分けて関数を定義している点と，自動微分を行う都合上，引数となる w_1，w_2，$w_1^{(1)}$，$w_1^{(2)}$，$w_1^{(3)}$，$w_2^{(1)}$，$w_2^{(2)}$，$w_2^{(3)}$ などの変数を 1 つの配列にまとめている点に注意してください．

```
# 対数同時分布の設計
@views hyper_prior(w) = logpdf(Normal(0, 10.0), w[1]) +
                        logpdf(Normal(0, 10.0), w[2])
@views prior(w) = sum(logpdf.(Normal.(w[1], 1.0), w[3:5])) +
            sum(logpdf.(Normal.(w[2], 1.0), w[6:8]))
@views log_likelihood(Y, X, w) =
    sum([sum(logpdf.(Normal.(Y[i], 1.0), w[2+i].*X[i] .+ w[2+i+3]))
         for i in 1:3])
log_joint(w, X, Y) = hyper_prior(w) + prior(w) +
                     log_likelihood(Y_obs, X_obs, w)
params = (Y_obs, X_obs)
ulp(w) = hyper_prior(w) + prior(w) + log_likelihood(w, params...)
```

```
ulp (generic function with 1 method)
```

なお，このモデルや以降のさらに複雑なモデルでは，実装の都合上 `w[3:5]` のような配列のスライスを多用しています．Julia ではこの場合，指定した部分列のコピーを作成します．これは新たにメモリを確保することを意味します．ハミルトニアンモンテカルロ法などの多くのループが入った手法では，このような無駄なメモリ確保はパフォーマンスを低下させる要因となります．ここでは，スライスを使用している行の手前に `@views` マクロを入れることによって，その行のスライスすべてに関してメモリを確保することなく単に値を参照させることが可能です [注2]．

このモデルの対数同時分布をコーディングできたら，後はハミルトニアンモンテカルロ法を用いてサンプルを抽出するだけです．次のような設定でアルゴリズムを実行し，各クラスに対する予測関数を可視化します．

注 2　部分配列に対してより複雑な操作を重ねる場合は，逆にコピーを生成してしまったほうが効率がよくなる場合もあります．

```
# HMC によるサンプリング
maxiter = 1000
w_init = randn(8)
param_posterior, num_accepted =
    inference_wrapper_HMC(log_joint, params, w_init,
                          maxiter=maxiter, L=100, ϵ=0.01)

# 予測分布の可視化
fig, axes = subplots(1, 3, sharey=true, figsize=(12, 4))

for i in 1:3
    for j in 1:size(param_posterior, 2)
        w₁, w₂ = param_posterior[[2+i, 2+i+3], j]
        axes[i].plot(xs, w₁.*xs .+ w₂, "c-", alpha=0.01)
    end
    set_options(axes[i], "x", "y", "class $(i)")
end
axes[1].plot(X_obs[1], Y_obs[1], "or")
axes[2].plot(X_obs[2], Y_obs[2], "xg")
axes[3].plot(X_obs[3], Y_obs[3], "^b")

tight_layout()
```

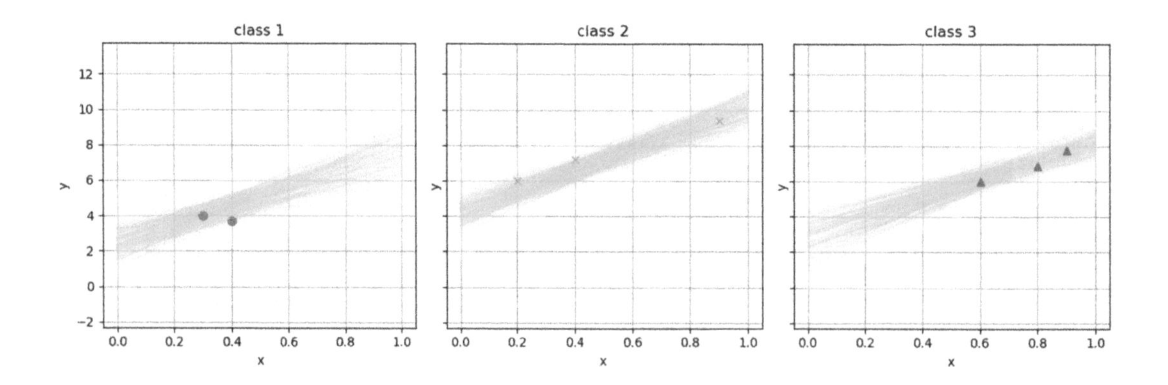

結果は単一回帰と個別回帰の間をとったような予測になっていることがわかります．class1 に関しては，個別回帰では右下がりの傾向として予測されていましたが，階層ベイズモデルの場合は他クラスのパラメータとの類似性も考慮し，少し右上がりの予測になっています．class2 や class3 に関しては，単一回帰では直線に対する当てはまりがよくありませんでしたが，階層ベイズモデルの場合は class2 と class3 とで高さが異なり，異なる切片が割り当てられているように見えます．

ここで，class1 のデータ数のみが次のように増えたとします．しかも，class1 は他のクラスと違って右上がりの傾向はなく，横一直線だったと判明した場合は予測はどうなるでしょうか．

```
X_obs = []
Y_obs = []

push!(X_obs, [0.1, 0.3, 0.4, 0.5, 0.6, 0.9])
push!(Y_obs, [4.0, 4.0, 3.7, 3.8, 3.9, 3.7])

push!(X_obs, [0.2, 0.4, 0.9])
push!(Y_obs, [6.0, 7.2, 9.4])

push!(X_obs, [0.6, 0.8, 0.9])
push!(Y_obs, [6.0, 6.9, 7.8])
```

再度コードを実行すると結果は次のようになります.

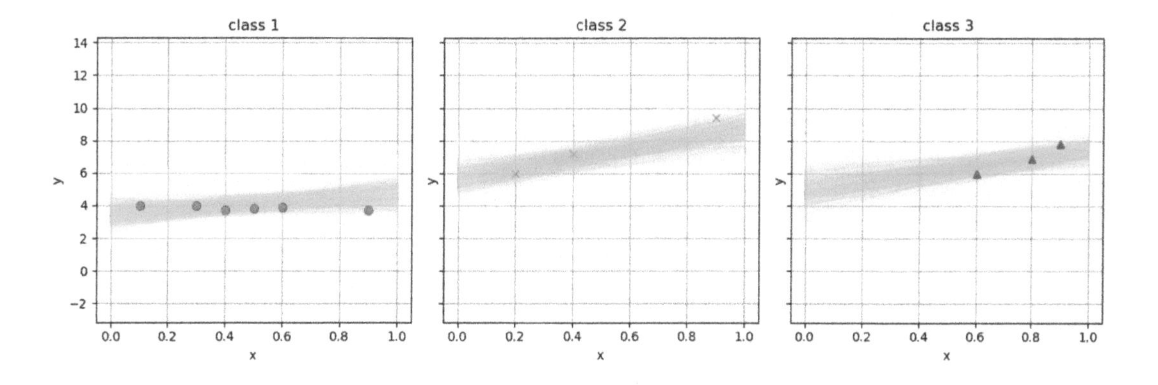

class1 に関しては，データ数が 2 から 6 に増えました．これによって，予測は先ほどよりもデータに忠実になり，横一直線の傾向が強くなってきています．なお，微妙ではありますが，class2 や class3 の予測に関しても class1 のデータに間接的な影響を受け，先ほどよりも傾きが小さくなっていることが確認できます.

7.3 ・ 状態空間モデル

各データの間に時間的依存性があると仮定されるような場合において非常に有用なのが**状態空間モデル**（state space model）です．最もシンプルな状態空間モデルでは次のような**状態変数**（state variable）$\mathbf{X} = \{\mathbf{x}_1, \mathbf{x}_2, \mathbf{x}_3, \ldots, \mathbf{x}_N\}$ と呼ばれる潜在変数に関して，**マルコフ連鎖**（Markov chain）と呼ばれる依存性を考えます.

$$\mathbf{x}_1 \sim \mathcal{N}(\mathbf{x}_1|\mu, \Sigma_1) \tag{7.8}$$

$$\mathbf{x}_n \sim \mathcal{N}(\mathbf{x}_n|\mathbf{x}_{n-1}, \Sigma_x) \quad \text{for} \quad n = 2, 3, \ldots, N \tag{7.9}$$

単純にいえば，ある起点 $\mathbf{x}_1$ から，数珠つなぎに順番に $\mathbf{x}_2, \mathbf{x}_3, \ldots, \mathbf{x}_N$ が生成されていくイメージ

です．応用として，上記の遷移の式に対して $\mathbf{A}\mathbf{x}_{n-1}+\mathbf{b}$ のようにパラメータを導入して線形に変換する場合もあります．

さらに，各状態変数の値に基づき，観測データ $\mathbf{Y}=\{\mathbf{y}_1,\mathbf{y}_2,\mathbf{y}_3,\dots,\mathbf{y}_N\}$ が独立に生成されます．

$$\mathbf{y}_n \sim \mathcal{N}(\mathbf{y}_n|\mathbf{x}_n,\Sigma_y) \quad \text{for} \quad n=1,2,\dots,N \tag{7.10}$$

ここでも，線形変換によって正規分布の平均を $\mathbf{C}\mathbf{x}_i+\mathbf{d}$ のようにする場合もあります．

なお，状態空間モデルは時系列データの解析に用いられますが，文字列のような順序を持ったデータや，地理的な位置関係が重要になるデータなど，隣接関係が存在するような状況であれば適用可能です．より詳しい議論に関しては文献（馬場真哉 [2018]）をご参考ください．

7.3.1 スムージング

今回は 2 次元のデータ系列 $\mathbf{Y}$ を使い，背後に存在すると仮定される状態変数 $\mathbf{X}$ を抽出することを考えます．すなわち，次のような事後分布を計算する問題になります．

$$\begin{aligned} p(\mathbf{X}|\mathbf{Y}) &= \frac{p(\mathbf{Y}|\mathbf{X})p(\mathbf{X})}{p(\mathbf{Y})} \\ &\propto \left\{ p(\mathbf{x}_1)\prod_{n=2}^{N} p(\mathbf{x}_n|\mathbf{x}_{n-1}) \right\} \left\{ \prod_{n=1}^{N} p(\mathbf{y}_n|\mathbf{x}_n) \right\} \end{aligned} \tag{7.11}$$

この技術は GPS などの移動物体の位置推定に用いられています．つまり，観測ノイズの多い座標系列データ $\mathbf{Y}$ から，ノイズを除去した真の位置 $\mathbf{X}$ を推定する問題になります．

まず，例題となる系列データを可視化します．

```
# 系列の長さ
N = 20

# 観測データの次元
D = 2

# 系列データ（#=, =#は複数行をつなげるために挿入）
Y_obs =
  [1.9 0.2 0.1 1.4 0.3 1.3 1.6 1.5 1.6 2.4 #=
=# 1.7 3.6 2.8 1.6 3.0 2.8 5.1 5.2 6.0 6.4;
   0.1 0.2 0.9 1.5 4.0 5.0 6.3 5.8 6.4 7.5 #=
=# 6.7 7.6 8.7 8.2 8.5 9.6 8.4 8.4 8.4 9.0]

# 2次元に系列データを可視化
fig, ax = subplots(figsize=(6,6))
ax.plot(Y_obs[1,:], Y_obs[2,:], "kx--")
ax.text(Y_obs[1,1], Y_obs[2,1], "start", color="r")
ax.text(Y_obs[1,end], Y_obs[2,end], "goal", color="r")
set_options(ax, "y₁", "y₂", "2dim data")
```

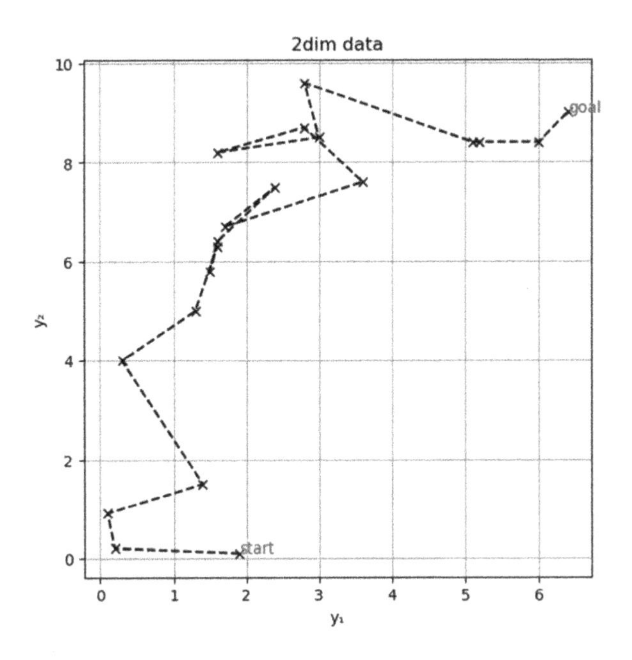

いくつかノイズ量などの設定値を与えたうえで，具体的に対数同時分布をコーディングしていきます．モデルの全体構成が比較的大きいので，状態遷移に関する部分と観測に関する部分を分けて定義します．また，最終的にハミルトニアンモンテカルロ法のアルゴリズムに与える関数は，入力の状態変数 $\mathbf{X}$ が行列ではなくベクトルになるように **reshape** 関数によってサイズを変更します．

```
# 初期状態に与えるノイズ量
σ₁ = 100.0

# 状態の遷移に仮定するノイズ量
σ_x = 1.0

# 観測に仮定するノイズ量
σ_y = 1.0

# 状態の遷移系列に関する対数密度
@views transition(X, σ₁, σ_x, D, N) =
    logpdf(MvNormal(zeros(D), σ₁ * eye(D)), X[:, 1]) +
    sum([logpdf(MvNormal(X[:, n-1], σ_x * eye(D)), X[:, n]) for n in 2:N])

# 観測データに関する対数密度
@views observation(X, Y, σ_y, D, N) =
    sum([logpdf(MvNormal(X[:,n], σ_y * eye(D)), Y[:,n]) for n in 1:N])

# 対数同時分布
log_joint_tmp(X, Y, σ₁, σ_x, σ_y, D, N) =
    transition(X, σ₁, σ_x, D, N) +
```

```
    observation(X, Y, σ_y, D, N)

# DN 次元ベクトルを入力とする関数にする
log_joint(X_vec, Y, σ₁, σ_x, σ_y, D, N) =
    log_joint_tmp(reshape(X_vec, D, N), Y, σ₁, σ_x, σ_y, D, N)
params = (Y_obs, σ₁, σ_x, σ_y, D, N)

# 非正規化対数事後分布
ulp(X_vec) = log_joint(X_vec, params...)
```

```
ulp (generic function with 1 method)
```

ハミルトニアンモンテカルロ法を実行し，状態変数のサンプルを得ます．結果的に得られるサンプルは $DN \times$ `maxiter` のサイズの行列になります．

```
# 初期値
X_init = randn(D*N)

# サンプルサイズ
maxiter = 1000

# HMC の実行
samples, num_accepted = inference_wrapper_HMC(log_joint, params, X_init,
maxiter=maxiter)

println("acceptance rate = $(num_accepted/maxiter)")
```

```
acceptance rate = 0.989
```

推定結果を可視化します．ここでは合計 `maxiter` 本の状態変数と，それらの平均をとった系列を可視化します．

```
fig, ax = subplots(figsize=(6,6))
for i in 1:maxiter
    # i 番目のサンプルの状態変数
    X = reshape(samples[:, i], 2, N)
    ax.plot(X[1,:], X[2,:], "go--", alpha=10.0/maxiter)
end

# 観測データの可視化
ax.plot(Y_obs[1,:], Y_obs[2,:], "kx--", label="observation (Y)")

# 状態変数の平均
mean_trace = reshape(mean(samples, dims=2), 2, N)
ax.plot(mean_trace[1,:], mean_trace[2,:], "ro--",
        label="estimated position (X)")

set_options(ax, "y₁", "y₂", "2dim data", legend=true)
```

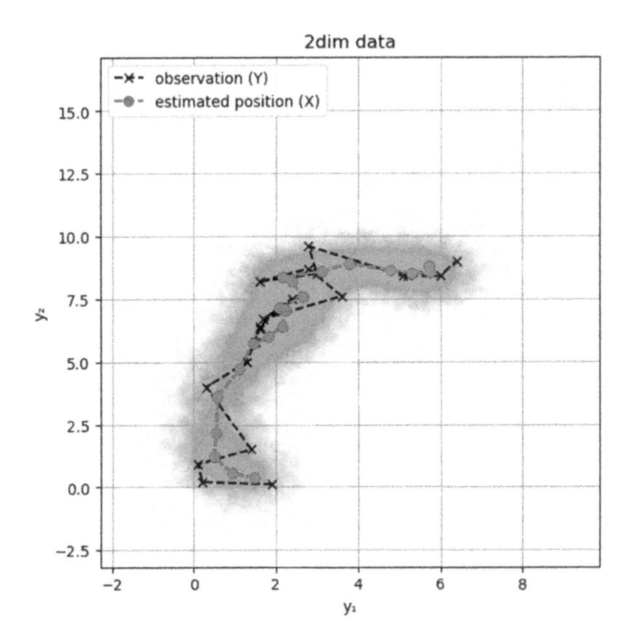

サンプルの数が非常に多くなるので，状態変数の推定結果は観測データのまわりに雲のように広がっています．赤線で示される平均をとった系列は，観測系列に対してノイズが除去されたスムーズな系列になっていることがわかります．この系列が，このモデルにおける移動物体の真の位置の推定結果となります．

補足として，状態変数 $\mathbf{X}$ は単純な正規分布で数珠つなぎになっているだけですので，実は状態 $\mathbf{X}$ は全体としても多変量正規分布となっています．したがって，ここでの $\mathbf{X}$ の結果は近似を使わなくても解析的に解くことができます．また，より効率的に厳密解を得る方法としては，**フォワード・バックワードアルゴリズム**（forward-backward algorithm）あるいは**カルマンフィルタ**（Kalman filter），**カルマンスムーサ**（Kalman smoother）と呼ばれる手法がよく用いられます．

7.3.2 回帰への適用

状態空間モデルの考え方は回帰にも応用できます．ここでは，ある入力値 z から出力値 y を予測するモデルを考えますが，背後に直接観測することのできない経時的な変化成分 x が存在すると仮定します．このようなモデルは，例えばマーケティングの効果分析などに現れます．キャンペーンにかける費用 z から販売量 y の予測を考える際に，直接データとして扱いにくい抽象的な商品流行 x のようなものを同時に考慮することに対応します．モデルの同時分布は次のようになります．

$$p(\mathbf{Y}, \mathbf{X}, \mathbf{w}|\mathbf{Z})$$

$$
\begin{aligned}
&= p(\mathbf{Y}|\mathbf{X},\mathbf{Z},\mathbf{w})p(\mathbf{X})p(\mathbf{w}) \\
&= p(\mathbf{w})\left\{p(x_1)\prod_{n=2}^{N} p(x_n|x_{n-1})\right\}\left\{\prod_{n=1}^{N} p(y_n|x_n,z_n,\mathbf{w})\right\}
\end{aligned}
\tag{7.12}
$$

ただし，ここでは各分布を次のようにすべて正規分布として設定します[注3].

$$p(\mathbf{w}) = \mathcal{N}(w_1|0,\sigma_w)\mathcal{N}(w_2|0,\sigma_w) \tag{7.13}$$

$$p(x_1) = \mathcal{N}(x_1|0,\sigma_1) \tag{7.14}$$

$$p(x_n|x_{n-1}) = \mathcal{N}(x_n|x_{n-1},\sigma_x) \tag{7.15}$$

$$p(y_n|x_n,z_n,\mathbf{w}) = \mathcal{N}(y_n|w_1 z_n + w_2 + x_n,\sigma_y) \tag{7.16}$$

今回データとして与えられているのは，次のような入力値の集合 Z_obs と出力値の集合 Y_obs のみです.

```
# 観測データ数
N = 20

# 入力値
Z_obs = [10, 10, 10, 10, 10, 10, 10, 10, 10, 15,
         15, 15, 15, 15, 15, 15, 8, 8, 8, 8]

# 出力値
Y_obs = [67, 64, 60, 60, 57, 54, 51, 51, 49, 63,
         62, 62, 58, 57, 53, 51, 24, 22, 23, 19]

# データの可視化
fig, ax = subplots()
ax.scatter(Z_obs, Y_obs)
set_options(ax, "z", "y", "data (scatter)")
```

注 3　ここでは w_1 や w_2 などの回帰係数は単一の値を想定していますが，これらも x のように状態変数として時間変化させることも可能です.

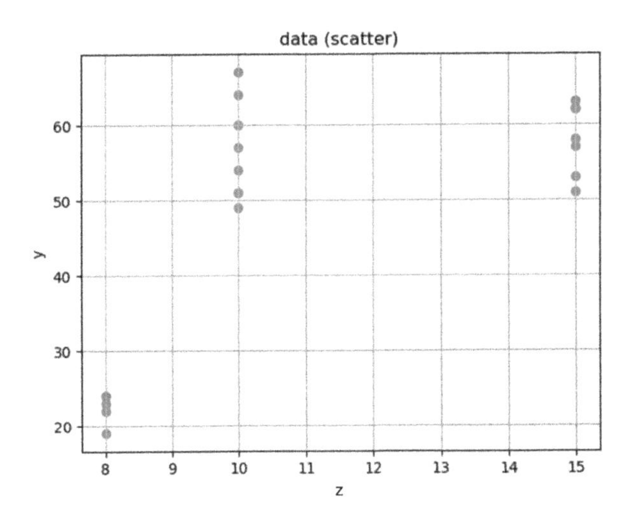

入力 z と出力 y を散布図で見てみると，全体傾向としては x が大きくなると y も大きくなっており，正の相関があるように見えますが，y のノイズが多いうえに，非線形の傾向（y の値が上がった後に下がる）もあるように見えます．

次に，それぞれのデータを時系列として別々にプロットしてみましょう．

```
fig, axes = subplots(2, 1, figsize=(8,6))

# 出力値
axes[1].plot(Y_obs)
set_options(axes[1], "time", "y", "time series (Y_obs)")

# 入力値
axes[2].plot(Z_obs)
set_options(axes[2], "time", "z", "time series (Z_obs)")

tight_layout()
```

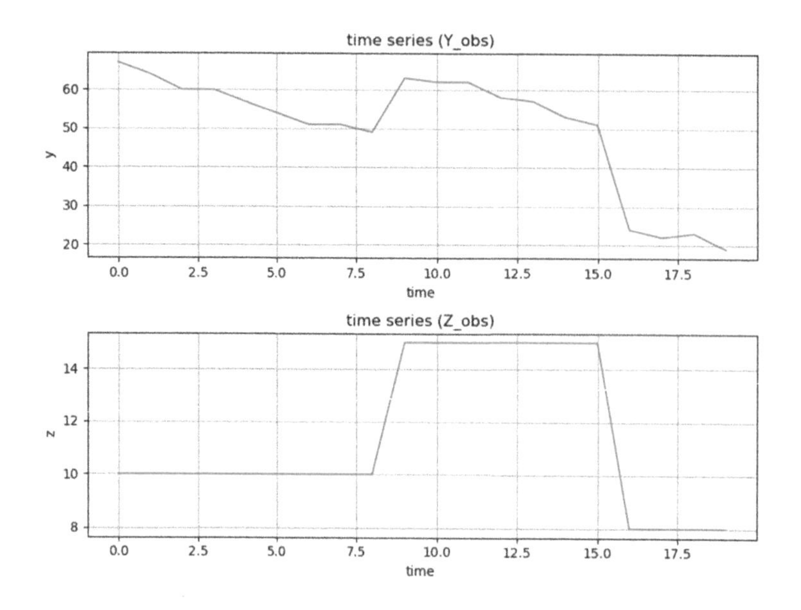

時系列方向にデータを可視化してみると，y は z の影響を受けつつも，それとは別に時間とともに減少していく傾向があるように見えます．再びマーケティングの例で考え，y をある商品の販売量とし，z をキャンペーンにかける費用としましょう．z が上昇または下降すれば，それにある程度連動して y も上昇または下降するというのが基本的な仮説になるでしょう．また，商品は広告などでの露出度や季節性，ブランドイメージなどのさまざまな要因に従って需要が変化します．すべての影響をデータとして集めることは不可能なので，状態空間モデルを使って「背後に観測できない時系列変化が存在する」という仮定をおいて解析するのは至極自然でしょう．

ところで，今回のデータのような散布図を見た瞬間に，ニューラルネットワークや決定木のアンサンブルなどの表現力の高い非線形手法をすぐに持ち出すというのが最近の統計や機械学習の取り組みでよく見られるやり方です．このような一見非線形の傾向が見えるデータに対していたずらにフィッティングのよい手法を用いて，限られたデータ数で見かけ上だけの予測精度だけを出すようなやり方が数多く行われています．このようなやり方は端的にいえば「悪手」です．データの詳細を見ずに条件反射で機械学習や深層学習の複雑な非線形モデルを持ち出してしまうと，これらの技術を用いて新しいサービスを開発したときなどに，新しいデータ傾向の変化に追従できないような予測になってしまう場合がよくあります．もちろん，データに対する解釈性がまったく得られないという欠点もあります．ちょっとした初期分析の段階で「データが非線形である，すなわち非線形の回帰を使う」と片付けてしまうのは，多くの場合でデータに対する理解を諦めることを意味します．ここでは，時間方向のデータの推移に注目するのが適切なアプローチとなります．

さて，先ほど記述した同時分布の式をもとに，対数同時分布をコーディングします．ここでは，状態変数 $\mathbf{X} = \{x_1, x_2, \ldots, x_N\}$ および回帰のパラメータ $\mathbf{w} = \{w_1, w_2\}$ が推定すべき変数になるので，これらの変数をまとめた関数を作ることになります．また，実装の都合上，これらの変数を 1 つのベクトル X_vec にまとめています.

```
# 初期状態に与えるノイズ量
σ₁ = 10.0

# 状態の遷移に仮定するノイズ量
σ_x = 1.0

# 観測に仮定するノイズ量
σ_y = 0.5

# パラメータに仮定するノイズ量
σ_w = 100.0

# パラメータの事前分布
prior(w, σ_w) = logpdf(MvNormal(zeros(2), σ_w*eye(2)), w)

# 状態の遷移系列に関する対数密度
@views transition(X, σ₀, σ_x) =
    logpdf(Normal(0, σ₀), X[1]) +
    sum(logpdf.(Normal.(X[1:N-1], σ_x), X[2:N]))

# 観測データに関する対数密度
@views observation(X, Y, Z, w) =
    sum(logpdf.(Normal.(w[1]*Z .+ w[2] + X, σ_y), Y))

# 対数同時分布
log_joint_tmp(X, w, Y, Z, σ_w, σ₀, σ_x) =
    transition(X, σ₀, σ_x) +
    observation(X, Y, Z, w) + prior(w, σ_w)
@views log_joint(X_vec, Y, Z, σ_w, σ₀, σ_x) =
    transition(X_vec[1:N], σ₀, σ_x) +
    observation(X_vec[1:N], Y, Z, X_vec[N+1:N+2]) +
    prior(X_vec[N+1:N+2], σ_w)
params = (Y_obs, Z_obs, σ_w, σ₀, σ_x)

# HMC の実行
x_init = randn(N+2)
maxiter = 1000
samples, num_accepted =
    inference_wrapper_HMC(log_joint, params, x_init,
                          maxiter=maxiter, L=100, ϵ=1e-2)
println("acceptance rate = $(num_accepted/maxiter)")
```

```
acceptance rate = 0.954
```

結果を可視化してみましょう．ここでは，回帰の部分で説明される成分と状態変数で説明される成分に分けてサンプルをプロットします．

```
# 推定結果の可視化
fig, axes = subplots(5, 1, figsize=(8,15))

# 出力値
axes[1].plot(Y_obs)
set_options(axes[1], "time", "y", "output data (Y)")

# 入力値
axes[2].plot(Z_obs)
set_options(axes[2], "time", "z", "input data (Z)")

# 回帰によって説明される成分
for i in 1:maxiter
    w_1, w_2 = samples[[N+1, N+2], i]
    axes[3].plot(w_1*Z_obs .+ w_2, "g-", alpha=10/maxiter)
end
set_options(axes[3], "time", "w_1z + w_2", "regression")

# 状態変数によって説明される成分
for i in 1:maxiter
    X = samples[1:N, i]
    axes[4].plot(X, "g-", alpha=10/maxiter)
end
set_options(axes[4], "time", "x", "time series")

# 回帰と状態変数の和
for i in 1:maxiter
    w_1, w_2 = samples[[N+1, N+2], i]
    X = samples[1:N, i]
    axes[5].plot(w_1*Z_obs .+ w_2 + X, "g-", alpha=10/maxiter)
end
axes[5].plot(Y_obs, "k", label="Y_obs")
set_options(axes[5], "time", "w_1z + w_2 + x", "regression + time series",
            legend=true)

tight_layout()
```

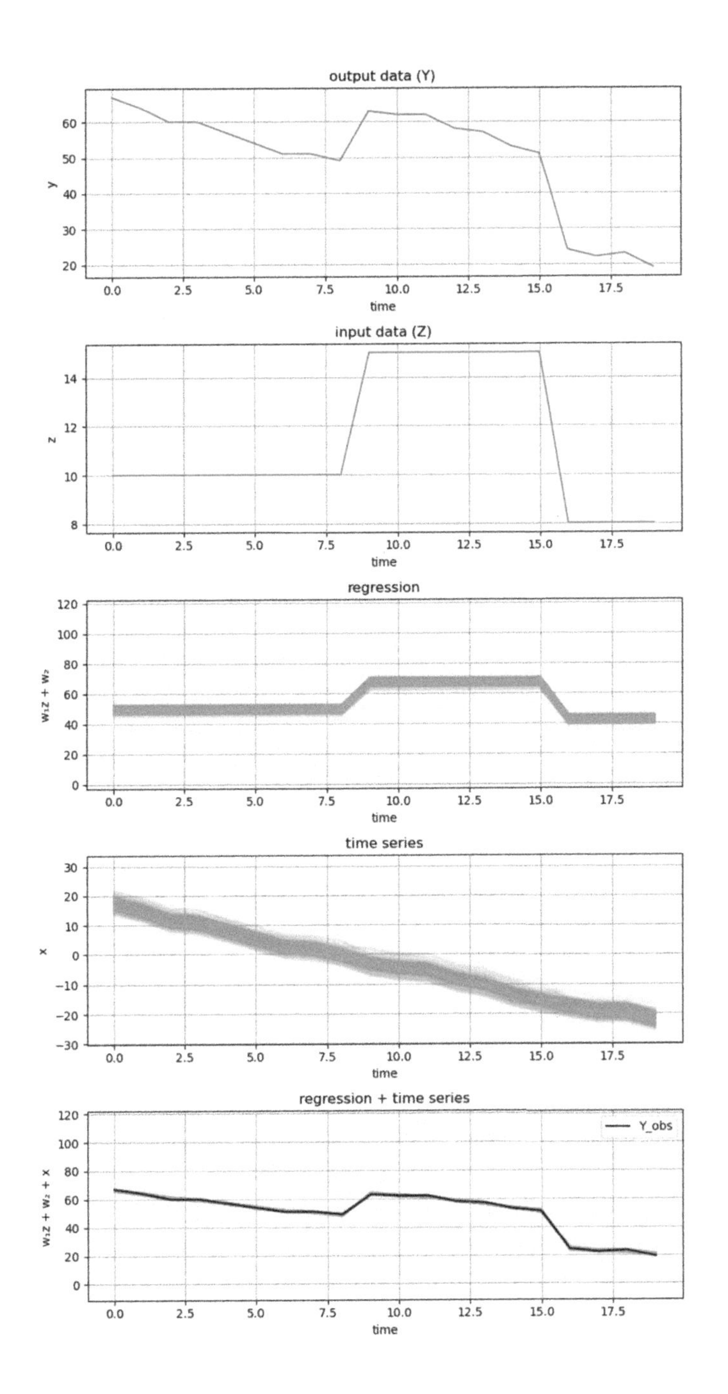

結果からわかるように，回帰の部分が主に入力値 z の寄与分を説明しているのに対して，状態変数 $\mathbf{X}$ の系列が回帰では説明しきれない時間的な変化分を説明しています．また，それらの推定結果の和はちょうど観測の出力値 y を表現していることがわかります．

参考文献

進藤裕之・佐藤建太. 1から始める Julia プログラミング. コロナ社, 2020.
梅谷俊治. しっかり学ぶ数理最適化. 講談社, 2020.
須山敦志・杉山将. ベイズ推論による機械学習入門. 講談社, 2017.
持橋大地・大羽成征. ガウス過程と機械学習. 講談社, 2019.
須山敦志. ベイズ深層学習. 講談社, 2019.
馬場真哉. 時系列分析と状態空間モデルの基礎. プレアデス出版, 2018.

索　引

さ行

た行

な行

は行

ま行

や行

ら行

著者紹介

須山敦志（すやまあつし）
1985年生まれ．2011年東京大学大学院情報理工学系研究科博士前期課程修了．修士（情報理工学）．現在，アクセンチュア株式会社ビジネスコンサルティング本部所属．
講演会やSNS，ブログなどを通して人工知能やデータサイエンスの理論，実応用に関する情報を発信中．
著書に『ベイズ推論による機械学習入門』『ベイズ深層学習』（ともに講談社）がある．

NDC417　239p　24cm

Julia（ジュリア）で作（つく）って学（まな）ぶベイズ統計学（とうけいがく）

2021年11月24日　第1刷発行

著　者　須山敦志（すやまあつし）
発行者　髙橋明男
発行所　株式会社　講談社
〒112-8001　東京都文京区音羽2-12-21
販売　(03)5395-4415
業務　(03)5395-3615

KODANSHA

編　集　株式会社　講談社サイエンティフィク
代表　堀越俊一
〒162-0825　東京都新宿区神楽坂2-14　ノービィビル
編集　(03)3235-3701
本文データ制作　藤原印刷株式会社
カバー・表紙印刷　豊国印刷株式会社
本文印刷・製本　株式会社　講談社

Printed in Japan

ISBN 978-4-06-525980-1